纺织科学与工程高新科技译丛

先进三维纺织品

[英]陈晓钢◎编著

樊威 等◎译

中国纺织出版社有限公司

内 容 提 要

本书主要介绍了三维机织物、三维针织物、三维编织物、三维非织造布的基本概念、组织结构、织物特点、织造原理与设备及其在电子、汽车工业、航空航天、医疗、安全防护、运动和休闲服装等领域的应用。

本书可供纺织、材料等相关行业从事科研、产品开发及生产的技术人员参考阅读。

著作权合同登记号:图字:01-2022-6710

图书在版编目(CIP)数据

先进三维纺织品 /(英)陈晓钢编著;樊威等译
. --北京:中国纺织出版社有限公司,2023.3
(纺织科学与工程高新科技译丛)
书名原文:Advances in 3D Textiles
ISBN 978-7-5229-0065-0

Ⅰ. ①先… Ⅱ. ①陈… ②樊… Ⅲ. ①三维编织—纺织品 Ⅳ. ①TS107
中国版本图书馆 CIP 数据核字(2022)第 215349 号

责任编辑:范雨昕 责任校对:楼旭红 责任印制:王艳丽

中国纺织出版社有限公司出版发行
地址:北京市朝阳区百子湾东里 A407 号楼 邮政编码:100124
销售电话:010—87155894 传真:010—87155801
http://www.c-textilep.com
中国纺织出版社天猫旗舰店
官方微博 http://weibo.com/2119887771
三河市宏盛印务有限公司印刷 各地新华书店经销
2023 年 3 月第 1 版第 1 次印刷
开本:710×1000 1/16 印张:21.25
字数:395 千字 定价:168.00 元

原书名:Advances in 3D Textiles

原作者:Xiaogang Chen

原 ISBN:978-1-78242-214-3

Copyright © 2015 by Elsevier Ltd. All rights reserved.

Authorized Chinese translation published by China Textile & Apparel Press.

先进三维纺织品(樊威 等译)

ISBN:978-7-5229-0065-0

注意

本书涉及领域的知识和实践标准在不断变化。新的研究和经验拓展我们的理解,因此须对研究方法、专业实践或医疗方法作出调整。从业者和研究人员必须始终依靠自身经验和知识来评估和使用本书中提到的所有信息、方法、化合物或本书中描述的实验。在使用这些信息或方法时,他们应注意自身和他人的安全,包括注意他们负有专业责任的当事人的安全。在法律允许的最大范围内,爱思唯尔、译文的原文作者、原文编辑及原文内容提供者均不对因产品责任、疏忽或其他人身或财产伤害及/或损失承担责任,亦不对由于使用或操作文中提到的方法、产品、说明或思想而导致的人身或财产伤害及/或损失承担责任。

前　言

三维纺织品是指纤维或纱线经过机织、针织、编织或非织造等加工方式制备的具有三维形状或者三维整体结构的纺织品。三维纺织品因具有独特的空间交织结构、可设计性强、性能优越等特点，在电子、汽车工业、航空航天、医疗卫生、安全防护、运动和休闲服装等领域获得广泛应用。本书重点介绍了三维纺织品的基本概念、组织结构、织物特点及其应用领域，并提供了大量应用案例。本书可为三维纺织品及其增强复合材料等领域的师生、技术人员系统了解三维纺织品的概念，掌握各种结构三维纺织品的设计原理与织物特点提供学习资料，也可为从事三维纺织品开发的相关人员提供依据。

本书共十四章，由西安工程大学樊威和陈莉霞组织翻译，全书由樊威负责统稿。西安工程大学刘涛、高兴忠、韩蕾、荆洁兰、江晋、崔晓丹、硕士研究生张聪、荣凯、陆琳琳、雷睿心、罗宇、王维婷、李博、康敬玉、刘彤、吴晓君、杨悦、毛若函、张睿、王缓、康雪君、马姝芬参与了校译工作，在此表示感谢。特别感谢本书原作者英国曼彻斯特大学陈晓钢教授给予我们翻译的机会以及在翻译过程中给予的帮助。

本书内容涉及面较广，由于译者水平有限，翻译过程中难免存在疏漏或不足之处，恳请读者批评指正，译者将感激不尽。

樊威

2022 年 10 月

目　　录

第 1 章 绪论

J. W. S. Hearle

英国曼彻斯特德能软件有限公司

1.1 引言

1.1.1 三维纺织品的定义

纺织品通常是由纱线或者纤维组成的一种具有三维结构的材料，但出于实际用途考虑，大多数纺织品为单层平面状，有时是圆柱形的二维薄片。本书所讲的三维纺织品指的是或为整体的三维形状，或为更复杂的内部三维结构，或两者兼具的纺织品。它们包括：具有整体造型的单层材料、多层中空材料、具有多层的固体平面材料、具有整体三维形状的固体多层材料。

这些可以是机织物、针织物、编织物或非织造布，或以新的方式制成的织物。

1.1.2 生活中常见的三维织物

一些三维面料有着悠久的历史。天鹅绒是由两层机织物制成，在割绒之前，用间隔线连接起来。两层或三层的多层织物多为产业用织物，如用于过滤或造纸的织物。手工编织的袜子有三维形状，可以很好地包裹脚跟。

1.1.3 20世纪80年代的创新

一波创新浪潮始于 1980 年左右，10 年后才有所报道（Chou et al，1989；Hearle et al，1990），复合材料向更高要求的工程应用方面的发展为其推动力。表 1-1 介绍了继 20 世纪 30 年代玻璃纤维发展成为纤维增强塑料（FRP）之后，复合材料的制造方法。复合材料在性能和制造经济性方面都有一定的局限性。

表 1-1　常规复合材料制造

类型	制造方法
纤维随机放置	分散短纤维注塑模具、纤维垫的铺叠成型、非织造布预制件
简单的纤维复合材料	预浸料的铺叠成型、纤维缠绕成型

1

续表

类型	制造方法
交错层压制品	简单的机织物、有接结纱的针织物
三维框架结构	纤维缠绕成型、模压成型、遮盖织物

三维机织复合材料具有以下三个优点：

（1）比以往的层合复合材料具有更好的层间结合性能。

（2）产品接近复合材料的最终形状。

（3）易于整合处理。

人们对由基体结合的复合材料和无纤维与纱线结合的非复合材料的兴趣逐渐增大。技术上的进步和产品的多样性在纺织工业软件有限公司（2008~2013年）组织的三维面料及其应用学术会议上得到了展示。

1.2 三维纺织品的类型

1.2.1 机织物

关于三维机织物的定义稍有争议。最宽泛的定义是纱线在 X、Y、Z 三个相互垂直的方向交叉，或者至少在厚度（Z 轴）上有分量。这一定义可能被认为太过宽泛，可能还包括一些编织物，甚至针织物。举一个特殊的例子，即 Ko（1989）命名的正交非织造布（尽管这与非织造布术语的通常理解不一致），将纱线相互交叉，但没有交织。一个更有通俗的定义则是在传统或改良的织布机上制成的织物均可称为。最严格的定义，是被霍卡尔（Khokar）称为 noobing，要求不仅在 X 和 Y 方向交错，而且在 Z 方向也交错。包括双向开口，经纱既要像在传统编织中上下移动，也要从一边到另一边与贯穿厚度方向的经纱交织。

Fukuta 等（1982）介绍了一种直接将轴向（Y 轴）纱通过矩形穿孔梳梳板定位，然后将 X 纱和 Z 纱插入 Y 纱之间的方法。此方法纱线没有交错，编织过程缓慢。Stover 等（1971）描述的直接法看起来更像机织物织布机。这两种三维织造方法都没有幸存下来。

BITEAM 公司南丹·霍卡尔（Nandan Khokar）和 3Tex 公司曼苏尔·穆罕默德（Mansour Mohamed）开发出专门为制作三维织物而设计的织布机。曼彻斯特大学（University of Manchester）、巴利织带厂公司（Bally Ribbon Mills Inc.）、T. E. A. M. 公司（T. E. A. M. Inc.）等采用一种更高效的方法，对定期从商业供应商购买的织布机直接进行改装。

图 1-1 展示了各种形式的三维机织物，有均厚实心、实心、中空、多层和半球形织物。还有许多更复杂的类型，如 T 形梁或工字梁三维织物也可以制成。机织可以看作是生产三维复合预制体的主流路线。

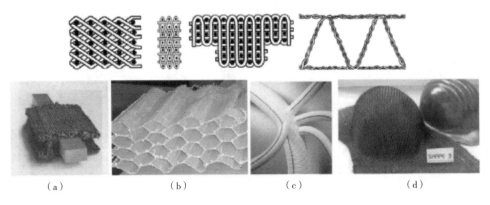

（a）　　　　　（b）　　　　　（c）　　　　　（d）

图 1-1　三维机织物

三维机织物的设计比二维机织物要复杂得多，但可以从 TexEng 软件有限公司获得 Chen 等（1996）基于数学原理编写的 Weave Engineer 程序。它在设计与生产过程中很容易使用。图 1-2 为 TexEng 软件的一个典型设计实例。

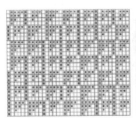

（a）正交角联锁的组织设计及结构　　　　　（b）中空结构

图 1-2　TexEng 软件的典型设计实例

1.2.2　编织物

最简单的编织形式通常是用喇叭齿轮将单层纱线交错编织形成织物。不同直径的管状三维形状可以在芯轴上编织而成［Du et al，1994；图 1-3（a）］或者采用其他形式的编织。对于实心编织，喇叭齿轮的交错形式有限，是可以用有效的预制件来协助编织。计算机可以控制四步编织中列的运动［图 1-3（b）］以实现更多功能，包括轴纱和编织纱的运动。20 世纪 80 年代，El-Sheik 博士在北卡罗来纳州立大学做了一个四步编织器，但没有商业化。两步编织［图 1-3（c）］是由麦康奈尔和波普尔（1988）发明的，是一项可以进一步发展的技术。Z 向纱由 X 向纱和 Y 向纱交叉而成。

京都大学 Hamada（2012）的研究成果已经商业化。图 1-4（a）为 Hamada 的管状编织带结构，黏结纱穿过了几层织物的厚度。图 1-4（b）说明了工字梁的纱线路径和喇叭齿轮。

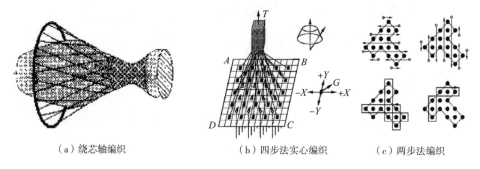

（a）绕芯轴编织　　　　　（b）四步法实心编织　　　　　（c）两步法编织

图 1-3　三维织物编织

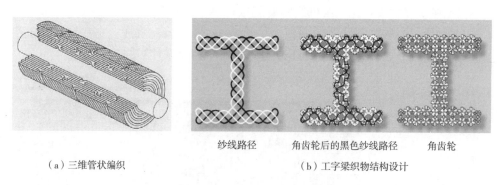

纱线路径　　　　角齿轮后的黑色纱线路径　　　　角齿轮

（a）三维管状编织　　　　　　　　　（b）工字梁织物结构设计

图 1-4　Hamada 的研究成果

编织结构在其形式上表现出极大的通用性，然而这一过程有其局限性。有必要将纱线包绕在一起移动。如果产品较大，纱线包装和编织机也势必庞大，且运行缓慢。相比之下，在织造中，经纱可以由经轴或筒子大量供应，而纬纱和梭子的供应现在已经被无梭织造所取代，在无梭织造中，纱线来自置于机器一侧的大包装。

1.2.3　针织物

以下几种三维针织结构非常有趣。

（1）计算机控制的纬编设备可以生产复杂的整体形状。主要的商业应用是在完整的服装上，省去了把分开的部分缝在一起的过程。20 世纪 80 年代，Courtaulds 先进材料公司用整体针织的预制件制作了一种复合天线罩。图 1-5 显示了如何制备一个有角度的方管。然而，纬编也有缺点，它会导致纱线在过短的长度上反复变向，从而限制了织物的机械性能。

（2）在间隔织物中，两个针织层通过交叉在它们之间的线连接。

（3）经编可以捕捉多个方向的纱线。实际上，这就形成了一个由针织黏合纱线黏合在一起的多轴结构，如图 1-6 所示。

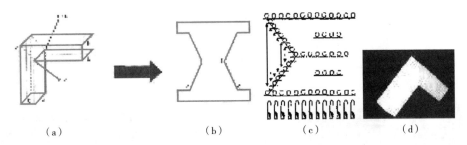

(a) (b) (c) (d)

图 1-5　诺丁汉特伦特大学 Tilas Dias 编织的形状

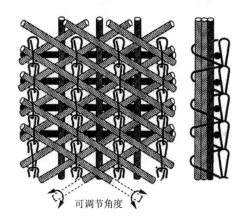

可调节角度

图 1-6　有接结纱的经编织物

（4）假交织。如图 1-7（a）所示，纱线可以横向上下移动。图 1-7（b）的纱线总是一根在下面，另一根在上面。为了得到完整的交错，如图 1-7（d）所示，有必要将纱线绕在一起，就像编织一样，或者将纱线扭转。然而，如果方向成对颠倒，如图 1-7（c）所示，就会出现假交织。通过适当的操作方法，可以在平行纱线构成的经纱上实现更复杂的假交织。20 世纪 80 年代，大西洋研究公司（Atlantic Research Corporation）制造了一台大型机器，就是根据这一原理来制造层联锁预制件的。

（5）蜘蛛网（Spiderweb）编织。它是杜邦公司（Walker et al，2009）开发的一项技术。图 1-8（a）和（b）显示了纱线如何相互叠加，然后进行高超声速黏合。图 1-8（c）说明了该过程的第一次试验。后期便制造了一台由计算机控制、机器人操作的大型机器，可以制作如图 1-8（d）和（e）所示的复杂形状。

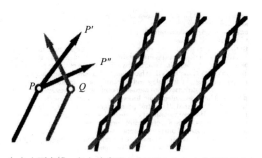

（a）上下交错　（b）在各段上下交织　（c）在交错的地方上下交织

图 1-7　纱线交织

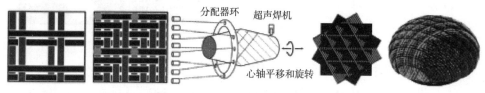

（a）四层　（b）黏合后的最终形式　（c）原型工艺配置　（d）三轴蜘蛛网　（e）弯曲的蜘蛛网

图 1-8　蜘蛛网编织

1.2.4　非织造布

非织造布，是通过多种技术制成的二维薄片状材料。Gong（2011）介绍了几种三维非织造布。第一类是高膨体的平面非织造布，这种非织造布可以水平层交叉成网［图 1-9（a）］，用于在二维黏合纤维织物中获得更均匀的平面性能角分布。垂直折叠可以在五种研磨机上完成，立体效果更强，其中一种研磨机如图 1-9（b）所示。针刺可以通过间隔织物以缩小两层纤维网之间的缝隙来调整［图 1-9（c）］。Gong 指出，有突出纤维的非织造布通常被称为三维或 2.5D 非织造布。

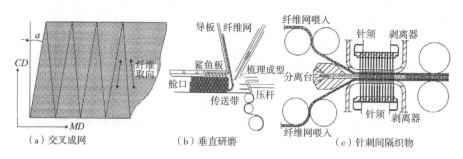

（a）交叉成网　（b）垂直研磨　（c）针刺间隔织物

图 1-9　大体积三维面料

Gong 从传统毡帽开始介绍第二类三维非织造织物。然后，他描述了一些产品的批量工艺，如内衣罩杯和手套，如图 1-10（a）所示。他在曼彻斯特大学研究（Gong，2001；Gong et al，2003；Ravirala et al，2003；Wang et al，2006）开发了一种连续的方法来制作 3D 非织造织物。最初的产品是一顶厨师帽［图 1-10（b）］。该工艺如图 1-10（c）所示，包括将纤维在气流中送入穿孔模具。然后将预制体转移到烘箱中进行热黏合。使用 Flow 软件设计模具，以确保纤维网的均匀布放［图 1-10（d）］。

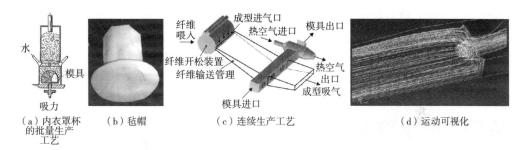

图 1-10　三维非织造物的批量工艺

纳米纤维的静电纺丝导致了非常复杂的三维结构（Reneker，2009）。旋转纺丝的连续弯曲不稳定性导致连续更紧密的螺旋形式［图 1-11（a）］，这种螺旋形式构建成三维组件［图 1-11（b）］。

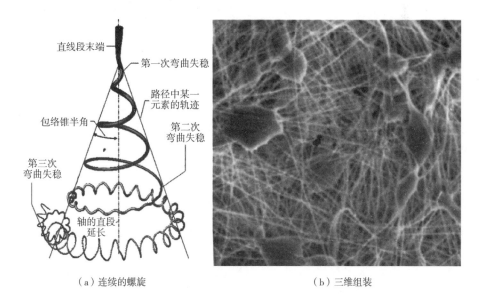

图 1-11　静电纺

三维织物可以由二维织物形成。一种方法是利用机织物和针织物由于低剪切阻力和面积变化而具有的易于三维曲屈的性质，就有可能形成双曲率。这就导致了服装的动态悬垂，但也可以用于刚性结构，例如，在船头的弯曲船体铺设玻璃织物。

由于非织造布更坚硬，结构类似纸，它会形成尖锐的单轴弯曲，而不是光滑的三维褶皱。长期以来，人们一直试图用部分固化的树脂将非织造布压成所需的形状（Hearle，1960）。然而，破裂或起皱似乎是一个无法解决的问题。最近，北卡罗来纳州立大学开发出一种成功制造深模形状的工艺（Grissett et al，2009）。将非织造布放置在模具的两个表面之间，如图1-12（a）所示，然后进行如图1-12（b）所示的操作，进而变成由图1-12（c）的顶视图和侧视图显示的表面投影形状。这一过程的诀窍在于，使用的纤维可以深拉到其熔点以下，然后进行自我黏合。

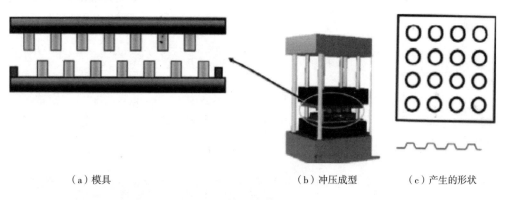

（a）模具   （b）冲压成型   （c）产生的形状

图1-12　制造深模形状的工艺

1.2.5　针刺和刺绣织物

将两层面料拼接在一起是一种古老的三维环扣技术，长期用于制作三维服装，但也适用于一些科技产品。切片先被切割成所需的形状，然后缝合在一起，形成三维的形状。

在装饰刺绣中，底布被缝上精美的图案。为了制作一个独立的三维结构，底布被溶解掉。一个用于肩关节重建手术（McQuaid，2005）的刺绣装置如图1-13所示。该产品由彼得·布彻（Peter Butcher）设计，埃利斯发展有限公司（Ellis Developments Ltd.）制造。

图 1-13　用于肩关节重建手术的刺绣装置

1.3　三维纺织品的应用

三维织物的用途和潜在用途涵盖了从小型医疗设备到大型工程结构的大量产品。其中,一次成型针织服装的生产具有巨大的消费市场。这为设计师提供了空间,并降低了缝纫中的劳动力成本。

对于高技术纺织品来说,人们的兴趣主要集中在对性能要求严格的专业市场上。其中许多应用体积相对较小,但是三维织物复合材料在飞机上替代传统复合材料应用,将是一个巨大的市场,复合材料从赛车进入家用汽车市场的传播规模将更大。还有一些长期使用的织物,只有少量的层数,特别是用于各种形式的过滤。如果能够合理开发,三维织物在建筑方面将有更加广阔的发展前景。

1.3.1　航空航天、汽车和军事方面

能让飞机减重的碳纤维复合材料主要采用传统的铺层技术。在三维织物会议(纺织工业软件有限公司,2008～2013 年)上,曾就职于波音(Boeing)公司的艾伦·普理查德(Alan Prichard)和曾就职于英国航空航天(British Aerospace)的安德鲁·沃克(Andrew Walker)介绍了三维机织织物的潜在优势。然而,正如普理查德所说,三维机织物在飞机结构中的应用受到限制。其中一个因素是需要确保高质量,以满足航空航天工业的严格标准。纺织业需要与时俱进来满足先进工程产业的需要。三维编织在纵梁、燃气涡轮风扇叶片和直升机旋翼叶片方面得到了更多的应用。

在 2009 年的格林维尔会议(纺织工业软件有限公司,2008～2013 年)上,来自马里兰州阿德尔菲美国陆军研究实验室的 Chiang Fong Yen 讲述了三维织物的军事应用,包括车辆保护。在同一次会议上,托马斯·格里斯(Thomas Gries)和另一位来自奥迪的合著者谈到了三维织物在汽车中的应用。

1.3.2　体育与休闲方面

三维间隔织物在体育服装和休闲服装中有许多应用。运动鞋是主要市场，但是三维织物也被用于内衣和外套。两组特征很重要：开放式结构提供良好的热湿传递，从而在休闲活动中提供热生理舒适、在体育比赛中提高竞技成绩、在消防工作中提供热防护；耐机械压力仍然使用开放结构，控制作用在鞋内脚上的力，并为可能摔倒或碰撞的极限运动提供保护。

体育用品是三维复合材料的另一个应用市场。一个典型的例子是水野公司（Mizuno Corporation）使用滨田（Hamada，2012）开发的三维编织预制体制作的高尔夫球杆。

1.3.3　医疗方面

图 1-1（c）所示的双层丝绒血管移植物（Brown，2005b）是医疗应用中机织复杂三维形状的例子。出于热生理和压力控制的原因，间隔织物和其他三维织物常用于伤口敷料、溃疡治疗，组织工程支架和其他外科用途。

1.3.4　防护方面

三维机织物非常适合用于个人防护。主要有两个不同的类别：一个是低速撞击，例如被棍子或砖块击中，是局部的准静态变形，其作用是分散荷载；另一个是高速撞击，如被子弹击中，是一种动态的情况，造成从撞击点向外扩散的金字塔形变形，并吸收能量。其目的是防止射弹穿透织物并造成伤害，或者至少降低速度以限制对身体的伤害。

三维织物可用于软体盔甲或作为头盔的刚性复合材料，可在车辆和飞机上为司机、飞行员和乘客提供保护。但它对四肢的保护仅限于低速保护。

1.3.5　过滤、造纸和土工布

虽然单层织物也可以被用作过滤器（粗棉布是一个显著的例子），通过增加层数可以提高过滤性能。图 1-14（a）所示为中国公司浙江隋塔滤料科技有限公司生产的多层机织过滤织物。图 1-14（b）所示为马丁·库斯（Martin Kurz）公司生产的由金属丝制成的三维机织过滤织物 Dynapore。

过滤是静电纺丝制备的纳米纤维组件成功的商业应用之一，如图 1-11 所示。

除直接需要分离出气、液中的固体外，还有与过滤有关的间接操作。

多层机织物可用于造纸机的成型和干燥部分。成型部分，纤维被收集起来，作为纸张的第一阶段，让分散它们的水分通过。烘干部分，多层织物支持纸张，因为它是由热空气干燥。图 1-15 为中国公司康托斯特造纸面料有限公司制作的项目。

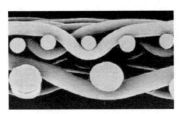

(a) 多层滤布(隋塔滤布部门,2013)　　(b) Dynapore金属过滤织物
　　　　　　　　　　　　　　　　　　　　　(Martin Kurz公司,2015)

图 1-14　过滤织物

(a) 木桥　　　　　　　　(b) 线性钢桥　　　　　　　(c) 曲线钢桥

图 1-15　传统人行天桥(制造商为布莱克本弗雷泽有限公司)

土工织物的功能之一是将不同层(如道路的石基与下层土壤)分开,同时允许水通过。这是另一种使用多层织物的"过滤"操作。

1.3.6　建筑方面

三维织物在建筑领域有广阔的市场前景。但是在这个行业,仍以钢铁、混凝土以及其他传统材料为主,复合材料为辅。20世纪80年代,钢丝绳是在深水区安装石油钻机系泊用具的传统材料,但钢材太重,用聚酯纤维绳索来替代钢是这个问题的解决方案(创科实业和石油天然气部,1999)。现如今在系泊系统中,聚酯绳的使用优势越来越明显,但仍未渗透到建筑行业中的起重机或电梯中。开拓绳索和复合材料市场需要重大突破。

德国亚琛工业大学(RWTH,Aachen)的团队在学校新的实验楼的墙壁中使用三维织物加固混凝土,率先在建筑中使用三维织物。

纺织工业软件有限公司与唐·布莱克本(Don Blackburn)合作,对布莱克本弗雷泽有限公司(Blackburn Fraser Ltd.)的一座复合人行天桥进行了可行性研究(Chen et al,2009)。普通人行天桥由木材或钢材制成,如图1-15所示。对于矩形形状,三维织物基复合材料将在成本、性能和安装方便性方面提供竞争优势。例如,战场作战所需的临时桥梁可采用扁平包装形式运输,并在现场组装。图1-15(c)中的曲线形状是出于美观的考虑而设计的,用钢制作的成本很高;三维织物很容易在模具中弯曲成型,以便用树脂浸渍。

图 1-16 展示了由纺织复合材料制成的小桥的主要支撑构件，这些是线性的，纵向的桁条和扶手，横向的水平楼板梁和横梁中的竖向钢筋。其他部件是用于地板和保护桥两侧侧板的平面复合材料。这些材料都是可以使用三维机织物或编织物的一些组件来制作的。

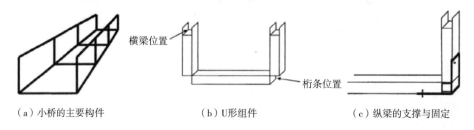

（a）小桥的主要构件　　　　（b）U形组件　　　　（c）纵梁的支撑与固定

图 1-16　由纺织复合材料制成的小桥的主要支撑构件

人们对复合材料制造桥梁的兴趣与日俱增。2012 年 9 月，在伦敦召开了一次关于玻璃钢桥梁的会议，其中包括陈等（2012）的一篇论文。另一篇论文（Ushakov et al，2012）在同一次会议上由莫斯科"ApATeCh"核电站总经理安德烈·乌沙科夫发表，该论文展示了莫斯科地区 Chimki 城市十字路口人行天桥的创新设计，如图 1-17 所示。制造这种桥梁预制件适宜采用三维机织物。

图 1-17　Chimki 人行天桥的创新设计（Ushakov et al，2012）

除了桥梁，三维纺织复合材料在建筑物的主要框架和覆盖层这两个领域也有巨大的潜力。Hearle 等（1995）对比了方形梁中的复合材料和钢的性能，计算结果见表 1-2。论文还提出了连续批量生产的方案，如图 1-18 所示。纱线从筒子架被喂入织布机，例如，可以生产任何所需形状的梁预制件的机器。制造成本预估为每米 0.60 英镑。在短期内，以一种更为传统的方式发展市场，分割机织的过程预制件，切割成一定长度并转移到高压灭菌器中是有必要的。

表 1-2　简支梁的成本和性能比较（**Hearle et al，1995**）

	性能	钢	玻璃	涤纶	芳纶
匹配 断裂载荷	面积（m²）	0.0086	0.0021	0.0070	0.0024
	重量（kg/m）	68.40	4.35	9.82	3.20
	材料（英镑/m）	13.7	4.79	9.62	52.97
匹配刚度	面积（m²）	0.0086	0.0132	0.0239	0.0111
	重量（kg/m）	68.40	27.84	33.52	14.74
	材料（磅①/m）	13.70	30.61	33.52	244.31

①1 磅（lb）= 0.4536 千克（kg）。

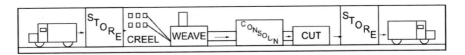

图 1-18　生产场景（Hearle et al，1995）

表 1-2 中的数值给出从钢梁改为玻璃钢组合梁结构所需的相对尺寸和成本。为了与断裂载荷相匹配，玻璃钢应该薄，重量仅为原来的 1/10 和材料成本减半。为了匹配刚度，玻璃钢更厚，重量不到一半，但花费材料成本的两倍以上。使用另一种三维织造的蜂窝状结构，将在减少重量的同时保持刚度。芳纶的使用可以减轻重量，尤其是可以匹配刚度，但更昂贵，碳纤维的使用成本也较昂贵。

1.4　小结

1.4.1　三维纺织品面临的挑战

自 20 世纪 80 年代的创新以来，三维纺织品已经取得了长足的进步。目前面临的挑战有以下三方面。

（1）进行文化变革以适应 21 世纪的工程实践。

（2）在专业市场和大批量市场中实现增长。

（3）通过拥有丰富的三维纺织品制造经验和了解客户需求的公司建立一个庞大的工业部门。

1.4.2　工程设计

纺织品的发明已经有几千年的历史了，从手工制作开始，到过去 250 年的机器生产，大量的实用技能得到了发展。纺织技术人员可以根据他们的经验和对工艺、材料的直观理解，在必要时通过反复试验、不断摸索来支持生产特定需求的织物。这种方法主要是定性的，定量方法相对较少。这与过去200年的工程发展形成了鲜明对比。在过去200年的工程发展中，结构设计明确，每个部件和强度或刚度都有精确的规格。计算其他性能以满足性能要求。起初，绘图和计算都是手工的，但在近50年，计算机辅助设计（CAD）已经成为一种标准。

旧式的方法对于纺织品的传统用途来说尚可，尽管时装设计师为了美观已经接受了CAD，但对于要求很高的工程应用来说，需要新的方法。对于航空航天、桥梁和许多其他工程应用来说，设计计算是必不可少的。在其他应用中，它们将在设计过程和制造性能最佳的产品中体现出更高的效率。

图1-2中的机织形式是示意图。建模问题仍然需要解决，首先要找到一种生成具有纱线形状和曲率的表示方法。第二项任务是预测生产的织物和复合材料中的应力—应变响应。还需要注意的是纤维和纱线之间被树脂占据的空隙。学术研究人员正在开发将结构与使用中的性能联系起来的方法，但需要花费更多的努力来开发适合行业的软件。

除了解决客观的技术需求外，还有一个更微妙的问题。纺织技术人员需要与那些将三维织物应用到飞机和其他应用设计中的工程师讲同样的语言。在深水系泊中使用聚酯绳也出现了类似的问题。这是通过联合工业项目实现的，这些项目将纺织和海洋顾问与用户和制造公司联系起来（TTI et al, 1999）。

1.4.3 专业批量化生产

对于航空航天应用，复合材料各组件的成本不是主要因素。如果能通过使用高性能纤维来减轻重量，那么在客运力和燃料成本方面所节省的成本将超过材料本身的成本。由于其他原因，成本不涉及其他专业产品，例如，顶级网球运动员使用的球拍或一级方程式赛车。对于专业生产商来说，主要的需求是在预制体与复合材料的结合以及后续产品的使用中，使产品达到最高标准的能力。目前人们更倾向于使用碳纤维。为了获得更大的刚度和强度，碳纳米管和石墨烯有可能成为未来的发展方向，问题在于如何把它们变成纱线。英联邦科学与工业研究组织（CSIRO）有许多关于该问题的技术报告，描述了从纳米管形成纱线的过程。温德尔（Windles）工艺（Li et al, 2004）提供了另一种制造纱线的方法，即从圆柱形熔炉中生产出一束碳纳米管。然而，在碳纳米管纱线可用于三维织造之前，还需要进行更多、更深入的研发工作。如果石墨烯能够大规模商业开发，将会提供大量可以卷成纤维再制成纱线的薄片。这些发展需要依靠纱线结构和纺纱技术相关的知识，来完善材料科学家和工程师的工作。陶瓷纤维和基质将是三维织物在高温应用中（如飞机或汽车发动机）的一个选择。

这些特殊用途仍然需要单独生产，或者是小批量生产，行业需要不断发展来满足需求。例如，如果三维织物复合材料被允许用于飞机，飞机制造商将需要从他们的分包商那里确保大量的材料供应。

对于大体积汽车和建筑用途来说，重量不那么重要，成本更重要。这也适用于其他大众市场，如大众使用的体育用品。在这方面，需要发展高效低成本的制造业务，同时仍然满足性能标准。如果产量足够大，如图 1-18 所示的连续生产场景将是经济可行的。

对于这些要求可能不那么严格的市场，特别是如果不要求最高的刚度，会有更多的选择去提高产量，包括高性能聚合纤维，如芳纶或高分子量聚乙烯（HMPE）将用于更高要求的应用，以及玻璃纤维用于普通的用途。然而，多年来一直被忽视的一个挑战是高强度聚酯纤维的潜在用途，它们被广泛应用于柔性橡胶基复合材料中，通过三维机织可以制作传送带。杜邦（DuPont）公司的研究人员在 20 世纪 80 年代表明，刚性复合材料可以实现良好的性能，但这种开发技术从未商业化。表 1-2 显示，它们的性能足以与玻璃钢相抗衡。低熔点的聚酯纤维可用作热塑性黏合剂，也可以自黏合。热塑性聚酯复合材料可以熔融，聚合物可重复使用，而热固性树脂则不能回收。在涤纶复合材料的预制件生产中，可以使用彩色纱形成图案。

1.4.4　商业场景

自 1980 年以来，三维织物有了长足的发展，特别是用于复合材料和其他用途。然而，商业用途是有限的，只有少数几家相对较小的公司为特殊订单生产面料。相关研究者不仅需要努力确保三维织物在已确定的应用领域中有更广泛的应用，还需要努力将市场扩展到其他应用领域。目前关于三维织物的研究大多来自学术界，但在提升制造选择和扩大市场方面，还需要行业做出更大的努力。小公司有专门知识力量来满足特殊订单的需要，但缺乏资源来开展大型的研发项目，仅依靠主要用户（如航空航天和汽车公司）的研发可能是不够的，他们不太可能在织物制造本身建立研究。需要为纺织工业寻找方法来实施这种方案，不幸的是，杜邦、考陶德（Courtaulds）、阿克苏（AKZO）等公司在开发合成纤维市场时，对纺织工艺和产品的大量研究工作在 20 世纪 80 年代合成纤维成为商品市场之后就停滞了。小公司之间在建立标准和促进市场方面的合作将会对行业发展的推动有所帮助。然而，如果三维织物要充分发挥其潜力，企业家或政府可能有必要建立规模足够大的公司以供应更大的市场，并支持主要的技术操作。

参考文献

Brown，S．，2005a. Textiles：fiber，strudtue and function. In：McQuaid，M．（Ed.），Extreme

Textiles. Cooper—Hewitt Museum, New York, NY, p. 54.

Brown, S. , 2005b. Textiles: fiber, strudtue and function. In: McQuaid, M. (Ed.), Extreme Textiles. Cooper—Hewitt Museum, New York, NY, p. 51.

Chen, X. , Hearle, J. W. S. , 2010. Bridges made from 3D textile reinforced composites. Report to Blackburn Fraser Ltd. Available from TexEng Software Ltd.

Chen, X. , Knox, R. T. , McKenna, D. F. , Mather, R. R. , 1996. Automatic generation of weaves for the CAM of 2D and 3D woven textilestrustures. J. Text. Inst. 87, Part 1, 356—370.

Chen, X. , Hearle, J. W. S. , McCarthy, B. J. , 2012. 3D Fabrics for composite bridges. In: FRP Bridges Conference, London.

Chou, T. —W. , Ko, F. K. (Eds.), 1989. Textile Structural Composites. Elsevier, Amsterdam, The Netherlands.

Du, G. W. , Popper, P. , 1994. Analysis of a circular braiding process for complex shapess. J. Text. Inst. 85, 316—337.

Fukuta, K. , Onooka, R. , Aoki, E. , Nagatsuka, Y. , 1982. Application of latticed structural composite materials with three – dimensional fabrics to artificial bones. Bull. Res. Inst. Polym. Text. 131, 151.

Gong, R. H. , 2001. Application of latticed structural composite materials with three – dimensional fabrics to artificial bones. British Patent GB2361891, Moulded Fibre Product.

Gong, R. H. , 2011. Developments in 3D nonwovens.

Gong, R. H. (Ed.), Specialist Yarn and Fabric Structures: Developments and Applications. Woodhead Publishing, Cambridge, UK, pp. 264 – 286. Gong, R. H. , Dong, Z. , Porat, I. , 2003. Novel technology for 3D nonwovens. Text. Res. J. 73, 120—123.

Grissett, G. , Pourdeyhimi, B. , Grissett, G. , Pourdeyhimi, B. , 2009. Deep molded nonwovens and hybrid nonwoven composites: process and applications. In: 2nd World Conference on 3D Fabrics and Their Applications. Greenville, SC, USA.

Hamada, H. , 2012. Mechanical properties of braded string and their composites, presentation at International Forum on Rope and Net Material, Taian, China.

Hearle, J. W. S. , 1960. Consulting at Formica Ltd.

Hearle, J. W. S. , Du, G. W. , 1990. Forming rigid fibre assemblies: the interaction of textile technology and composites engineering. J Text. Inst. 81, 360—383.

Hearle, J. W. S. , Smith, J. T. , Day, R. J. , 1995. A technical/economic evaluation of textile composites. In: TechTextil Symposium. Lecture No. 104.

Ko, F. K. , 1989. Three—dimensional fabrics for composites. In: Chou, T. —W. , Ko, F. K.

(Eds.), Textile Structural Composites. Elsevier, Amsterdam, Netherlands, pp. 129 – 139.

Li, Y. -L. , Kinloch, I. A. , Windle, A. H. , 2004. Direct spinning of carbon nanotube fibers from chemical vapor deposition synthesis. Science 304, 276–278.

Martin Kurz and Company, 2015. Dynapore porous metal products. http://www. mkicorp. com/products. asp(accessed 25. 03. 15).

McConnell, R. F. , Popper, P. , 1988. Complex shaped braided structures. US Patent 4, 719, 837.

McQuaid, M. (Ed.), 2005. Extreme Textiles: Designing for High Performance. Cooper – Hewitt National Design Museum and Princeton Architectural Press, New York, p. 54.

Ravirala, N. , Gong, R. H. , 2003. Effects of mould porosity on fibre distribution in a 3D nonwoven process. Text. Res. J. 73, 588–592.

Reneker, D. H. , 2009. 3D structures by electro–spinning. In: 2nd World Conference on 3D Fabrics and Their Applications. Greenville, SC, USA.

Stover, E. R. , Mark, W. C. , Marfowitz, L. , Mueller, W. , 1971. Preparation of an Omni-weave carbon–carbon reinforced cylinder as a candidate for evaluation on the Advanced Heat Shield screening program. AFML–TR–70–283.

Suita Filter Cloth Department, 2013. www. suitafiltech. com(accessed 3. 12. 13).

TexEng Software Ltd. , 2008–2013. International Conferences on 3D Fabrics and their Applications, Manchester, UK, 2008; Greenville, SC, USA, 2009; Wuhan, China, 2011; Aachen, Germany, 2012; Delhi, India 2013. CDs available from xiaogang. chen@ manchester. ac. uk.

TTI, Noble Denton, 1999. Deepwater Fibre Moorings: An Engineers' Design Guide. Oilfield Publications Ltd. , Ledbury, England.

Ushakov, A. E. , Klenin, Y. G. , Ozerov, S. N. , Safonov, A. A. , 2012. Pedestrian Bridge with Composite Architectural Elements. In: FRP Bridges Conference, London.

Walker, W. C. , Popper, P. , Tam, A. , 2009. Direct formation of textile shapes via a self-interlacing micro–geometry or structure process: SpiderWeb. In: 2nd World Conference on 3D Fabrics and Their Applications, Greenville, SC, USA. U. S. Patent 6, 107, 220; U. S. Patent 6, 323, 145; U. S. Patent 6, 579, 815.

Wang, X. Y. , Gong, R. H. , Dong, Z. , Porat, I. , 2006. Web forming system design using CFD modelling for complicated nonwoven 3D shell structures. Macromol. Mat. Eng. 291, 210–217.

第 2 章　三维实心机织物

A. Bogdanovich
美国北卡罗来纳州立大学

2.1　引言

本章介绍了现代复合材料发展最快的领域之一的三维机织物的历史和最新研究进展，例如，用整体（单层）三维机织物预制件增强的厚复合材料。

2.1.1　三维机织物需求旺盛

在过去的 20 年里，三维机织物与真空辅助树脂传递模塑、树脂传递模塑或其他合适的现代封闭模具树脂注射方法相结合，所能提供的制造优势和成本效益已经被许多工业制造商证明。这归于减少了预制件处理、切割、铺设和成型所需的劳动力；许多重要的结构复合形状均具有净尺寸预制件的特性；缩短和简化了整个加工周期；大幅减少了纤维的浪费；并获得了显而易见的环境利益。某些类型的三维机织预制件比同等厚度的二维织物具有更高的渗透性，因此，它们能够更容易地用同等的树脂体系注入更大的结构，或能够使用更高黏度的树脂。

从结构角度来看，先进的三维机织预制件在平面内的纤维束中没有卷曲，不仅使复合材料的断裂韧性和耐损伤能力得到显著提高，而且使其平面内刚度和强度值接近传统的交叉层合板的强度和刚度。因为即使是存在非常小的体积含量（1%~3%）的贯穿厚度增强材料，三维机织物强化也能显著改善抗分层性能，并能够完全阻止潜在的宏观分层的形成。此外，正如许多研究所示，其他重要的机械性能特征也可以从整体三维机织预制件的使用中获益，如疲劳寿命、冲击、弹道、爆炸和抗热震性等。除了或多或少传统的三维机织物预制件和复合材料以外，一些新的多功能、混合的三维机织结构的设计、性能优化和制造概念也在最近被提出。

众所周知，在面内和面外力学性能之间的主要权衡，特别是在面内刚度、强度与横向（层间）刚度、强度和断裂韧性之间的权衡，仍然是三维机织复合材料的主要设计挑战之一。历史上，使用三维机织预成型材料（特别是在传统二维织机上制造的层间预成型材料和贯穿厚度的经纱联锁材料）制成的复合材料的平面内刚度和强度，不仅与传统的交叉预成型材料层压板相比，而且与二维机织物层压板相比，都有显著下降。为了克服这一缺点，在过去的 25 年里，已经开发出了新一代的三维无卷曲机织方法和专业的自动化三维织造机。它们使复合材料制造商显著扩大了当前工业使用的范围，并为各种先进复合材料应用中的三维机织预制体开辟了新的途径。这些应用范围有利用廉价的 E 型玻璃纤维制作的休闲渔船和游艇船体的大部件、更昂贵的 S-2 玻璃纤维制成的防护人员的防弹背衬和装甲车辆的零部件、土木工程和汽车中的各种玻璃和碳纤维结构、风力发电机的关键结构元件和接头、未来商用和军用飞机的主要承重部件、用于耐高温、耐损坏的发动机部件的碳—碳和陶瓷—陶瓷复合材料等。

2.1.2　三维机织生产的技术挑战

尽管有迹象显示在过去的 15 年，最近的商业应用方面及许多有前景的新产品类别方面都有进步，而一些技术挑战仍然需要特别注意和全面研究。从结构角度来看，一个主要的挑战是，现有的三维自动化商用织布机在生产正交纤维结构时，在平面内纤维定向方面受到了严格的限制。这些机器历史上是在传统二维织造技术的基础上发展起来的，只允许放置两条相互正交的纤维束，即纵向经纱（与织物生产方向一致）和横向纬纱。尽管已经提出几个多轴三维机织概念和实验装置，其主要目标是添加平面内的偏置纤维束，但它们都没有显示出任何实用性、机器扩大规模和自动化的潜力。在这个方向上所投入的技术研发较少，且局限于 20 世纪 90 年代提出的一些复杂的、相当艺术的机织方法和原型机制。目前可用的三维机织预制件在经纬平面上都是双向和正交的，这大幅限制了它们目前和未来的应用。这一点在航空航天主要结构领域最为明显，三维机织复合材料必须与复杂的多向层压板以及最近的多轴经编预制复合材料竞争。在三维机织复合材料中，没有面内偏置纤维（特别是以 45° 取向的纤维，如传统的 "准异取向" 层合板），通常会引起关于它们抵抗就地剪切、扭转、双轴和其他 "二次"（附带的，但实际上很重要的）加载类型的能力的问题，这些加载类型可能在结构的寿命期间经常遇到。

对于更广泛、更快速地将三维机织复合材料应用于主要承重结构的其他重要障碍包括：

（1）机械试验数据相对较少（特别是有关强度、疲劳、冲击和其他动态特性的数据），缺乏统一的机械特性数据库。

（2）缺乏行业可以放心使用的具体机械测试标准；经验表明，即使是对厚的三维机织复合材料进行单轴测试，也可能不是一项明确的常规任务，而是一场冒险之旅。

（3）缺乏足够通用的、经过充分验证的和商业上可用的计算模型、预测分析和结构设计工具。这对于强度、断裂行为、疲劳寿命和动态响应的预测尤其明显。

由于具有多向弯曲纤维的三维增强材料，这种工具更需要复杂的数学方法、材料模型，以及对损伤、渐进失效和断裂机制的理解，而不是易于理解的分析方法和传统复合材料层合板广泛使用的软件。同样重要的是，使用这样的高级工具需要具有更高技能的工程师或结构分析师。虽然目前已经有了一些很有前途的研究软件，但三维机织复合材料的设计和分析要成为工业工程师的常规实践还需要很长一段时间。

（4）问题（2）和（3）很好地描述了当前可靠地测试新的三维机织复合材料，并自信地预测其力学性能和使用中的结构行为方面存在的实际困难，这可能很容易使其不符合预期的应用。

（5）连接厚的预制体和复合材料的固有困难，就连这方面的研究出版物也屈指可数。

（6）三维机织物的工业制造商很少，它们之间的相互竞争会对企业的发展产生不良影响，且通常与主要复合材料制造商和最终用户没有长期稳定的业务关系。这一重要的非技术障碍无疑阻碍了三维机织复合材料的应用，在这种情况下，终端用户也会担忧三维机织预制件供应链的可靠性。

2.1.3 拓展阅读

当然，不可能在一个相对较短的章节中解决前面指出的所有复杂的问题，本章的目的是全面介绍三维机织、三维机织物、三维机织复合材料及其应用领域的历史、最新技术和当前趋势。在作者最近的几篇文章中已经讨论了相关方面的内容（Bogdanovich，2006a，b，2007，2008，2010；Bogdanovich et al，2009；Mohamed et al，2009），在此不再重复。此外，几本信息丰富的书籍阐明了三维机织物和复合材料的方方面面（Chou et al，1989；Chou，1992；Bogdanovich et al，1996；Miravete，Solid three-dimensional woven textiles 231999；Tong et al，2002）。Bogdanovich 等（1999）的综述论文中收集了早期的主要文献来源。在这一领域也有许多具体的评论文章（Byun et al，1989；Mohamed，1990；Mouritz et al，1999；Dickinson et al，1999；Kamiya et al，2000；Mohamed et al，2001；Khokar，2002；Gokarneshan et al，2009；Chen et al，2011；Ansar et al，2011；Wambua et al，2011；Unal，2012；Bilisik，2012；Misnon et al，2013）。大量的综述类文献使作者不必再局限于众多狭窄的主题和分支中，包括三维机织工艺和机器、特定织物和复合材料的生产、研究的特定机械性能以及发现的应用等。

2.2 基本术语

在处理这两种不同的织物类别之前，通常称其为二维织物和三维织物，有必要先界定基本术语。

首先，它们之间的区别并不是（从物理学的角度来看）前者只有两个非零维度，而后者有三个。当然，任何织物在三维物理空间中都有可测量的三维尺寸（即长度、宽度和厚度）。通常，二维和三维织物之间的区别是由厚度标准分别做出的，使用的术语是"薄"和"厚"，然而，这是相对于特定面料的长度和宽度值。例如，一种厚度为 1mm 的织物，当其长宽以几十厘米或米计算时，被认为是"薄"，但同样的织物，当其长、宽以毫米或厘米计算时，就变成了"厚"。我们可以进一步考虑，如果大的丝束用于二维单层组织而小的丝束用于三维多层组织，前者的厚度将高于后者。因此，应该在二维和三维机织物之间建立更明确、技术上更健全的区别。然而，正如许多作者所指出的那样，这似乎不是一项简单的任务，仅举两个例子：柯（Ko，1989）指出"没有简单的方法来分类纺织品预成型体"，周（Chou，1992）写道"缺乏将纺织品预制件分为二维和三维的明确标准"；他进一步指出："当纱线在厚度方向上的整合程度有限时，就会出现二维和三维预制体分离的不确定性"。

我们从机织的基本定义开始寻找正确的分类。也许最宽泛的定义可以在博西斯（Bauccio，1999）和米勒克尔等（Miracle et al，2001）的术语表中找到。根据其界定，"机织是由交织的纱线形成织物的特殊方式"。Tong 等（Tong et al，2002）给出的一个不太一般的定义是，机织"本质上是通过两组纱线：经纱和纬纱的交织来生产织物的行为"。在维基百科中给出了机织的一个更狭义的定义，"两组不同的纱或线以直角交错形成织物或布料的一种纺织生产方法"。"直角"一词在前两个定义中没有明示出来，但隐含其中。后两种定义强调了两组纱线的存在，因此这两种定义严格适用于"二维机织"织物，其中一组纱线是经纱，另一组纱线是纬纱。斯卡迪诺（Scardino，1989）提出的机织物的另一个定义是"由两个或多个纱线系统以 90°角交织而成"。在上述定义中使用"两个或两个以上"有助于将其推广到三维机织物。事实上，在同一本书的另一章中，柯（Ko，1989）将结构复合材料的三维织物定义为"具有多轴平面内和平面外纤维取向的完全集成连续纤维系统"，其中"完全集成系统"由"不同方向的纤维取向"和"以整体的方式形成三维纱线束网络"构成。Bogdanovich 和 Pastore（Bogdanovich et al，1996）将三维机织定义为"二维织造的变体，在厚度方向上有两根以上的纱线"。基于这一基本理念，Bogdanovich 和 Mohamed（Bogdanovich et al，2009）提出，明确区分二维和三维织物的标准应该是"前者指那些在织物中每个方向有一组纱线（即单纱层）的织物，而后者包含有两层或两层以上纱线层的织物"。作者认为，后一种区分三维与二维织物的原理是清晰、实用且一致的。

2.3 织物分类

2.3.1 三维多层机织物

通过总结以上所有内容并尝试直接概括经典的二维机织，可以将三维多层机织物定义为"在每层织物中，由一组以上的经纬纤维层以直角相互交织，并通过附加的纤维组在贯穿厚度方向上充分集成整个纤维组的系统"。如果严格遵循单层二维机织物的这一概念概括，第一个关键特征是存在相等数量的经纱和纬纱层，而在每层中，各自的经纱和纬纱纤维组相互交织，就像常规的二维织造过程一样。

上述概念的三维多层机织物结构的实现需要经纱多次开口（每对中的一根），并在每个梭口连续插入纬纱。由此产生的双向三维纤维组合还不能自我维持，因为包含交织经纱和纬纱的不同二维层并不相互连接。关于如何制作一个整体结构，Cannon（1935）的划时代发明中提出了一种可能的解决方案，他描述了由几层相对较薄的织物构成的多层物品。根据该发明，所制造的物品包括正面和背面部分在其两侧边缘结构上相互连续，并由黏合纱以紧密间隔从边缘到边缘连接在一起。有经纱、纬纱、黏合纱或线，也有填充纱（放置层与层之间），都存在于织物的结构中，这些使整体制造结构成为可能。正如该发明所建议的，可以采用包括窄织布机在内的传统设备进行生产，在织造过程中引入黏合纱并通过操纵它们，体现了这类不同于已知三维织造工艺的区别。

一种比较常见的方法是将经纱和纬纱纤维束以一种更广泛的方式相互交织，这种方式可以多种方式实现，既可以在经纱方向上，也可以在纬纱方向上，可以分层排列，也可以贯穿整个厚度。通过这种方式，可以得到经纱和纬纱相互交织的复杂三维网络。显然，使用这种通用的三维织造方法，可以设计和生产大量不同交织形式的织物，特别是如果使用一台单独控制每根经纱的织机（如提花头织机）。

2.3.2 三维机织物与非织造织物

区分三维机织物和非织造织物很重要，因为在这方面的文献中存在很多争议。正如后一个术语所暗示的，"非织造"织物应被视为不使用任何既定的织造方法或机械制造的织物。然而，这个词在文献中有不同的含义。例如，Ko（1989）使用术语"非织造布"来区分正交结构和三维机织物的类别。在一个脚注中，他解释了他文章中的"非织造布"一词与传统纺织行业中的含义并不相同。Bauccio（1999）和 Miracle Donaldson（2001）将非织造布定义为"由纤维、纱线、粗纱等松散地挤压在一起而形成的一种平面织物结构，无论是否有纱布载体"；这个定义看起来既不通用也不实用。维基百科给出了如下定义："非织造布是由长纤维通过化学、机械、热或溶剂处理黏合在一起的类似织物的材料"（http://en. wikipedia. org/wiki/Nonwoven_ fab ric）。这看起来不像一个有用的区别，因为三维机织和非织造布材料都可以"由长纤维通过机械黏合制成"。在纺织业广泛使用的最权威的定义可能是在非织造布行业协会（INDA）网站上公布的"非织造布被广泛定义为通过机械、热或化学方式缠结纤维或长丝（以及穿孔薄膜）而黏结在一起的片状或网状结构。它们不是由机织和编织制成的，也不需要将纤维转化成纱线"。在同一个 INDA 网站上的《非织造布术语》中，有更详细的说明：非织造布直接由网或纤维制成，不需要进行机织和编织所需的纱线准备。在非织造布中，织物的组成是：①通过随机的网或垫子上的机械互锁连接在一起；②通过纤维的熔融；③用胶结介质黏结。最初，纤维可以定向于一个方向，也可以随机方式沉积。然后用上面描述的一种方法将网或纸粘在一起。上述内容对于将任何特定的三维机织物类型与整个非织造织物类别区分开来非常有帮助。最重要的是，只有随机的网或垫用机械联锁将其固定在一起才属于非织造布的范畴。显然，没有一种非织造布的类型是通过机织方式插入贯穿厚度的黏合纱。

Khokar（1996）认为，任何一种织物，如果"配置的单轴纱线由两组纱线（如特殊的、改良型二维机织和两步编织装置）捆绑在一起，而配置的多轴纱线由一组纱线捆绑在一起（如 LIBA 系统和 Raschel 针织装置）"，就应该归类为非织造三维织物。此外，Khokar（1996）建议，任何采用未指定的非交织原理制成的织物都应归为非织造布。显然，这一建议的分类与前面引用的 INDA 的非织造布定义存在主要矛盾。在作者看来，Khokar 试图极大地扩展传统非织造布的范围，若我们进一步研究 Khokar（1996）和该作者的其他出版物（Khokar，2001，2002）发现其主要目的是区分 Khokar 发明的"真正的三维机织方法"和三维机织区域中的整个现有技术。如前所述，在三维机织物与三维非织造布及其制作方法之间存在一定的灰色区域，因此，一些纺织品纯粹主义者可能愿意继续争论这个问题。尽管如此，作者还是建议主要对纺织复合材料感兴趣的读者使用 INDA 给出的非织造布定义，将任何有问题的特定织物分类为三维机织物和非织造物。

2.3.3　三维多层互锁机织物

在传统的二维织机上生产的三维多层机织物，一般分为经联锁和纬联锁；这两个子范畴既有一定的相似之处，又有本质的区别。经联锁三维机织物的出现要比纬联锁织物早得多（Walters，1938；Walters et al，1954；Finken et al，1959），因为它们可以在简单的织机上实现。为了实现纬纱联锁三维织造，需要更复杂的带有电子控制的织机。例如，米勒等（Miller et al，1990）的专利中暗示了可编程提花机的使用。在接下来的两个小节中，我们将简要回顾这些织物的生产工艺。

2.3.3.1 三维多层经联锁交织物

大多数多层三维机织物采用所谓的多经织造，即长期用于制造腰带、箱包、地毯、织带、造纸等双层、三层材料的织造方法。可以在文献中看到不同的术语标识特定的"三维经纱联锁"织物类型，但最常用的术语是"三维角联锁"（3DAI），其依次分类为三维层间角联锁（3DLAI），三维穿透厚度角联锁（3DTAI）和三维正交联锁（3DOI）。也许3DTAI面料第一次的历史介绍可以在Walters（1938）的文章中找到，而3DLAI面料最早是由Walters和Gatzke（1954）提及。虽然第一项发明描述了相当简单的纤维结构，但第二项发明展示了更为复杂和多样的结构。同时，Walters和Gatzke（1954）引用诸如经纱、纬纱、衬经、衬纬、浮纱和接结经纱等去描述那些复杂的纤维结构。另一个里程碑是Rheaume和Campman（1973）的研究发现，他们发明的织物的特点是，经纱和横向填充纱以非层流的方式完全交织在一起，织成非常厚的密织体。他们强调了层间剪切强度不足的问题，并声称这些新型三维机织结构的目的是尽可能地避免层合。当时考虑到的产品是耐热和防烧蚀结构，如火箭喷嘴和热防护盾。因此，他们主要关注的是暴露在高速和高温气体下造成的严重结构损伤，这可能导致结构外部的侵蚀和大量层间应力的引入。由于他们感兴趣的主要结构是粗大的整体旋转体，他们建议在圆形织机周围配置多个提花头，以提供足够数量的经纱。在平板织物中，经纱在织物的宽边之间依次以对角线交替通过，多种经纱依次呈锯齿形排列，并有明确的间隙。纬纱垂直于经纱，穿过这些空隙，从而使整个织物结构交织。此外，经纱填充（纵向）纱线可以与纬纱垂直配置，还可以设想填充纱可以与不同层次的经纱相互交织，达到进一步的联锁效果。Rheaume和Campman（1973）还指出，用"厚度"或"层"等术语来表示三维整体机织物的厚度结构是错误的，建议使用"填充纱层"来代替。Rheaume和Campman（1973）提供的描述相当笼统，可以作为正确理解提花头织机上三维经联锁织物的纤维结构和制造工艺的指南。

图2-1~图2-3说明了3DTAI、3DLAI和3DOI经纱互锁织物类型中的纤维结构的主要特征。两组交替经纱用不同的颜色显示，即灰色（经纱1、3、5、7和9）和红色（经纱2、4、6、8和10）。在图2-2中，有两种经纱：主体经纱（红色显示，每一种都包含两个填充层）和表面经纱（灰色显示，每一种都只包含一个填充层）。在所有这些图中，衬经为直线；当然，这应该被视为实质性的理想化。此外，纬纱也可能出现严重的波动，特别是在纬纱与经纱交叉时。因此，如果预制坯的经纱（纵向）方向是各自结构复合材料的主要面内加载方向，该方向的刚度和强度值可能是最大的。从这个角度来看，所描述的经纱联锁织物可能不是最好的增强材料，原因有以下两个方面：一是，整组"真正的经纱"中的一部分从精确的纵向放置改为非纵向放置；因此，这部分就成为黏结经线，其在承载平面载荷方面的效率远远低于剩余的真的经纱（通常称为衬经）；二是，黏结经线在交叉

区域使相邻的填充纱发生波动；因此，纬纱使其相邻的衬纬纱波动，这一作用将进一步降低复合材料在纵向上的刚度和强度。图 2-4 演示了这种"多米诺"波动机制。

图 2-1　带有交替经纱（灰色和红色）、衬经（黑色）和
纬纱（蓝色）的 3DTAI 织物示意图

图 2-2　带有主体经纱（红色）、表面经纱（灰色）、衬经（黑色）、
纬纱（蓝色）的 3DLAI 织物示意图

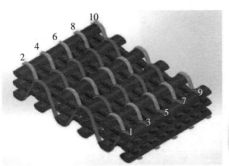

图 2-3　带有主体经纱（灰色和红色）、衬经（黑色）和
纬纱（蓝色）的 3DOI 织物示意图

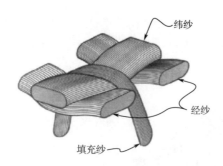

图 2-4　在三维经编联锁组织中，经纱、纬纱、填充纱相互作用
及各自波动原理图（Cox et al，1994）

在图 2-3 中，经纱路径故意显示为非矩形（甚至更接近正弦曲线），因为这是它在真实织物中通常的样子，如图 2-5 所示。因此，严格来说，3DOI 机织结构应该被称为准正交。随着纬纱层数的减少和相邻衬纬纱间距的增加，偏离准确的矩形经纱黏结剂路径的偏差自然增大。因此，图 2-1 至图 2-3 中的示意图只能视为这些织物结构的主要特征说明，而不代表任何特定的机织物类型。可以在 Pastore（1993）等论文中找到有用的讨论观点，这些问题可能是由传统织机上三维互锁机织物的生产特性引起的各种不规则性和缺陷。

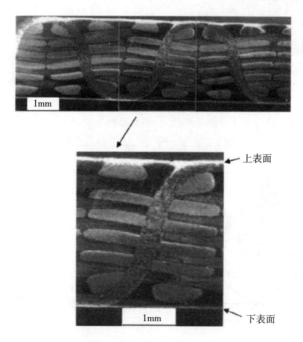

图 2-5　3DOIW 复合材料试样垂直于纬纱的截面切割显微图（Tan et al，2000）

虽然传统的二维织机可以很好地制作厚度有限的多层织物，但整个织物的厚度是逐层建立的，一次一层，这降低了即使在高织造速度下生产过程的生产率。请注意，生产速度受到其他因素的限制，后面会解释。

具有凸轮、多臂或提花开口机构的传统织机可生产三维经纱联锁织物。在传统二维织布机上织造比较硬、脆和易碎的纤维其中一个问题就是由于机件运动而造成纤维损伤。这是由于所有经纱都必须穿过综框，然后，在每个织造周期中，所有综丝必须上下移动，这个动作在很大程度上引起纤维与综丝之间的磨损，以及不同经纱层间的磨损。纤维损伤的程度可能会很严重，会严重限制织造速度的提高（显然，当机器运行在更高的速度时，纤维损伤的程度会大幅增加），这反过来又会对三维织造的经济性产生负面影响。此外，每根经纱都要经过钢筘的凹痕（钢筘带动打纬动作）。钢筘周期性的"前后"运动是对经纱磨损的另一个原因。

在传统的二维织机上织造一致、高质量的三维多层织物的另一个问题是，由于纬纱叠层是多次插入完成的，因此难以保持纬纱叠层的垂直对齐处理（意味着一次取一根纬纱）。可以通过使用特殊的开口机构来控制经线提升的距离，从而增加经纱的层数。

除了厚度均匀的实心织物平板外，一些更为复杂的形状也被制作出来并在文献中提及。例如，T 形截面，工字形和 L 形型材、可变厚度实心板和带有正交或倾斜腹板的整体核心结构（模拟箱形梁和类似桁架的结构）已被演示。然而，由于经纱和纬纱在织物平面上相互正交的传统二维织造的性质，所述多层织造技术不允许引入平面内的偏置纱。

2.3.3.2　三维多层纬联锁织物

开发三维多层纬联锁织物的主要动机是在三维织物结构中使用纬向纤维束实现经纬联锁，而不是使用经向纤维束。例如，Miller 等（1990）明确指出，这是他们开发新的三维纬联锁织物的主要动机。

在传统织机上，特别是带提花头的飞梭织机上，涉及如何实现多层纬纱联锁织造工艺的文献相对较少。Miller 等（1990）的观点可能提供了最好的描述。根据这一理论，经纱的开口运动使纬纱沿着织物的顶部和底部宽表面之间的成角度的路径重复地延伸穿过织物，同时纬纱延伸整个织物宽度。简而言之，织布机的纱线在垂直于经纱方向的平面上沿着之字形路径前进。它们与相对笔直的经纱交织，从而形成纬联锁织物。当纬纱穿过织物宽度时，纬纱在经纱上下波动，从而使经纱产生一定的卷曲。根据 Miller 等（1990）的说法，还可能包括衬经纱；它们设置在相邻的一对经纱之间，并以相对笔直的方式延伸到织物的宽度上，而不与经纱交织。Miller 等（1990）总结道："由于经纱沿长度方向以笔直的、连续的方式延伸，因此在长度方向上织物具有相当大的强度。纬纱可以提供宽度上的横向刚度，当然，纬纱在织物的整个厚度上连续不断地延伸，从而提供了织物厚度方向上的强度"。

这种三维织造方法的一个实际问题是，在没有提花头的传统织造机上很难实现，它不仅要求有单独控制经纱的设备，而且要求有复杂的纱线提升方案，当纬纱穿过织物宽度时，能够精确地操纵经纱（形成所需的局部落纱顺序）。正如 Miller 等（1990）所解释的那样："经纱逐渐穿过织造区，梭子按常规方式反复穿过织造区。对经纱的作用进行编程，因此经纱可以根据需要升降，以达到适当织物结构。此外，经纱需要适当的张力，纬纱的插入也不是那么简单。正如 Miller 等（1990）所述，纬纱是利用梭子在织造区域的选定通道形成的。当纬纱成型时，纱线的设定是将每片经纱中的所有经纱置于梭子的上方或下方，这使梭子和所包含的纬纱通过相邻的一对经纱，从而形成一根纬纱。同样重要的是，由于上述三维织物成型方法的固有特性，生产速度（每单位时间生产的织物长度而言）相当低，并且随着织物宽度和厚度的增加而成比例地减小。尽管如此，多层纬联锁织物的概念还是很有意义的，因为它能最大限度地减少预坯纵向纱线的卷曲，如果该方向也是主要的加载方向，这是非常可取的。

2.3.4 三维无卷曲正交机织物

2.3.4.1 织造工艺

Mohamed 等（1989）首先提出了另一种三维机织方法，该方法主要是为了尽可能降低平面内经纬纱线的卷曲度，随后 Mohamed 和 Zhang 等（Mohamed，1990；Mohamed et al，1992；Mohamed et al，2001）进行了进一步的阐述。这种方法结合了技术上的讲究，相对简单的机器实现良好的制造效率，以及可能的织物产品的广泛多样性。它可以被看作是多层经纱联锁织造方法的近亲，但在织造过程和机械上有一些显著的特点。

三维无卷曲正交织造（3DNCOW）工艺既可以在专用的三维"正交"织机上（在最大经纱层数方面有一些限制）实现，也可以在特殊修改的二维织机上实现（特别是由 3Tex 公司改造的 Dornier 织机，可用于大批量生产工业织物）。

3DNCOW 与传统二维织机上较常见的三维多层经编交织明显不同。3DNCOW 提供了两个指定的 Z 纱层，类似于常规经纱层，来自相同类型的筒子架或梁（通常来自相同的筒子架或横梁堆叠）。在纬纱进入织造区之前，经纱组和 Z 纱组没有区别，然而，这两套纱线的进一步操作是不同的。所有经纱都不能用作黏合纱，它们不是被线束的综丝牵引出来的，而只通过钢箝牵引。因此，它们不会被线束提升或降低以形成开口，不与纬纱交织。相反，首先将两组 Z 纱的每一端（这些层通常位于经纱层最外面的上方和下方）拉过综丝的孔眼（通过金属丝将其连接到放置在钢箝之前的综框），然后通过钢箝。这使机器可以同时通过所连接的束带提升或降低某一层的所有 Z 纱；另一层 Z 纱也可以通过第二套线束来移动。注意，通过扩展这种方法，可以使用不止一组纱线。每根 Z 纱穿过综丝后，通过筘槽（必须没有经纱）。因此，每个筘槽可以包含经线或 Z 纱的一端。所有经纱和 Z 纱的末端都连接到卷取机构上。

从这个描述中可以看出，经纱和 Z 纱的唯一区别是 Z 纱通过线束综丝牵引，而经纱不通过综孔。这就提出了三维机织方法和前面分析的多层经联锁编织方法之间的直接类比。Z 纱在功能上与开口作用下的经纱（经纱黏合剂）是相同的，而经纱在功能上与没有开口作用下的经纱填充剂是相同的。事实上，3DNCOW 方法中指定的 Z 纱与传统三维多层经联锁技术中用于经纱织造机的指定经纱具有相同的作用。

3DNCOW 的下一个步骤是在每一个织造周期中，整根垂直的纬纱通过剑杆或其他合适的织造机构从一个特殊的框架上同时插入水平层的经纱和 Z 纱之间。若经纱层数为 N，则经纱加 Z 纱层数为 N+2，列中填充纱数为 N+1。这种层数类似于普通多层经编互锁织物结构中的层数。所有经纱层都位于织物内部，而在每个织物的宽表面形成一个纬纱层。因此，每个直的经纱层被夹在两个相邻的直的纬纱层之间。Z 纱黏合前的结构为经、纬纱层相互正交的多层堆叠结构。在这种结构中，可能出现的经纱和纬纱波纹的性质纯粹是偶然的，类似于使用其他直接纤维放置观察情况的方法。事实上，在这个织物加工点，没有涉及开口动作（一些学者认为这是任何有效织造过程必须发生的）。显然，相互正交的经纱层和纬纱层的叠加不是自我维持的。

接下来的步骤是织物形成过程中所需要的织造要素。首先，两层 Z 纱通过线束同时上下，然后将织物水平拉动一段距离，将两层 Z 纱分别水平放置在填纬纱层的顶部和底部，从而形成表面"Z 冠"。接下来，线束同时将 Z 纱的顶层移动到织物底部，将 Z 纱的底层移动到织物顶部。接着，插入下一列纬纱，再将织物水平移动一段距离，形成下一排"Z 冠"。然后循环地重复上述步骤。这样，两组交替的 Z 线使纬纱的顶层和底层交织在一起，从而产生一种自持的织物结构，这种结构可以从机器上取下而不失去完整性。

除了前面描述的 3DNCOW 工艺的主要方面外，还应用了一些传统机织中常用的其他技术，即织物的卷取和织边固定。前者除了对厚的织物以外，对其他织物就相当于普通机器，但要施加比平常高得多的拉力。后者是必要的，因为随着剑杆在宽织物上来回移动，剑杆的每次转动都会在织物的一边或另一边形成纬纱线圈，在剑杆开始向相反的方向移动之前，每一个纬纱环都必须固定好。很明显，当所有纬纱同时插入一列时，不是形成单个边圈而是形成一列边圈。所有这些回路必须同时固定在适当的位置，这通常是由一根织边针在形成的织物的每一边操作来完成的。在自动化的机器上，织边针的运动与织机上的剑杆运动同步。如图 2-6 所示为 3Tex 三维正交织机的织造区，包括筘片、带剑杆的纬纱引纬架、织边系统和卷取系统。这种特殊的织物生产装置使用五层经纱和六层纬纱。

图 2-6　3Tex 三维正交织机的织造区（Bogdanovich et al，2009）

2.3.4.2　织物结构

图 2-7 所示为一个代表性的 3DNCOW 织物几何模型，可以与图 2-8 所示的真实 3DNCOW 复合材料图像进行对比。关于这个理想化的图像和指定的织物名称，有三点需要注意。第一，在实际生产的织物中，Z 纱始终在其交叉区域上对底层的纬纱造成一些小的表面压痕，压痕的程度取决于 Z 纱的尺寸和织造时的张力水平（通过类似的效果，这种压痕类似于图 2-4 中纬纱和经纱之间的压痕）。虽然这些压痕的影响可能会更深地传递到织物中，甚至使下面的经纱稍微变形，但内部变形通常非常小，对宏观力学性能没有太大的影响。在 Bogdanovich 和 Mohamed（2009）以及 Karahan 等（2010）的 3DNCOW 复合材料图像中，可以找到上述说法的实验支持。第二，这种 3D 织物类型可以严格地称为"非卷曲"，其只与经纱和纬纱的放置和相互作用有关，这些纱线不是相互交织的，即它们缺乏通常所说的卷曲。Z 纱明显卷曲严重，并与底层的表面纬纱交错。第三，织物可能不是完全正交的，特别是 Z 纱路径可以显著偏离理想路径，如图 2-7 所示。虽然在许多情况下，Z 纱路径是梯形的，但 Z 纱的垂直段稍微倾斜，几乎是笔直的，但在其他一些情况下，它可能更接近正弦曲线。然而，作者认为，通过术语"三向正交"（文献中通常这样说）来识别这种织物类型是合适的，因为这将它与 3DIW 织物类型区分开来。

据图 2-8 显示，纱线在平面内几乎是直的，接近矩形 Z 纱路径（Bogdanovich et al，2009）。

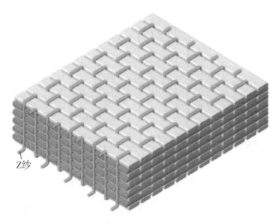

图 2-7 具有 5 个经纱（红色）和 6 个纬纱（黄色）纱层的
理想 3DNCOW 织物元素示意图（Bogdanovich et al，2009）

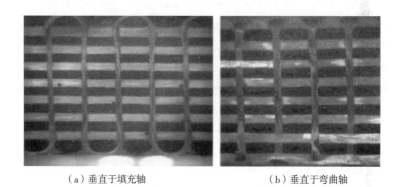

（a）垂直于填充轴 （b）垂直于弯曲轴

图 2-8 垂直于填充轴和弯曲轴的碳–环氧 3DNCOW 复合材料切割显微图

2.3.4.3 织物设计与优化

除了上述 3DNCOW 方法的主要目标（即通过不交织以避免经纱和纬纱卷曲）之外，它还有助于其他一些结构上的改进。其中之一是使三维机织复合材料的面内纤维体积分数尽可能高，同时使其不易分层。Bogdanovich（2007）和 Bogdanovich 等（2009）详细讨论了如何实现这一目标，方法是将 Z 型纤维的体积含量最小化到可接受的最低水平，并使其路径尽可能接近"矩形"。

混杂可能有助于实现这一目标，因为更坚固（但通常更脆），而尺寸较小的 Z 纱可以提供必要的贯穿厚度强度，而不会在预成型坯体中占据过多空间。由于织造过程中对纤维的处理非常温和，因此使用相当脆弱的纤维作为 Z 纱是可行的。对于每一种常见的纤维类型（包括聚丙烯腈和沥青碳素、E 型玻璃纤维、S 型玻璃纤维、Kevlar 纤维、陶瓷纤维、碳化硅纤维和不锈钢纤维），都有可用于 Z 型增强选择的纱线、粗纱、丝束或单丝直径以及纤维数。在 Bogdanovich 等（2007）演示的一个有趣的终极案例中，超细的（直径 $20\sim50\mu m$）但具有足够弹性和强度的连续碳纳米管纱线或由其制成的三维编织物已成功地在 3Tex 工业编织机上用于三维机织宏观碳纤维预成型坯的 Z 纱。

然而，很难预先确定 Z 纱的"最低但可接受"的体积含量，以确保某些特定复合材料结构具有足够的穿透强度和抗分层能力。技术人员可以通过实验或理论来寻求答案，也可以结合这两种方法，或者可以基于设计师的直觉（如果没有更好的方法）。考虑到目前实验数据的可用性非常有限，预测强度和断裂韧性的分析方法还处于起步阶段，唯一可行的实际选择可能是对 3DNCOW 预制体设计应用一些直观的经验法则。当然，在这种情况下，获得实验结果（来自双悬臂梁、短梁弯曲、端缺口梁断裂、低速冲击、弹道突防、激波管爆炸等测试）有助于积累实践知识，更有信心地评估 Z 纱含量的下限。例如，Tamuzs 等（2003）对一些玻璃纤维 3DNCOW 复合材料进行的 DCB 测试表明，结果显示仅 2.3% 的 Z 纱就能使 I 型层间断裂韧性提高近一个数量级（高达 $3\sim5kJ/m^2$）。同一组含 7%~8% 的 Z 纱的碳纤维 3DNCOW 复合材料的进一步测试表明，由于附着的金属片开始在三维机织复合材料测试样品中可见的裂纹扩展之前就开始变形，因此最初的分层裂纹不能被迫沿所需的面内方向推进。大多数情况下，对于许多暴露在典型的工作负载条件下的结构复合材料，使用低至 1%~3% 的 Z 纱应该足以在开始时完全阻止潜在的分层。

2.3.4.4 重要的加工特性

本节中描述的特殊三维机织方法的特点是纤维处理使其具有出色的"柔韧性"，原因有以下几个方面：

①较低的机器速度。

②经纱不通过综丝，从而最大限度地减少磨损；

③由于经纱层与纬纱层之间不交织，因此相互磨损很小；

④卷取系统可能只损坏 Z 向和外部两层纬纱。

这些优点显著减少了 3DNCOW 工艺过程中纤维的预期制造损伤。正如 3Tex 公司所证明的那样，可以织造非常脆的碳沥青、陶瓷和石英纤维以及不锈钢短纤维纱、钛和铜线，而不会造成明显损坏。这些实验项目的例子可以在文献（Sharp et al，2008；Sharp et al，2008a，b；Wigent et al，2006；Bogdanovich et al，2008；Bogdanovich et al，2009）中找到。此外，布拉格光栅光纤传感器网络（Wigent et al，2004）和法布里-珀罗光纤传感器（Bogdanovich et al，2003）已经成功集成到三维机织预制件和复合材料中，并展现了出色的功能。上面提到的一些材料被用于各种各样的组合中。

3DNCOW 工艺提供的另一个好处是，通过在预制体中使用不同的纤维材料和纱线尺寸，可以实现几乎无限的杂交机会。每一层经纱、纬纱，以及每两根指定的 Z 纱层都可以根据纤维材料和丝束尺寸进行个性化的设置。在文献（Bogdanov-ich et al，2008；Sharp et al，2008；Sharp et al，2008a，b 和 Bogdanovich et al，2009）中可以找到这种 3DNCOW 织物杂交的一些实例。

上述的 3DNCOW 方法也适用于制作一些相对复杂的网形预制体，如工、T、P、H、Y、□，以及整体桁架核心和桩结构。3Tex 公司设计和制造的这种结构形状的例子，可以在文献（Mohamed et al，2001，2003，2005；Mohamed et al，2006；Bogdanovich et al，2008）中看到。这些努力的具体方向是由实际的工业和军事市场需求决定的，从而产生了广泛的复合材料产品。

2.3.4.5　特点

（1）优点。

①这种类型的织物预制件既可以在专用织机上生产，也可以（在有限厚度下）在传统的二维织布机上生产；这两种机器都是全自动的，已经用于工业规模的织物生产。

②最简单的、自然的形状是一个长而连续的、均匀的厚度和宽度的织物平板，厚度可达几厘米，宽度以米为单位。

③其他各种笛卡尔形状（尽管仍然相对简单）可以使用多线束系统制造，使沿着平行于织物宽表面的平面进行一次或多次分裂，这种形状是通过在织物的不同部分上分割和折叠而成的。

④这种织物类型的经纱和纬纱之间没有相互交织，Z 纱和纬纱之间只有最小的（表面）交织；因此，纱线总卷曲最小。

⑤三维织物结构良好、稳定且可重复。

⑥由于具有几乎正交的网格状三维纤维结构，这种类型的树脂预浸料可能是所有已知织物预成型中最简单和最快的。

⑦由于经纱和纬纱不交织的特点，预制体比同等厚度的二维层合织物具有更好的一致性。

⑧在织造过程中纤维损伤最小。

⑨容易改变 Z 纱的体积含量。

⑩实际上无限的杂交可以在经纱、填充纱和 Z 纱中使用，并且很容易在同一机器设置中改变。

（2）缺点。

①在生产多层织物时，专用织布机的运行速度比传统二维织布机慢得多。

②目前仅双向正交衬经纱放置是可行的。

③无论是厚度还是宽度方向使预成型件逐渐变细都是有问题的。

④不能单独控制 Z 纱；所有属于每个 Z 层的拖曳通过共同的综丝同时移动。值得注意的是，配备提花头的织机更有能力；每台经编机或纬编机都可以单独操作。

⑤需要一种特殊的织边机构来固定织物边缘的环。

⑥由于缺乏经纱和纬纱交织，织物在被剪断或严重损坏时很容易散开。此外，在将长布片切成短片时应特别小心，以免散开。

2.3.5 三维双交织机织物

2.3.5.1 "更多卷曲"与"更少卷曲"的困境

关于复合材料的三维机织预制件中是否存在卷曲，有两种观点。一种观点（占主导地位）认为交织的纱线越少越好（卷曲越少），因此理想的织物应该完全没有卷曲。另一种观点（少量支持）则认为交织的次数越多越好（卷曲越多），并且理想的三维机织物应该尽可能多地使用交织。事实上，在传统的二维织机上生产的三维多层经互锁机织物最初的应用主要是针对高温发动机、火箭喷管、热防护罩等这类应用，在三维碳—碳复合材料中，碳纤维通常与碳基体一起使用（Mullen et al, 1972；Rheaume et al, 1973；Yamamoto et al, 1975）。另一组早期应用涉及某些保护性装甲系统。这些应用都不需要达到高的面内刚度和强度。由于这个原因，预制体中常见的局部波动和整体波动没有引起太大的关注。

20世纪80年代后期，复合材料领域的研究者开始意识到，三维机织预制件有可能取代传统的预浸层合板，成为航空航天结构件的主要承重部件。利用三维机织预制体具有更高的穿透强度和断裂韧性的特点，可以防止主要由各种冲击事件（如落锤、鸟击、冰雹）和热效应造成的分层，其优势是显而易见的。但是，与此同时，具有高度卷曲和波浪的平面内纤维束，以及将"主要"承载经纱的很大一部分转化为"次级"经纱黏合剂（这通常会导致整体纤维体积分数和平面内力学性能的大幅下降）的缺点也很明显。自此，纺织复合材料领域观察到的主要趋势主要是在一个方向上——减少卷曲和波浪，这意味着首先要减少预制件中的纱线交织。特别是这一普遍趋势推动了3DNCOW织物预制件的发展。

2.3.5.2 三维双交织机织物的织造

尽管如此，人们还是在相反的方向上做出了一些努力，即开发出三组纱线最大限度交织的三维机织物。如果成功，这将进一步提高复合材料的断裂韧性和损伤容限，但它也将进一步降低平面内的刚度和强度。

Khokar（1996）认识到，在二维织机上进行的传统三维织造中，织物只由两组正交的交织纱线组成，而"真正的"三维织造必须产生所有三组正交的纱线的交织。作者看到的问题是"传统的二维织造工艺不能取代织物宽度方向上的多层经纱，使其在织物厚度方向上形成开口"。因此，在二维织造工艺中，不能使三组正交纱线充分交织"。得出的结论是"三维织造的过程本质上需要三组正交的纱线——一组单轴纱和两组捆绑纱"。作者认为织造的概念是未来发展"真正"三维织造技术的基础。

该作者建议，Khokar 的三维机织方法可以被称为三维双交织（3DDI），织物产品可以被命名为三维双交织机织物（3DDIW）。

3DDI 方法与笛卡尔三维机织的行、列有相当明显的相似之处，特别是从织物的形状来看。事实上，在这两种情况下，最简单和最自然的形状是一个有限的横向尺寸的矩形条，而不是严格限制的长度。当然，三维机织和三维编织的纤维结构是非常不同的，但主要的共同特征是，所有的纤维束都紧密地交织在一起。因此，在这两种情况下，一方面要达到优异的断裂韧性和损伤容忍，另一方面要降低纵向刚度和强度，两者之间的权衡是相同的。

这种假想的三维机织概念的进一步发展已经被提出（Khokar，2001）。据报道，在实现"双向开口落操作"的实验装置上，"可以轻松地生产纤维体积分数高达 74% 的预制件"，而且"通过适当的自动化和改进，三维机织有潜力成为一种具有工业吸引力的工艺"。仅作比较，据笔者所知，纤维体积分数高达 74% 的三维编织复合材料尚未见报道。最高的纤维体积分数为 71%（编织角为 19°）是由 Mungalov 和 Bogdanovich 等（2004）实现的，他们在特殊的压缩模具中使用三维编织矩形截面碳纤维预制件制备了复合材料。

2.3.5.3 三维双交织机织复合材料的力学性能

Stig 和 Hallstrom（2009）花了很多年时间才报告了第一个用 3DDIW 预制体增强的碳纤维复合材料样品的实验结果。对实心三维机织物的拉伸、压缩、面外剪切和弯曲性能进行了研究，并与 2×2 斜纹四合股层合板，非卷曲 [0，90]$_{3S}$ 和 [90，0]$_{3S}$ 层合板（众所周知，后两种层合板的特点是平面内纤维几乎是直的）进行了对比。三维机织复合材料的总纤维体积分数为 54%，斜纹复合材料的总纤维体积分数为 64%，两种非卷曲复合材料的总纤维体积分数分别为 46% 和 47%。虽然 3DDIW 复合材料的两个面内方向间的纤维体积分布与其他三种测试材料有显著差异，但结果以适当的归一化方式呈现。Stig 和 Hallstrom（2009）提出的实验结果并不令人惊讶。3DDIW 复合材料的平面模量（归一化到 [0，90]$_{3S}$ 复合材料的数值）为 74%，斜纹复合材料为 86%，而 [90，0]$_{3D}$ 复合材料的平面模量为 99%。Stig 和 Hallstrom（2009）在解释他们的实验结果时指出，三维机织增强复合材料中的经纱比斜纹增强复合材料中的纱线卷曲更多。此外，3DDIW 复合材料的拉伸破坏载荷高于斜纹复合材料，但均低于非卷曲复合材料。在 3DDIW 复合材料中，应力—应变曲线的整体非线性更加明显。但是，正如人们所知道的 3DDIW 预成型卷曲，压缩测试数据远低于"基准"材料。3DDIW 复合材料的归一化失效载荷略高于斜纹复合材料，仅为其 44%～46%。弯曲试验结果中也出现了类似的趋势——3DDIW 复合材料的弯曲刚度和破坏载荷值都比非卷曲基准低 40%～50%。

Stig 和 Hallstrom（2009）将这种复合材料（按照 Khokar 的术语）称为"真正的三维机织复合材料"，他们还预测，"由碳纤维组成的完全交织的三维织物有可能改变复合材料的结构设计和制造方式。"不幸的是，他们自己的实验结果却并不支持这一期望。

2.3.5.4 三维双交织机织预制件的潜力

根据可达到的几何尺寸和性能平衡，一种或另一种预制体在复合材料纺织预制体的整体范围内或多或少地占有突出的地位。在未来纺织复合材料领域中，3DDIW预制体可能有一些特定的应用领域，但这些应用领域仍需进一步明确，其结构性能优势也有待进一步论证。

据笔者所知，3DDIW预制件仅在一些手工操作设备上进行了小规模的演示样品生产。作者不知道是否有任何工业规模的自动化机器用于它们的生产。由于这种特殊的三维机织工艺的性质，织物横截面总是相对较小（类似于众所周知的三维机织物的情况），织造速度总是比在二维织机上生产多层织物慢得多。虽然这种三维机织方法的开发者已经宣布可以制造出许多复杂的截面形状，但这仍有待证实。由于3DDIW预制体内的纤维束非常紧密，因此很难将其注入高黏度树脂，特别是当两种截面尺寸都增大时（同样，这种情况与三维编织预制体相似）。

从积极的方面来看，用这种预制体制成的复合材料应该具有极高的断裂韧性和损伤容限，这将使它们作为具有吸引力的三维增强材料进入市场，用于生物医学、体育和娱乐、汽车、土木工程以及对复合材料纵向面内刚度和强度要求不高的航空航天领域。同样重要的是，这种类型的预制件在被切割或损坏时不会轻易解体。

2.4 机器自动化和计算机辅助织物设计

工业需要多样化的、结实的、完全自动化的、随时可用的机器来大批量生产三维机织预制件，当然，许多工业二维织机满足这些要求，在织物厚度和宽度有一定限制的情况下，可用于经纬互锁多层织物的织造。其优点之一是生产速度快（尽管纬纱需要一次一根插入，且生产速度会随着层数的增加而逐渐降低）。另一个优点是在实现复杂织物设计时具有极高的通用性，特别是如本章前面所述，如果采用提花头，由于其精密的电子控制，在多层经纱互锁织造过程中的每根经纱或在多层经纱互锁织造过程中的每根纬纱都可以单独操作。

这种技术复杂性使三维织物设计成为一项要求很高、非常精细的工作，需要特殊的知识和技能。织物设计人员必须从两个不同的方向与织物产品生产人员针对纤维结构进行沟通。

（1）与生产工程师和操作机器的技术人员进行沟通。

（2）与生成织物和目标复合材料的计算模型的结构分析师进行沟通。

Morales 和 Pastore（1990）在他们开创性的三维经编交织预制件计算机辅助设计方法的经验中详细阐述了这一情况。他们强调了将"机器参数和纤维结构"与"允许非纺织人员为编织预制体的开发提供的设计方法"联系在一起的重要性。这些作者进一步指出："纤维结构是纺织一体化设计的关键，它为复合材料零件设计者和纺织工程师提供了沟通的桥梁"。Quinn 等（2001，2003）的研究中也发现了关于同一主题的其他一些有趣的研究。

如前所述，北卡罗来纳州立大学和 3Tex 公司已经设计并建造了几代全自动专业三维织机，用于 3DNCOW 织物生产。所有这些机器都配备了专业的电子控制系统和相关的专业织物设计工具。

2.5　三维机织复合材料的力学性能

2.5.1　准静态加载

自 20 世纪 90 年代初以来，多层经联锁机织物增强复合材料的力学性能一直是研究的热点（Cox et al，1992，1994，1996；Cox et al，1995；Jarmon et al，1998；Callus et al，1999；Leong et al，2000；Tan et al，2000；Quinn et al，2008）。作者着重研究了不同的准静态加载情况，其中最受关注的是面内拉伸加载，但同时也对平面内压缩和弯曲给予了很大的关注。Tong 等（2002）对许多早期结果进行了总结和讨论。

在平行活动中，对不同的 3DNCOW 复合材料进行了大量的实验工作。Brandt 等（1992）在这个方向上进行了开创性的研究，考虑了几种准静态加载情况。Brandt 等（1996）对 3DNCOW 复合材料、三维经联锁机织复合材料和二维机织层合板的各种力学性能进行了非常有趣的比较研究；Bogdanovich 和 Mohamed（2009）对他们的研究结果进行了总结和讨论。Dickinson 和 Bogdanovich（2002）研究了不同碳纤维制成的 3DNCOW 增强复合材料的面内拉伸刚度和强度性能。

最近，Lomov 等（2009）和 Ivanov 等（2009）报道了 E 型玻璃纤维 3DNCOW 复合材料和平纹机织层合板在面内准静态拉伸载荷（刚度、强度和渐进损伤）下的综合比较研究。Bogdanovich 等（2013）对碳/环氧 3DNCOW 复合材料在经纱、纬纱和偏轴方向的平面内拉伸载荷情况进行了广泛的实验研究。

Tamuzs 等（2003）利用双悬臂试验研究了 S-2 玻璃纤维 3DNCOW 复合材料的 I 型层间断裂韧性。

2.5.2　疲劳加载

三维经纱联锁机织复合材料在疲劳加载作用下的试验研究较少受到重视。本文作者只了解 Mouritz（2008）、Rudov-Clark 等（2008）和 Gude 等（2010）所发表的作品。

Carvelli 等（2010）研究了 E 型玻璃纤维 3DNCOW 复合材料和平纹机织层合板在平面内拉伸疲劳载荷下的情况。Karahan 等（2011）研究了碳/环氧 3DNCOW 复合材料在面内拉伸疲劳载荷下的情况。

2.5.3 动态加载

大量的工作致力于各种三维机织物复合材料（主要维三维经联锁增强材料）的冲击、爆炸和弹道响应的实验研究。Singletary 和 Bogdanovich（2000a，b）以及 Bogdanovich 和 Singletary（2000）提供了各种芳纶纤维 3DNCOW 复合材料的弹道测试数据。Singletary 等（2001）报告了由不同材料组成的重型军用装甲板的弹道测试，包括 S-2 玻璃纤维 3DNCOW 复合材料的中间集成层。Bogdanovich 等（2005）研究了由陶瓷前面板和 S-2 玻璃纤维 3DNCOW 衬底复合材料制成的人员装甲嵌入件在多次穿甲打击下的弹道阻力。Shukla 等（2005）和 Grogan 等（2007）研究了由陶瓷前瓦和 S-2 玻璃纤维 3DNCOW 复合背板组成的轻型车辆装甲材料的多击弹道性能。Gama 等（2005）研究了 S-2 玻璃纤维 3DNCOW 复合材料的弹道性能。Baucom 等（2006）研究了 S-2 玻璃纤维 3DNCOW 复合材料的低速冲击损伤。

使用激波管中产生的爆炸载荷对 3DNCOW 复合材料进行了多项实验研究（LeBlanc et al，2007；Tekalur et al，2009）。从这些研究中得出的一个普遍结论是，所有研究的复合材料或陶瓷复合材料装甲联合系统在使用 3DNCOW 预制件后，在抗弹道和抗爆炸性能方面都有显著提高。

2.6 三维机织复合材料的制造和应用

在这一篇幅有限的章节中，我们甚至不能简单地讨论不同的三维机织复合材料的制造问题。因此，读者只能指向一些信息来源（Ko，1989；Pastore et al，1989；Hill et al，1993，1994；McIlhagger et al，1995；Soden et al，1998；Kamiya et al，2000；Clarke，2000；Tong et al，2002）。

Mouritz 等（1999）对三维多层互锁织物及其复合材料的早期应用进行了全面概述。Tong 等（2002）也讨论了一些应用。

直到 20 世纪 90 年代末，3DNCOW 预制体和复合材料的应用才成为复合材料技术的主流之一，当时 3Tex 公司在这项新技术的商业化中发挥了主导作用。从那时起，发表了大量的论文和演讲，报告了具体的案例研究，并讨论了成本效率方

面的问题，这最终决定了该技术的商业可行性。在文献（Mohamed et al, 2001,
2005；Stobbe et al, 2003 以及 Bogdanovich, 2007）中可以找到对这一主题的一般
性综述。Mohamed 等（2003）描述了具体的应用领域和案例研究；Mohamed 和
Wetzel（2006）和 Sharp 等（2013）（风车叶片）；Sharp 等（2008a, b）（热保护
系统）；Wigent 等（2006）（综合热管理系统）；Bogdanovich 等（2003）和 Wigent
等（2004）（使用集成光纤进行连续应变监测）。

从未来应用的角度来看，应用于厚三维机织预制体及其复合材料的有效连接
方法具有特殊的实际意义。Bogdanovich 等（2011）发现了这一挑战，并通过对几
种典型连接方法的综合研究说明了这一问题。另一个有趣且重要的主题是由整体
3DNCOW 面料制成的特殊连接元素；Bogdanovich 等（2008）和 Sharp 等（2013）
研究了这些问题。

各种三维机织预制体及其复合材料在工程领域的结构应用中已经显示出巨大
的潜力。然而，仍然需要对三维机织复合材料和结构进行全面、持续的研究工作，
特别是在设计和预测分析领域。这些努力，加上成本效益的比较证明，应该会使
复合材料行业相信，各种三维机织物预制件的实验制造及其在实际复合材料中的
应用，将有利于下一代轻量化、坚固、耐用和具有成本效益的工程结构。

2.7 小结

本章讨论了三维机织技术的历史和最新进展，包括关键工艺、机器、织物制
造特性、复合材料性能表征和一些关键应用。单层三维机织预制件具有许多制造
和成本优势，特别是当它们与先进的闭模复合材料制造方法结合使用时。这些材
料和制造方法不仅在复合材料领域引起了研究者快速增长的兴趣，而且在关键的
复合材料市场也越来越受欢迎。

为了成功完成这一任务，纺织研究人员和纺织制造商一方面对生产三维机织
复合材料预制体产生兴趣，另一方面应该共同应对几个严峻的挑战，并消除本章
中已经确定和讨论的许多技术和工业障碍。

其中一个最关键的问题是，这些材料的实用设计方法仍然主要是经验主义的。
目前，一方面没有必要的材料属性数据库支持，另一方面没有有效和充分的计算
建模和预测分析工具。特别是，目前还没有科学的方法可用于复合材料纤维结构
的优化设计，无论是采用三维多层经纬互锁增强，还是采用三维无卷曲正交机织
预制件增强。

同样重要的是，从面料设计师到面料生产工程师，再到复合材料结构分析师，
再到复合材料制造商，最后到最终用户，必须建立一个连续的信息交换链。

致谢

感谢 James J. Stahl III 为本章提供了部分插图。

参考文献

Ansar, M. , Wang, X. , Chouwei, Z. , 2011. Modeling strategies of 3D woven composites: a review. Compos. Struct. 93, 1947-1963.

Bauccio, M. (Ed.), 1999. Engineered Materials Reference Book. second ed. ASM International, Materials Park, OH, p. 57.

Baucom, J. N. , Zikry, M. A. , Rajendran, A. M. , 2006. Low-velocity impact damage accumulation in woven S2-glass composite systems. Compos. Sci. Technol. 66(10), 1229-1238.

Bilisik, K. , 2012. Multiaxis three-dimensional weaving for composites: a review. Text. Res. J. 82, 725-743.

Bogdanovich, A. E. , 2006a. Multi-scale modeling, stress and failure analyses of 3-D woven composites. J. Mater. Sci. 41(20), 6547-6590.

Bogdanovich, A. E. , 2006b. Three-dimensional continuum micro-, meso-and macro-mechanics of textile composites. In: Keynote address, CD Proceedings of the 8th International Conference on Textile Composites (TEXCOMP-8), Nottingham, UK, 16-18 October, pp. T56-1-T56-13.

Bogdanovich, A. E. , 2007. Advancements in manufacturing and applications of 3-D woven preforms and composites. In: CD-ROM Proceedings of the 16th International Conference on Composite Materials (ICCM-16), Kyoto, Japan, July 8-13, 2007.

Bogdanovich, A. E. , 2008. Computational modeling and analysis of textile composites: accomplishments and challenges. In: CD Proceedings of SAMPE'08 Conference, Long Beach, CA, May 18-22, 2008.

Bogdanovich, A. E. , 2010. 3D translaminar and textile reinforced composites. In: Blockley, R. , Shyy, W. (Eds.), Encyclopedia of Aerospace Engineering in 8 Volumes. In: Materials Technology, vol. 4. John Wiley & Sons, Ltd. , Chichester, UK, pp. 2189-2204.

Bogdanovich, A. E. , Mohamed, M. H. , 2009. Three-dimensional reinforcements for composites. SAMPE J. 45(6), 8-28.

Bogdanovich, A. E. , Pastore, C. M. , 1996. Mechanics of Textile and Laminated Composites. Chapman & Hall, London.

Bogdanovich, A. E. , Sierakowski, R. L. , 1999. Composite materials and structures: science, technology and applications. A compendium of books, review papers, and other sources of information. Appl. Mech. Rev. 52(12(Pt. 1)), 351−366.

Bogdanovich, A. E. , Singletary, J. N. , 2000. Ballistic performance and applications of 3−D woven fabrics and composites. In: Proceedings of the 9th European Conference on Composite Materials, ECCM9, Brighton, UK.

Bogdanovich, A. E. , Wigent III, D. E. , Whitney, T. J. , 2003. Fabrication of 3−D woven preforms and composites with integrated fiber optic sensors. SAMPE J. 39(4), 6−15.

Bogdanovich, A. , Coffelt, R. , Grogan, J. , Shukla, A. , 2005. Integral 3−D woven S−2 glass fabric composites for ballistic armor systems. In: Proceedings of 26th International SAMPE Europe Conference, Paris, France, April 5−7, 2005, pp. 245−250.

Bogdanovich, A. , Bradford, P. , Mungalov, D. , Fang, S. , Zhang, M. , Baughman, R. H. ,

Hudson, S. , 2007. Fabrication and mechanical characterization of carbon nanotube yarns, 3−D braids, and their composites. SAMPE J. 43(1), 6−19.

Bogdanovich, A. , Mungalov, D. , Ochoa, O. O. , Lee, S. M. , 2008. Joining thick composite panels with the use of unitary 3−D woven couplers and patches. In: CD Proceedings of SAMPE Fall Technical Conference and Exhibition, Memphis, TN, September 8 − 11, 2008.

Bogdanovich, A. E. , Dannemann, M. , Doll, J. , Leschik, T. , Singletary, J. N. , Huffenbach, W. A. , 2011. Experimental study of joining thick composites reinforced with non − crimp 3D orthogonal woven E−glass fabrics. Compos. Part A 42, 896−905.

Bogdanovich, A. E. , Karahan, M. , Lomov, S. V. , Verpoest, I. , 2013. Quasi−static tensile behavior and damage of carbon/epoxy composite reinforced with 3D non−crimp orthogonal woven fabric. Mech. Mater. 62, 14−31.

Brandt, J. , Drechsler, K. , Mohamed, M. , Gu, P. , 1992. Manufacture and performance of carbon/epoxy 3−D woven composites. In: Proceedings of 37th International SAMPE Symposium, Anaheim, CA, March 9−11, 1992, pp. 864−877.

Brandt, J. , Drechler, K. , Arendts, F. −J. , 1996. Mechanical performance of composites based on various three−dimensional woven−fibre preforms. Compos. Sci. Technol. 56 (3), 381−386.

Byun, J. −H. , Chou, T. −W. , 1989. Modelling and characterization of textile structural composites. J. Strain Anal. 24(4), 65−74.

Callus, P. J. , Mouritz, A. P. , Bannister, M. K. , Leong, K. H. , 1999. Tensile properties and failure mechanisms of 3D woven GRP composites. Compos. Part A 30, 1277−1287.

Cannon, P. D. , 1935. Article of manufacture and method of making the same. US Patent 2,

025,039 December 24,1935 to Johns-Manville Corporation,Plainfield,New York.

Carvelli, V. , Gramellini, G. , Lomov, S. V. , Bogdanovich, A. E. , Mungalov, D. D. , Verpoest,I. ,2010. Fatigue behaviour of non-crimp 3D orthogonal weave and multi-layered plain weave E-glass reinforced composites. Compos. Sci. Technol. 70, 2068-2076.

Chen,X. ,Taylor,L. W. ,Tsai,L. -J. ,2011. An overview on fabrication of three-dimensional woven textile preforms for composites. Text. Res. J. 81,932-944.

Chou,T. -W. ,1992. Microstructural Design of Fiber Composites. Cambridge University Press,Cambridge.

Chou,T. -W. ,Ko,F. K. (Eds.) ,1989. Textile Structural Composites. In:Composite Materials Series,vol. 3. Elsevier,Amsterdam.

Clarke,S. R. ,2000. Net shape woven fabrics—2D and 3D. J. Ind. Text. 30,15-25.

Cox, B. N. , Dadkhah, M. S. , 1995. The macroscopic elasticity of 3D woven composites. J. Compos. Mater. 29(6),785-819.

Cox,B. N. ,Dadkhah,M. S. ,Inman,R. V. ,Morris,W. L. ,Zupon,J. ,1992. Mechanisms of compressive failure in 3D composites. Acta. Metal. Mater. 40(12),3285-3298.

Cox,B. N. , Dadkhah,M. S. , Morris, W. L. , Flintoff, J. G. , 1994. Failure mechanisms of 3D woven composites in tension, compression and bending. Acta. Metal. Mater. 42 (12),3967-3984.

Cox,B. N. ,Dadkhah,M. S. ,Morris,W. L. ,1996. On the tensile failure of 3D woven composites.

Compos. Part A 27,447-458.

Dickinson,L. C. , Bogdanovich, A. E. , 2002. On the understanding of tensile elastic and strength properties of integrally woven 3D carbon composites. In: Proceedings of IMECE'02,ASME International Mechanical Engineering Conference & Exposition, New Orleans,November 17-22,2002,ASME Publication.

Dickinson, L. C. , Farley, G. L. , Hinders, M. K. , 1999. Translaminar reinforced composites:a review. J. Compos. Technol. Res. 21(1),3-15.

Finken,W. S. ,Robinson,H. K. ,1959. Unitary ballistic fabric. US Patent 2,899,987 August 18,1959 to Gentex Corporation,New York,NY.

Gama,B. A. , Bogdanovich, A. E. , Coffelt, R. A. , Haque, Md. J. , Rahman, M. , Gillespie Jr. ,J. W. ,2005. Ballistic impact damage modeling and experimental validation on a 3-D orthogonal weave fabric composite. In:Proceedings of SAMPE'05 Conference, Long Beach,CA.

Gokarneshan,N. ,Alagirusamy,R. ,2009. Weaving of 3D fabrics:a critical appreciation of the developments. Text. Prog. 41(1),1−58.

Grogan,J. ,Tekalur,S. A. ,Shukla,A. ,Bogdanovich,A. ,Coffelt,R. A. ,2007. Ballistic resistance of 2D and 3D woven sandwich composites. J. Sandw. Struct. Mater. 9(3), 283−302.

Gude,M. ,Hufenbach,W. ,Koch,I. ,2010. Damage evolution of novel 3D textile−reinforced composites under fatigue loading conditions. Compos. Sci. Technol. 70,186−192.

Hill,B. J. ,McIlhagger,R. ,McLaughlin,P. ,1993. Weaving multilayer fabrics for reinforcement of engineering components. Compos. Manuf. 4(4),227−232.

Hill,B. J. ,McIlhagger,R. ,Harper,C. M. ,Wenger,W. ,1994. Woven integrated multilayered structure for engineering preforms. Compos. Manuf. 5(1),24−30.

INDA,Association of the Nonwovens Fabrics Industry,2002. website:www. inda. org.

Ivanov, D. S. , Lomov, S. V. , Bogdanovich, A. E. , Karahan, M. , Verpoest, I. , 2009. A comparative study of tensile properties of non−crimp 3D orthogonal weave and multilayer plain weave E−glass composites. Part 2:comprehensive experimental results. Compos. Part A 40,1144−1157.

Jarmon,D. C. ,Weeks,C. A. ,Naik,R. A. ,Kogstrom,C. L. ,Logan,C. P. ,Braun,P. F. , 1998. Mechanical property comparison of 3−D and 2−D graphite reinforced epoxy composites fabricated by resin transfer molding. In:Proceedings of 43rd International SAMPE Symposium,Anaheim,CA,May 31−June 4,1998.

Kamiya,R. ,Cheeseman,B. ,Popper,P. ,Chou,T. −W. ,2000. Some recent advances in the fabrication and design of three−dimensional textile preforms:a review. Compos. Sci. Technol. 60,33−47.

Karahan, M. , Lomov, S. V. , Bogdanovich, A. E. , Mungalov, D. , Verpoest, I. , 2010. Internal geometry evaluation of non−crimp 3D orthogonal woven carbon fabric composite. Compos. Part A 41,1301−1311.

Karahan,M. ,Lomov, S. V. ,Bogdanovich,A. E. ,Verpoest,I. ,2011. Fatigue tensile behavior of carbon/epoxy composite reinforced with non−crimp 3D orthogonal woven fabric. Compos. Sci. Technol. 71,1961−1972.

Khokar,N. ,1996. 3D fabric−forming processes:distinguishing between 2D−weaving,3D−weaving and an unspecified non−interlacing process. J. Text. Inst. 87(1),97−106.

Khokar,N. ,2001. 3D−weaving:theory and practice. J. Text. Inst. 92(2),193−207.

Khokar, N. , 2002. Noobing:a nonwoven 3D fabric − forming process explained. J. Text. Inst. 93(1),52−74.

Ko,F. K. ,1989. Three−dimensional fabrics for composites. In:Textile Structural Composites. Composite Materials Series, vol. 3. Elsevier, Amsterdam, pp. 129 – 171 (Chapter 5).

LeBlanc, J. , Shukla, A. , Rousseau, C. , Bogdanovich, A. , 2007. Shock loading of three – dimensional woven composite materials. Compos. Struct. 79(3) ,344–355.

Leong, K. H. , Lee, B. , Herszberg, I. , Bannister, M. K. , 2000. The effect of binder path on the tensile properties and failure of multilayer woven CFRP composites. Compos. Sci. Technol. 60, 149–156.

Lomov, S. V. , Bogdanovich, A. E. , Ivanov, D. S. , Mungalov, D. , Karahan, M. , Verpoest, I. , 2009. A comparative study of tensile properties of non–crimp 3D orthogonal weave and multi–layer plain weave E–glass composites. Part 1 : materials, methods and principal results. Compos. Part A 40, 1134–1143.

McIlhagger, R. , Hill, B. J. , Brown, D. , Limmer, L. , 1995. Construction and analysis of three–dimensional woven composite materials. Compos. Eng. 5(9) ,1187–1197.

Miller, W. T. , Calamito, D. P. , Pusch, R. H. , 1990. Woven multi – layer angle interlock fabrics having fill weaver yarns interwoven with relatively straight extending warp yarns. US Patent 4,958,663 September 25, 1990 to Hitco, Cleveland, Ohio.

Miracle, D. B. , Donaldson, S. L. , 2001. ASM Handbook, vol. 21. Composites, Materials Park, OH, p. 1135.

Miravete, A. (Ed.) ,1999. 3–D Textile Reinforcements in Composite Materials. Woodhead Publishing Ltd. , Cambridge.

Misnon, M. I. , Islam, M. M. , Epaarachchi, J. A. , Lau, K. T. , 2013. Textile material forms for reinforcement materials—a review. In : Noor, M. M. , Rahman, M. M. , Ismail, J. (Eds.) ,3rd Malaysian Postgraduate Conference(MPC2013) , Sydney, NSW, Australia, July 4–5, 2013, pp. 105–123.

Mohamed, M. H. , 1990. Three–dimensional textiles. Am. Sci. 78(6) ,530–541.

Mohamed, M. H. , Bogdanovich, A. E. , 2009. Comparative analysis of different 3D weaving processes, machines and products. In : Proceedings of 17th International Conference on Composite Materials(ICCM–17) , Edinburgh, UK, July 27–31, 2009. IOM Communications Ltd.

Mohamed, M. H. , Wetzel, K. K. , 2006. 3D woven carbon/glass hybrid spar cap for wind turbine rotor blade. Trans. ASME J. Solar Energy Eng. 128, 562–573.

Mohamed, M. H. , Zhang, Z. –H. , 1992. Method of forming variable cross–sectional shaped three–dimensional fabrics. U. S. Patent 5,085,252 February 4, 1992 to North Carolina State University, Raleigh, North Carolina.

Mohamed, M. , Zhang, Z. , Dickinson, L. , 1989. 3–D weaving of net shapes. In : Proceedings of the 1st Japan International SAMPE Symposium and Exhibition, Chiba, Japan, November 28−December 1, 1989, pp. 1488−1493.

Mohamed, M. H. , Bogdanovich, A. E. , Dickinson, L. C. , Singletary, J. N. , Lienhart, R. B. , 2001. A new generation of 3D woven fabric preforms and composites. SAMPE J. 37(3), 8−17.

Mohamed, M. H. , Schartow, R. W. , Knouff, B. J. , 2003. Light weight composites for automotive applications. In: Proceedings of 48th International SAMPE Symposium and Exhibition, 2003, Long Beach, CA, pp. 1714−1726.

Mohamed, M. H. , Bogdanovich, A. E. , Coffelt, R. A. , Schartow, R. , Stobbe, D. , 2005.

Manufacturing, performance and applications of 3−D orthogonal woven fabrics. In: CD Proceedings of the Textile Institute 84th Annual World Conference, Raleigh, NC, March 22−25, 2005.

Morales, A. , Pastore, C. , 1990. Computer aided design methodology for three−dimensional woven fabrics. In: Buckley, J. D. (Ed.), Fiber−Tex 1990, The Fourth Conference on Advanced Engineering and Textile Structures for Composites, Clemson, SC, August 14−16, 1990, NASA Conference Publication 3128, pp. 85−96.

Mouritz, A. P. , 2008. Tensile fatigue properties of 3D composites with through−thickness reinforcement. Compos. Sci. Technol. 68, 2503−2510.

Mouritz, A. P. , Bannister, M. K. , Falzon, P. J. , Leong, K. H. , 1999. Review of applications for advanced three − dimensional fibre textile composites. Compos. Part A 30, 1445−1461.

Mullen, C. K. , Roy, P. J. , 1972. Fabrication and properties description of Avco 3D carbon−carbon cylindrical composites. In: USA National SAMPE Symposium, Los Angeles, CA, 11−13 April, pp. III−A−Two−1−8.

Mungalov, D. , Bogdanovich, A. , 2004. Complex shape 3−D braided composite preforms: structural shapes for marine and aerospace. SAMPE J. 40(3), 7−20.

Pastore, C. M. , 1993. Quantification of processing artifacts in textile composites. Compos. Manuf. 4(4), 217−226.

Pastore, C. M. , Ko, F. K. , 1989. Near net shape manufacturing of composite engine components by 3−D fiber architecture. In: The Gas Turbine and Aeroengine Congress and Exposition, Toronto, June 4−8, 1989. The ASME Publication, 89−GT−315.

Quinn, J. P. , Hill, B. J. , McIlhagger, R. , 2001. An integrated design system for the manufacture and analysis of 3−D woven preforms. Compos. Part A 32, 911−914.

Quinn, J. , McIlhagger, R. , McIlhagger, A. T. , 2003. A modified system for design and analysis of 3D woven preforms. Compos. Part A 34, 503−509.

Quinn, J. P. , McIlhagger, A. T. , McIlhagger, R. , 2008. Examination of the failure of 3D woven composites. Compos. Part A 39, 273−283.

Rheaume, W. A. , Campman, A. R. , 1973. Thick fabrics. US Patent 3, 749, 138 July 31, 1973 to Hitco, Irvine, California.

Rudov−Clark, S. , Mouritz, A. P. , 2008. Tensile fatigue properties of a 3D orthogonal woven composite. Compos. Part A 39, 1018−1024.

Scardino, F. , 1989. An introduction to textile structures and their behavior. In: Textile Structural Composites. Composite Materials Series, vol. 3. Elsevier, Amsterdam, pp. 1− 26(Chapter 1).

Sharp, K. , Bogdanovich, A. , 2008. 3−D weaving of exotic fibers: lessons learned and success achieved. In: CD Proceedings of SAMPE'08 Conference, Long Beach, CA, May 18−22, 2008.

Sharp, K. , Bogdanovich, A. , Heider, D. , Glowinia, M. , 2008a. High through − thickness thermal conductivity composites based on 3−D woven fiber architectures. In: CD Proceedings of the 49th AIAA/ASME/ASCE/AHS/ASC Structures, Structural Dynamics, and Materials Conference, Schaumburg, IL, 7−10 April, 2008, AIAA Paper 2008− 1870.

Sharp, K. , Bogdanovich, A. E. , Tang, W. , Heider, D. , Advani, S. , Glowiana, M. , 2008b. High through−thickness thermal conductivity composites based on three−dimensional woven fiber architectures. AIAA J. 46(11), 2944−2954.

Sharp, K. , Bogdanovich, A. , Boyle, R. , Brown, J. , Mungalov, D. , 2013. Wind blade joints based on non−crimp 3D orthogonal woven Pi shaped preforms. Compos. Part A 49, 9− 17.

Shukla, A. , Grogan, J. , Tekalur, S. A. , Bogdanovich, A. , Coffelt, R. A. , 2005. Ballistic resistance of 2D & 3D woven sandwich composites. In: Proceedings of the Seventh International Conference on Sandwich Structures(ICSS7), Aalborg, Denmark, August 29−31, 2005.

Singletary, J. N. , Bogdanovich, A. E. , 2000a. 3 − D orthogonal woven soft body armor. J. Ind. Text. 29(4), 287−305.

Singletary, J. N. , Bogdanovich, A. E. , 2000b. Orthogonal weaving for ballistic protection. Technical usage textiles. Quart. Mag. (3rd Quarter, No. 37), 26−30.

Singletary, J. , Bogdanovich, A. , Coffelt, R. , Gama, B. A. , Gillespie Jr. , J. W. , Hoppel, C. R. P. , Fink, B. K. , 2001. Ballistic performance of 3−D woven polymer composites in integral armor. In: Proceedings of the American Society for Composites, 16th Technical Conference, Blacksburg, VA.

Soden,J. A. ,Hill,B. J. ,1998. Conventional weaving of shaped preforms for engineering composites. Compos. Part A 29,757-762.

Stig,F. ,Hallstrom,S. ,2009. Assessment of the mechanical properties of a new 3D woven fibre composite material. Compos. Sci. Technol. 69(11-12),1686-1692.

Stobbe,D. ,Mohamed,M. ,2003. 3D woven composites:cost and performance viability in commercial applications. In:Proceedings of 48th International SAMPE Symposium and Exhibition,Long Beach,CA,pp. 1372-1381.

Tamuzs,V. ,Tarasovs,S. ,Vilks,U. ,2003. Delamination properties of translaminar-reinforced composites. Compos. Sci. Technol. 63,1423-1431.

Tan,P. ,Tong,L. ,Steven,G. P. ,Ishikawa,T. ,2000. Behavior of 3D orthogonal woven CFRP composites. Part I. Experimental investigation. Compos. Part A 31,259-271.

Tekalur,S. A. ,Bogdanovich,A. E. ,Shukla,A. ,2009. Shock loading response of sandwich panels with 3 - D woven E - glass composite skins and stitched foam core. Compos. Sci. Technol. 69(6),736-753.

Tong,L. ,Mouritz,A. P. ,Bannister,M. K. ,2002. 3D Fibre Reinforced Polymer Composites. Elsevier Science Ltd. ,Oxford,2002.

Unal,P. G. ,2012. 3D woven fabrics. In:Jeon,H. -Y. (Ed.),Woven Fabrics. InTech (Chapter 4).

Walters,G. ,1938. Woven wick for oil burners and the like. US Patent 2,134,424 October 25,1938 to The Russell Manufacturing Company,Middletown,CT.

Walters,G. ,Gatzke,E. F. ,1954. Loom harness-strap. US Patent 2,664,922 January 5, 1954 to The Russell Manufacturing Company,Middletown,CT.

Wambua,P. M. ,Anandjiwala,R. ,2011. A review of preforms for the composites industry. J. Ind. Text. 40(4),310-333.

Wigent III,D. E. ,Bogdanovich,A. E. ,Whitney,T. J. ,2004. Strain monitoring of 3-D woven composites using integrated Bragg grating sensor arrays. In:CD Proceedings of 49th International SAMPE Symposium and Exhibition,Long Beach,CA,May 16-20,2004.

Wigent,D. ,Sharp,K. ,Bogdanovich,A. ,Heider,D. ,Deflor,H. ,2006. Integrated thermal management in materials based on 3-D woven preforms and co-infusion RTM. In:CD Proceedings of SAMPE 2006 Technical Conference,Long Beach,CA,April 30-May 4,2006.

Yamamoto,T. ,Nishiyama,S. ,Shinya,M. ,1975. Study on weaving method for three-dimensional textile structural composites. In:Proceedings of the Fourth Japan International SAMPE Symposium,Tokyo,Japan,September 25-28,1975,pp. 655-660.

第3章　三维中空机织物

X. Chen
英国曼彻斯特大学

3.1　引言

机织作为一种成熟的将纱线织造成织物的工艺，能够生产具有不同特征的织物。最常见的机织物是由天然纤维和合成纤维制成的单层织物，主要适合服装和其他家庭应用。机织物也可具有较大的厚度（即三维织物），以满足工业技术应用的要求（Chen，2011）。厚度的增加可以通过多层经纬纱的交织（如正交结构或角联锁结构），使一组纱线和多组其他方向上的纱线交织（如衬布结构），或者在织造过程将不同的层连接在一起（如多层织物）。基于多层织物原理，所谓的中空机织物可由相邻但各具特色的多层织物按照一定规律连接而成。

"中空织物"一词源于英国曼彻斯特大学，该织物的横截面是多孔的，这种三维织物也因此被称为中空织物和间隔织物。尽管织造技术具有制造中空织物的内在能力，但在设计、制造和应用方面的研究还很有限。根据采用的单元形状，中空织物的表面可以是平整的，也可以是凹凸不平的。Chen 等（Chen，2004）致力于研究具有不平整表面的中空机织物的数学建模及此类织物的计算机辅助设计（CAD）。Chen 等（Chen et al，2006）研究了具有平整表面中空织物的数学模型，以及此类织物 CAD 软件的建立。Chen（Chen，2008）致力于中空织物和复合材料的设计、织造和评估，Tan 等（Tan et al，2005；Tan，2007）对由中空织物制成的复合材料进行了表征。Chen 等（Chen et al，2006）进一步开发了多层多向中空机织物，并获得专利，这类织物有很多潜在的应用。Yu 等（Yu et al.，2004）探索了保护肢体免受创伤的应用。Kunz 等（Kunz et al，2005）试图将其作为防弹衣中的传导层，用于散热和防潮。Gong（Gong，2011）测试并模拟了使用中空织物作为增强结构的复合材料的机械性能，例如冲击能量吸收。此外，还开展了将中空织物用作输油管道绝缘材料的可能性研究（Kaddar et al，2011）。Eriksson 等（Eriksson et al，2011）对将中空织物用作交互式纺织品电容器进行了报道。

3.2　中空机织物的分类和成形原理

一般来说，中空织物是指横截面多孔的织物。两个表面之间的材料可以是交织的织物，也可以是简单的纱线和纤维。根据这一定义，中空织物可以分为表面不平整的中空织物和表面平整的中空织物。

3.2.1　表面不平整的中空织物

这种类型的中空织物中，通过交织形成组织单元，其单元基本上是六边形的，单元可以形成对称或者不对称的形状，前者将有助于中空织物在打开时具有同一高度，而后者打开时几何结构更加复杂。在很多情况下，同一高度的中空织物似乎更受欢迎。这种中空织物的形成是基于多层织物组件中相邻织物层之间的规则连接，织物展开必须呈现三维形状。图 3-1（a）描述了这种类型的中空织物是如何形成的，图 3-1（b）是横截面上观察到的具有不平整表面的中空织物的图示，图中的每一条线表示织物的一边。因为这种类型的织物中的单元是六边形，所以又称六边形中空织物。

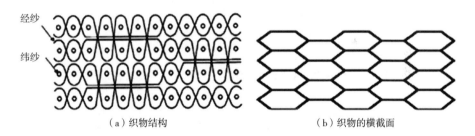

（a）织物结构　　　　　　　　　　　　　（b）织物的横截面

图 3-1　不平整表面的中空织物示意图

3.2.2　表面平整的中空织物

顾名思义，这种类型的织物的上下表面是平整的，支撑部分位于纱线或织物层之间。一般来说，这种类型的织物不能像前面的情况那样铺展成一层。当中间部分为织物时，在保持纬纱密度相同的同时，通过插入更多纬纱来实现中间更长的织物长度。在这种结构中，横截面中的单元通常是四边形单元，如矩形和梯形。图 3-2（a）描述了表面平整中空织物的结构，图 3-2（b）描述了这种中空织物的横截面。因为这种中空织物中的单元采用四边形几何形状，所以具有平整表面的中空织物又称为方形中空织物。

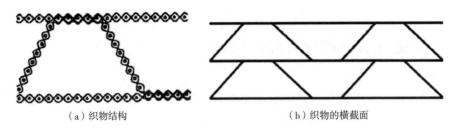

（a）织物结构　　　　　　　　　　　　（b）织物的横截面

图 3-2　表面平整的中空织物示意图

图 3-3 显示了固化后的表面平整以及不平整中空织物。表面不平整的中空织物可用于弯曲和平面的结构，而表面平整的中空织物只能用作板材结构。

图 3-3　固化后的表面平整中空织物（上）和不平整的表面（下）

根据面对面织造原理（Grocicki，1977），在正面和背面织物层之间移动纱线也可制成表面平整的中空织物。如果使用经编技术织造，这种织物现在通常被称为间隔织物。图 3-4 展示了基于机织技术的面对面中空织物。面对面机织技术通过切断正面和背面之间的连接纱线来制造地毯和天鹅绒织物。

表面

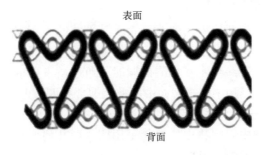

背面

图 3-4　基于面对面机织技术的中空织物结构

3.2.3　中空织物的变化

通常，中空机织物在纬向织造出中空部分，然而在需要较长中空部分的应用中，也可以在经纱方向上织造具有不平整表面的中空织物，而具有平整表面的中空织物只能在经向织造中空部分。Chen 和 Wang（Chen et al，2006）致力于经纬两个方向上均有中空部分的织物的计算机化设计。

从本质上来说，传统技术也能够制造出在织物平面任何方向上都有中空部分的中空织物。中空部分可以位于不同层面上，也可以一个位于另一个之上，并且它们可以在织物厚度上分布在相同的层面上，彼此相交（Chen et al，2006）。图 3-5 展示了一种中空织物，其中多根纤维以不同的关系相互连接。

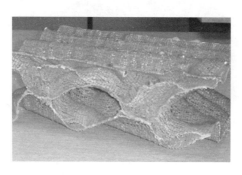

图 3-5　多向多管中空织物

3.3　中空机织物的结构和性能

3.3.1　结构特征

中空机织物具有体积大、重量轻、可嵌入其他材料、强度高、能量吸收和力衰减等特点。由于该结构内存在空隙，且有开闭的可能性，因此这种织物也可用于开发调温材料。

3.3.2　可能的承载方向

一般来说，中空机织物是一种特殊类型的中空实体，这种结构已在许多领域得到广泛应用，包括作为隔热、包装、结构和浮力材料以及其他一些应用（Gbison et al，1999）。作为一种结构材料，它们在土木工程和航空航天工程中得到了广泛应用。

空心实体可以承载不同方向的力，从而提供不同的性能。图 3-6 显示了一个三维中空实体，其主要方向为 X、Y 和 Z。如果载荷施加在 X 或 Y 方向，则该载荷称为面内载荷。在这种情况下，单元变形将是影响材料行为的主要机制。通常情况下，空心实体在平面载荷下表现为一种软材料，这种软材料可以作为阻尼介质，因为它更容易吸收冲击能量。空心实体也可以在 Z 方向上施加载荷，称为平面外加载。空心实体因其压缩刚度高、重量轻而广泛应用于平面外加载。

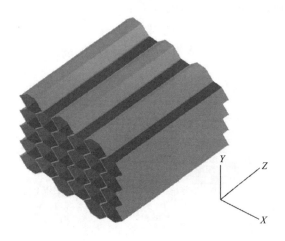

图 3-6　三维空心实体的图示

3.3.3　中空复合材料的轻量化

因结构中空，中空织物增强的中空复合材料的体密度可以非常低，从而是一种适合多种用途的轻型复合材料。图 3-7 显示了中空复合材料的横截面。

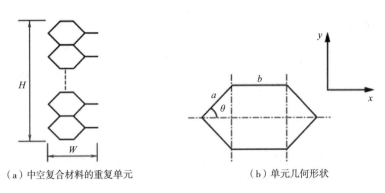

（a）中空复合材料的重复单元　　　　　（b）单元几何形状

图 3-7　空心复合材料横截面的几何描述

为了评估中空复合材料的体密度，作如下假设：W 为中空复合材料一个重复的宽度；H 为中空复合材料的高度；D 为中空复合材料的深度；n 为较长的单元列中的单元数量；a 为倾斜单元壁的长度；b 为水平单元壁的长度；θ 为单元的张开角度；t 为单元壁的厚度；ρ 为固体复合材料的体密度。

从图 3-7 可以看出：

$$W = 2(a\cos\theta + b) \tag{3-1}$$

$$H = 2na\sin\theta \tag{3-2}$$

所以，中空复合材料一次重复的体积 V_c 的计算公式如下：

$$V_c = 2Dna^2\sin2\theta + 4Dnab\sin\theta \tag{3-3}$$

中空复合材料的质量 M_c 可以根据图 3-7（b）粗略计算，考虑复合密度 ρ 和复合厚度 D：

$$M_c = Dt\rho[4a + (2a + 1)b] \tag{3-4}$$

因此，这种中空复合材料的体密度可以表示为：

$$\rho_c = \frac{M_c}{V_c} = \frac{2na^2\sin2\theta + 4nab\sin\theta}{t\rho[4a + (2n + 1)b]} \tag{3-5}$$

很明显，中空复合材料的体密度受横截面中的单元尺寸、单元形状和单元网络结构以及单元张开角度的影响。具有平整表面的中空织物的体密度可以用类似的方式进行评估。

3.3.4　空心复合材料的压缩模量

为了简化分析，假设单元壁是均匀各向同性的复合材料，杨氏模量为 E_s。根据以前的研究（Abid El-Sayed，1979；Gibson，1982），压缩方向 X 和 Y 上的杨氏模量 E_x 和 E_y 可以表示如下：

$$E_y = \left(\frac{t}{a}\right)^3 \frac{\sin\theta}{\left(\dfrac{b}{a} + \cos\theta\right)\cos^2\theta}E_s \tag{3-6}$$

$$E_x = \left(\frac{t}{a}\right)^3 \frac{\left(\dfrac{b}{a} + \cos\theta\right)}{\sin^3\theta}E_s \tag{3-7}$$

若单元形状为正六边形，其中单元壁的长度相同（即 $b=a$），θ 为 $60°$，E_x 和 E_y 均采用相同的表达式，如式（3-8）所示。

$$E_y = E_x = 2.3\left(\frac{t}{a}\right)^3 E_s \tag{3-8}$$

从式（3-8）可以清楚地看出，对于规则形状的正六边形单元，压缩模量由单元壁的厚度、长度以及材料的杨氏模量决定。壁厚和较小的壁长导致中空复合材料的面内压缩模量更高。

Gibson 和 Ashby（1999）还揭示了当中空结构在同一假设下受到面外压缩时，

即 Z 方向负载不足时，杨氏模量用式（3-9）表示。方括号中的部分表示单元壁的横截面积。

$$E_z = \frac{t}{a}\left[\frac{\dfrac{b}{a}+2}{2\left(\dfrac{b}{a}+\cos\theta\right)\sin\theta}\right] \tag{3-9}$$

对于这种由正六边形单元组成的结构，式（3-9）可以简化为：

$$E_z = 1.15\frac{t}{a} \tag{3-10}$$

因此对于面外载荷，当单元壁变厚和壁长变短时，中空复合材料的杨氏模量变大。图 3-8 显示了 Gibson 和 Ashby（1999）对于面内和面外压缩演示变形过程的影响和 $\frac{t}{a}$ 比率的影响的应变—应力曲线示意图。

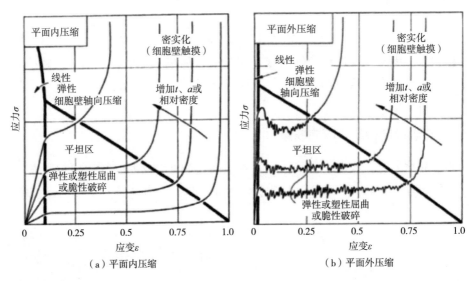

（a）平面内压缩 （b）平面外压缩

图 3-8 中空结构面内和面外压缩的应变—应力曲线示意图（Gibson et al, 1999）

3.3.5 能量吸收

由于中空织物制成的中空复合材料的应用之一是能量吸收。Tan 和 Chen（2005）模拟了中空结构在准静态压缩条件下模拟了中空结构对力学性能及能量吸收的影响，考虑的参数范围从张开角、单元壁长度、自由壁和结合壁厚度以及自由壁和结合壁的长度比。研究表明，当在平面内和 Y 方向加载中空结构时，单位材料体积的能量吸收对张开角、单元壁长度和自由壁厚度的变化非常敏感。图 3-9 说明了张开角对中空结构的影响。

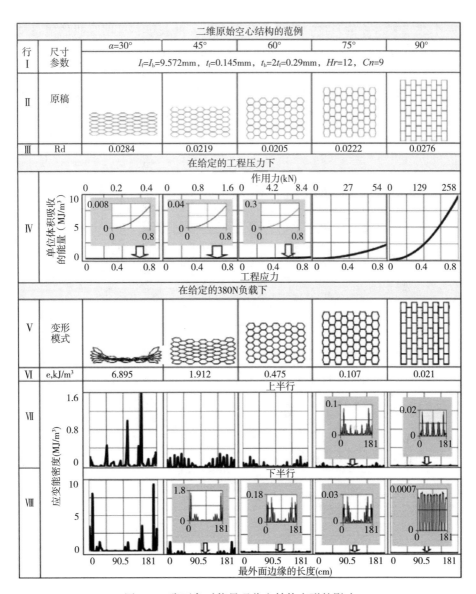

图 3-9　张开角对能量吸收和结构变形的影响

　　Chen 等（2008）对冲击能量吸收和其他力学性能进行了实验研究，研究中使用的结构参数是单元张开角、单元壁长度、单元壁在自由壁和结合壁之间的长度比以及中空复合材料的体密度。这项工作证实了 Tan 和 Chen 的许多模拟结果，也提供了其他有趣的发现。例如，当单元细胞不是正六边形时，虽然吸收的能量大致相同，但能量吸收的方式可以有很大不同。图 3-10 说明了这种情况，所有这些样品的开角都是 60°。结合壁长<a 的中空复合材料组，例如 8L（6+3）P60 括号中

的第一个数字表示 b 的长度，第二个数字表示 a 的长度，证明吸收的能量与 $8L$
$(6+3)$ $P60$ 相似，是 $b>a$ 的情况。在前面两个表达式中，L 表示产生中空织物所涉
及的织物层数，而 P 代表插入其中的纬纱数。图 3-10（a）显示这两组的能量吸
收大致相同，图 3-10（b）显示 $b<a$ 组主要由于复合材料的大变形而吸收能量，
而 $b>a$ 组主要由于施加在材料上的力而吸收能量。换句话说，$b<a$ 组是软复合材
料，$b>a$ 组是硬复合材料。

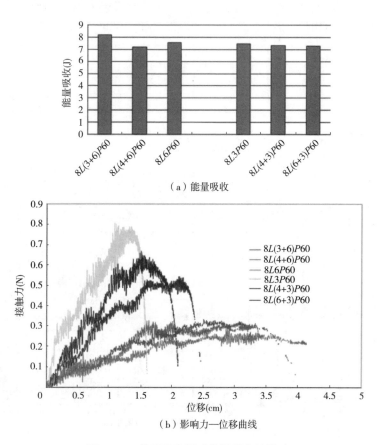

（a）能量吸收

（b）影响力—位移曲线

图 3-10　单元壁比例对能量吸收的影响

3.3.6　力衰减

由于吸收了冲击能量，通过中空复合材料传递的力可以显著减小。传递的力
可以通过实验由嵌入底座的测压元件测量。力衰减系数 f_{att} 用于证明样品的阻力效
果，其定义如下（Dionne，2003）：

$$f_{att} = \left(1 - \frac{F_{trans}}{F}\right) \times 100\% \tag{3-11}$$

式中：F_{trans}为通过试样传递的力；F为直接作用在底座上的冲击力。表3-1列出了中空复合材料在相同的冲击能量（8.5J）下，通过各种中空复合材料传递的力、直接冲击形式和计算得到的力衰减因子。

从表3-1可以明显看出，中空结构对力衰减性能有重要影响。图3-11（a）说明了单元尺寸对力衰减因子的影响，对于八层中空织物增强的中空复合材料，当单位壁长度由三纬变为六纬时，力衰减因子增大。图3-11（b）展示了张开角对力衰减因子的影响。基本上张开角越大，中空复合材料的力衰减因子也越大。表3-1还揭示了自由壁和结合壁之间壁长比的影响。

表3-1 各种空心复合材料的力衰减实验数据（Gong，2011）

样品	高峰时间（ms）	F_{trans}（kN）	F（kN）	f_{att}（%）
4L6P60	6.94	1.27	17.5	92.3
6L4P60	3.05	0.50	17.5	97.0
8L3P60	3.52	0.95	17.5	94.2
8L4P60	3.15	0.60	17.5	96.3
8L5P60	7.18	0.55	17.5	96.7
8L6P30	4.24	0.49	17.5	97.0
8L6P45	7.35	0.42	17.5	97.5
8L6P60	4.91	0.35	17.5	97.9
8L6P75	7.69	0.29	17.5	98.3
8L6P90	6.48	0.27	17.5	98.4
8L（4+3）P60	3.97	0.77	17.5	95.3
8L（6+3）P60	4.65	0.66	17.5	96.0
8L（3+3）P60	4.47	0.40	17.5	97.6
8L（4+6）P60	7.46	0.40	17.5	97.6

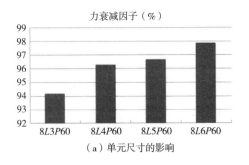

（a）单元尺寸的影响

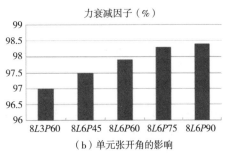

（b）单元张开角的影响

图3-11 中空结构对力衰减的影响

3.4 中空机织物的结构和力学性能建模

三维中空织物可以使用现有的机织机械以及一些特殊的机织装置来制造，然而，这种织物的设计比用于服装和其他家居用途的织物更复杂。三维中空机织结构的结构建模已用于此类织物的计算机化设计和制造。

3.4.1 六边形中空织物

Chen 等（2004）解释到，六边形中空结构有两列单胞，分别含有 n 和（$n-1$）列单胞。整个结构由 $2n$ 层织物制成。

假设细胞形成的隧道沿纬纱方向运行，尽管它们也可以被安排在经纱和纬纱其他方向。一个重复的空心结构可以分为四个区域，即区域Ⅰ、Ⅱ、Ⅲ和Ⅳ，如图 3-12 所示，区域Ⅰ对应于三维中空结构各织物层全部分离的截面；区域Ⅱ是相邻层连接部分；区域Ⅲ与Ⅰ相同；区域Ⅳ仍为连接部分，但与区域Ⅱ的连接顺序不同。由于机织的性质，这种类型的中空织物在织造时，所有的单胞都是扁平的，如图 3-12（a）所示，当织物被打开并合并时，就实现了空心结构，如图 3-12（b）所示。根据单胞定义，区域Ⅱ和Ⅳ对应于具有 l_b 长度的黏结壁，区域Ⅰ和Ⅲ为具有 l_f 长度的自由壁。需要指出，图 3-12（b）只显示了从图 3-12（a）中打开的中空结构的一部分。

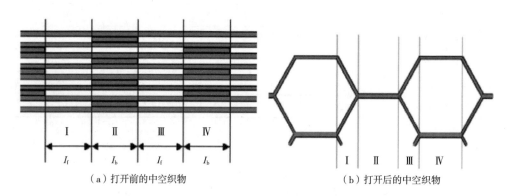

| （a）打开前的中空织物 | （b）打开后的中空织物 |

图 3-12　一种中空结构的区域划分

织造中空结构可以用一组结构参数的规范来描述。下面的通用编码格式用来表示特定的空心结构：

$$xL(l_b + l_f)P\theta$$

式中：x 为用来形成中空结构的织物层数；l_b 为以纬纱数为单位测量的黏结壁

长度；l_f 为以纬纱数测量的自由壁长度；θ 为自由单胞壁与水平线之间的张开角；L 为 "层数"。P 表示纬纱（pick）。

在某些情况下，自由壁和黏结壁的长度是相同的，也就是说 $l_b = l_f = y$，在这种情况下，编码格式可以简化为：

$$xLyP\theta$$

进一步，当单元的开口角为 60°时，编码格式变为：

$$xLyP$$

在前面的所有编码表达式中，x、l_b 还有 l_f 都是整数，$x \geqslant 2$，$l_b \geqslant 1$，$l_f \geqslant 1$。

根据该格式，$4L6P$ 代表由四层织物组成的中空结构，其自由壁和黏结壁的长度均为六纬，单元的开口角为 60°。另一方面，代号 $8L$（4+3）P 是指由八层织物制成的中空结构，其中黏结墙和自由墙的长度分别为四纬和三纬，单元的开口角为 60°。

3.4.2　四边形中空织物

四边形中空结构的截面可以根据单元的形状和单元的排列来创建，单元格可以通过其节点的坐标或织物截面的长度和角度来完全定义（Chen et al，2006）。单胞的排列可以用单胞水平的数目和水平之间的移动来描述，当单元具有不同的几何特征时，以及单元在截面上排列不同时，四边形空心结构变得更加复杂。图 3-13 说明了一种四边形中空结构。

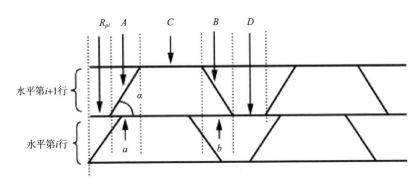

图 3-13　具有梯形单元的中空结构的几何描述

通常，具有梯形截面的四边形中空结构的几何模型，可以使用以下参数指定：

A，B，C，D 为梯形边的长度，以纬数计量；R_{pi} 为 i 行与 i+1 行之间的位移；a/A 或 b/B 为织物长短截面之间的比率；α 为扩张角。

显然，$\cos\alpha = a/A$。

3.4.3　六边形中空织物的机织组成

使用二维矩阵来记录机织的数据是一种常见的做法（Li et al, 1988；Milasuis et al, 1988；Chen et al, 1996）。在单层织物的情况下，使用二维二进制矩阵来表示机织，其元素值为0或者1。"1"表示经浮点，"0"表示纬浮点。矩阵中每个元素的位置由一个坐标（x, y）定位，其中x表示左边的第x列，y表示底部的第y行。该方法用于六边形中空结构的机织（Chen et al, 2004）。

对于六边形中空结构，如果厚度方向上有n个单元，则必须使用$2n$层单层织物。相邻的$2n$层织物层将以预先设计的模式相互连接和分离。基于这样的规格，可以定义六边形中空织物的横截面。机织将分配给单个层以及连接层。一旦所有这些层分别接收到机织，所有这些机织将被组合成基于层关系的六边形中空结构的整体编织。

考虑两种单层织物的组合，设M_1和M_2成为两个单层织物截面的矩阵。为了统一两层的重复大小，根据这两个矩阵的维数计算最低公倍数（1cm）。假设d_1是M_1的维数，d_2是M_2的维数。如果1cm（d_1, d_2）等于d_1（或d_2），则M_2（或M_1）的维数将展开为与d_1（或d_2）相同的大小。如果1cm（d_1, d_2）大于d_1和d_2，那么M_1和M_2必须扩大到新的维度1cm（d_1, d_2）。设放大后的矩阵是ME。这个矩阵的元素赋值如下：

$$ME_{k(j, k)} = M_{k(i\%d_k, j\%d_k)} \quad i, j = 1, 2, \cdots, 1cm(d_1, d_2), k = 1, 2 \qquad (3-12)$$

这个过程的最终任务是将两个放大的矩阵组合成一个整体矩阵MF。方程式（3-13）描述MF的枚举算法：

$$MF_{(i, j)} = \begin{cases} ME_1\left(\dfrac{i}{2}, \dfrac{j}{2}\right) & \text{If} i\%2 = 0 \text{and} j\%2 = 0 \\ 0 & \text{If} i\%2 = 0 \text{and} j\%2 = 1 \\ 0 & \text{If} i\%2 = 1 \text{and} j\%2 = 0 \\ ME_2\left(\dfrac{i}{2}, \dfrac{j}{2}\right) & \text{If} i\%2 = 1 \text{and} j\%2 = 1 \end{cases} \qquad (3-13)$$

注意，i%2和j%2是整数除法，只返回结果的整数部分的值。例如，4%3＝1。

对于中空结构，两列细胞代表一个结构重复，一个重复可进一步分为四个区域，如图3-12所示，区域Ⅰ和Ⅲ彼此相同。从图3-12（b）可以看出，区域Ⅰ只包含单层，区域Ⅱ有两个单层（顶部和底部）和若干个两层，区域Ⅲ与Ⅰ相同，区域Ⅳ只有两层织物。

基本矩阵是一个矩形矩阵，它是为包含单个区域的织造而准备的。如果将所有组件机织矩阵分配给具有相同机织重复的组织，则基本矩阵的宽度和高度将等于层数和各层尺寸的乘积。否则，基本矩阵的维数将是组件机织矩阵所有维数中的最小公倍数。中空结构中的一个重复有三个不同的区域（区域Ⅰ和Ⅲ是相同的），因此，中空结构的机织图中涉及三个基本矩阵。根据机织矩阵的尺寸，将每个基矩阵沿经纱方向进一步划分。以图 3-14 为例，其中四层均采用$\frac{2}{1}$斜纹机织，从左侧开始计数，前三列对应织物层 1，后三列对应织物层 2，第三列对应织物层 3，最后三列对应织物层 4。基本矩阵中的每个部分都是通过叠加每一层的机织矩阵和插入"附加提升点"来构建的（Chen，1996），"附加提升点"是为了反映多层机织原理而增加的，即当要插入下层的纬纱时，必须将上面各层的所有经纱提升。这样一个完成的基本矩阵将代表有关区域的整体机织。

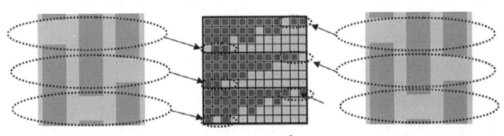

图 3-14 创建一个基本矩阵的示例（$\frac{2}{1}$斜纹编织，区域 I）。

区域 II 包括两个单层和几个两层织物，区域 III 只有两层织物。以类似的方式，可以生成区域 II 和区域 IV 的基本矩阵。图 3-15 列出区域 I、II 和 IV 的基本矩阵。

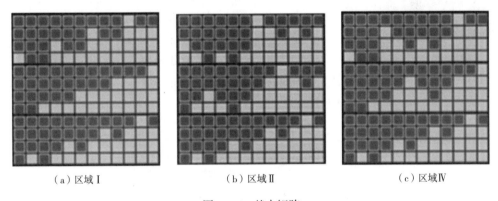

（a）区域 I   （b）区域 II   （c）区域 IV

图 3-15 基本矩阵

整个六边形中结构的所有机织是这三个区域的基本矩阵的组合，图 3-16 是负责用四层织物织造一个重复的六边形中空结构的整体织法，依次是区域 I、II、III 和 IV。

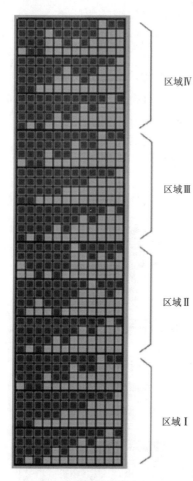

区域Ⅳ

区域Ⅲ

区域Ⅱ

区域Ⅰ

图3-16 六边形中织物的
最终机织组织

3.4.4 方形中空织物的机织组成

图3-17显示了将重复单元细分为四个不同"区域"的三层单层方形织物的示例（Chen et al, 2006）。

区域Ⅰ包括三层织物，它们有不同的长度和不同的织法。这一区域的所有层都是单层织物。区域Ⅰ中这三个织物层的长度比定义为 $l_1 : l_2 : l_1$。

然而，纬纱必须均匀地分布在三个织物层中，有必要将每个部分的纬纱数分成相同数量的组。

用 k 表示这样的组数。对于具有 m 层的方形结构，第 i 组纬纱的分布被记为 $w_{1i} : w_{2i} : w_{3i}$，所有的 w_{qi}（$q = 1, 2, 3, \cdots, m$；$i = 1, 2, 3, \cdots, k$）均为整数。当考虑到纬纱密度时，有如下关系：

$$\sum_{i=1}^{k} w_{1i} : \sum_{i=1}^{k} w_{2i} : \cdots : \sum_{i=1}^{k} w_{qi} : \cdots : \sum_{i=1}^{k} w_{mi} = l_1 : l_2 : \cdots : l_q : l_m$$

区域Ⅱ包括两部分的织物，每部分长度相同，但织法可能不同。然而，顶部织物部分是从区域Ⅰ的顶部和中间织物层制成的组合层，底部部分是单层织物，与区域Ⅰ中的第三层相同。区域Ⅲ与Ⅰ相同，区域Ⅳ与Ⅱ相似，只是在这种情况下，顶部部分是单层，底部部分是缝合层。

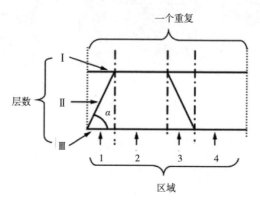

图3-17 方形中空织物的横截面图

每个织物层的机织都记录在一个二维矩阵中，二维机织矩阵代表了每个区域的整体机织，可以通过结合以下方法生成有关区域内所有织物截面的二维矩阵。假设有关区域中有 n 个织物层。第 i 层的机织记录在矩阵 M_i（$i=1, 2, \cdots, n$），矩阵在第 x 根经纱和第 y 根纬纱处的元素为 $M_i(x, y)$（$1 \leqslant x \leqslant r_{ie}$，$1 \leqslant y \leqslant r_{ip}$）。其中 r_{ie} 为 M_i 中经纱的数量；r_{ip} 为 M_i 中纬纱的数量；l_i 为 i 层的长度。

所有组成矩阵的经纱维度，r_{1cm}，可以通过计算所有组成机织矩阵的经纱重复序列的 1cm 来计算。也就是说：

$$r_{1cm} = 1cm(r_{1e}, r_{2e}, \cdots, r_{ne}) \tag{3-14}$$

因此，组成组织矩阵的经纱尺寸被扩展到 r_{1cm}，构成 i 层的扩大组织矩阵记为 M_i'，它的元素可以通过重复机织一层 r_{1cm}/r_{ie} 获得，即：

$$M_i'(x, y) = M_i(x \bmod r_{ie}, y) \tag{3-15}$$

经纱重复 r_{ie}' 的展开矩阵 M_i' 现在是 r_{1cm}，而它的纬纱重复 r_{ip}' 仍然是 r_{ip}。

当应用类似的处理时，织物层 i 的机织矩阵将是从 M_i' 改为 M_i'' 通过重复 M_i' 的行，直到其纬纱尺寸相等为层长 l_i，即：

$$M_i''(x, y) = M_i'(x, y \bmod r_{ip}) \tag{3-16}$$

根据已经取得的成果，所有组成机织矩阵 M_i'' 这个区域将组合生成此区域的整体机织矩阵 W。矩阵 W，$W(x, y)$ 的元素由以下表达式分配：

$$W(x, y) = \begin{cases} 0, & \text{when } x > \sum_{i=1}^{m} r_{ie}'', \ \sum_{i=1}^{m-1} r_{ip}'' < y < \sum_{i=1}^{m} r_{ip}'' \\ 1, & \text{when } \sum_{i=1}^{m-1} r_{ie}'' < x < \sum_{i=1}^{m} r_{ie}'', \ y > \sum_{i=1}^{m-1} r_{ip}'' \\ M_i'' x - \sum_{i=1}^{m-1} r_{ie}'', \ y - \sum_{i=1}^{m-1} r_{ip}'', & \text{when } \sum_{i=1}^{m-1} r_{ie}'' < x < \sum_{i=1}^{m} r_{ie}'', \ \sum_{i=1}^{m-1} r_{ip}'' < y < \sum_{i=1}^{m} r_{ip}'' \end{cases} \tag{3-17}$$

其中 $0 < m < n+1$。

在上述基础上，结合相应序列中不同区域的二维矩阵，可以得到方形结构的整个重复的组织。合并所有区域的过程可能涉及每个区域的矩阵的扩大，以使它们具有相同的经纱。

考虑一个三层的方形结构，其中 $A = B = 6$ 纬，$C = D = 4$ 纬，并且 $A/a = 3:2$（$\alpha \approx 48.2°$）。上、中、下三层织物采用的组织分别为 1/1、2/1 和 1/1，这个方形中空织物的一个重复单元的组织如图 3-18 所示。

3.4.5 低速冲击中空复合材料的有限元模拟

本节说明了在低速冲击下六边形中空织物增强复合材料的有限元（FE）建模工作（Yu et al，2004）。六

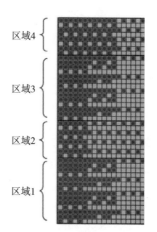

区域4

区域3

区域2

区域1

图 3-18 三层方形中空织物创建的组织图

边形单元在冲击过程中相互作用，引起应变波的传播。图3-19为中空复合材料和冲击物体的几何模型，有限元模型的冲击速度为15m/s。低速冲击加载在平面内方向y，如图3-19所示。

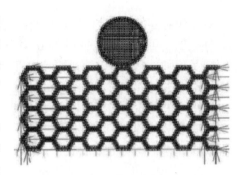

图3-19　基于中空织物的冲击物体复合材料的几何模型

图3-6和表3-2~表3-4分别列出冲击对象的单元几何形状、材料属性和特性。防止冲击破坏的本质是材料吸收能量的能力，并将传递的力保持在一个极限以下，超过这个极限就会对被保护的对象造成伤害。当细胞壁弯曲、屈曲或断裂时，就会吸收能量，这取决于冲击过程的阶段。变形结构吸收的总应变能可以反映不同物体在给定速度下的动态冲击所造成的损伤程度。图3-20为四种不同物体在15m/s的速度冲击下，中空复合材料的典型总应变能曲线，可以看出带有尖角的物体更容易使材料变形和损坏。例如，有限元模拟表明，重0.998kg的矩形铁块撞击物体所造成的伤害与质量为2.091kg铁球所造成的伤害几乎相同。

表3-2　单胞的结构参数

单胞参数	l_b	l_f	t_b	t_f	α
数值	5mm	5mm	1mm	1mm	60°

表3-3　用于有限元建模的材料特性

材料	杨氏模量（N/mm^2）	质量密度（t/mm^3）
玻璃/环氧复合材料	13，200	2.0E-09
铁	200，000	7.8E-09
木头	25，000	1.5E-09
混凝土	27，000	2.5E-09
玻璃	94，000	2.6E-09

表3-4　撞击物体的细节

冲击物体的形状	尺寸（mm）	质量（kg）			
		铁	木头	混凝土	玻璃
球形	80	2.091	0.402	0.67	0.697
圆柱形	70×60	1.801	0.346	0.577	0.6
矩形	40×60×53.33	0.998	0.192	0.32	0.333
圆柱形（侧面）	40×53.33	0.519	0.0999	0.167	0.173

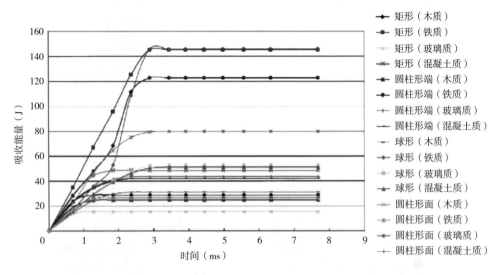

图 3-20　中空复合材料受不同物体冲击（15m/s）时的总应变能曲线

撞击物体的形状和大小是从那些在应力突变中发现的物体中选择的，因此具有不同的质量和尺寸。当它们以垂直方向撞击中空复合材料时，较重的物体和尖角的物体会造成更大的损伤，从而导致较高的应变能和较高的穿透力。从图 3-21 可以看出，无论物体的形状如何，总应变和穿透力随物体质量的增加而增加。

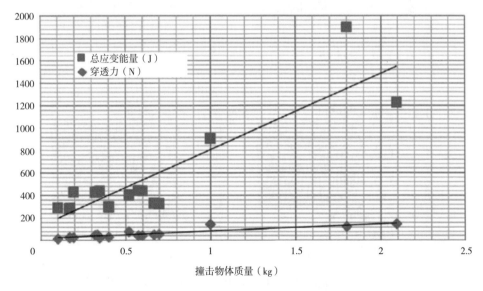

图 3-21　撞击物体质量、总应变和穿透力

　　有限元模拟还揭示了中空复合材料受到不同冲击物体冲击时的变形过程。图 3-22 说明了中空复合材料受到矩形混凝土物体冲击时的致密化情况，当撞击开始时，最外面的细胞开始变形，这主要涉及细胞壁在初始阶段的变形，随着撞击的进行，内部细胞开始吸收冲击能量，变形的传播一直持续到冲击过程结束。从图中可以看出，这一过程涉及细胞壁的弹性变形、塑性变形和破裂。图 3-23 记录了物料按时间的压痕情况，这表明在前 1ms 内，中空复合材料的压痕大于 10mm，而对于其余 2ms，压痕仅小于 2mm。

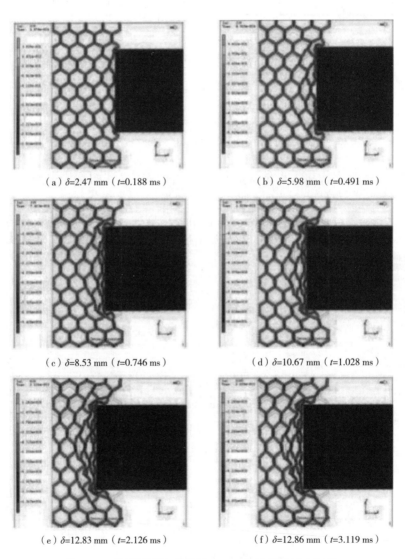

（a）$\delta=2.47$ mm（$t=0.188$ ms）　　　　　（b）$\delta=5.98$ mm（$t=0.491$ ms）

（c）$\delta=8.53$ mm（$t=0.746$ ms）　　　　　（d）$\delta=10.67$ mm（$t=1.028$ ms）

（e）$\delta=12.83$ mm（$t=2.126$ ms）　　　　　（f）$\delta=12.86$ mm（$t=3.119$ ms）

图 3-22　矩形混凝土物体以 15m/s 的速度的冲击过程

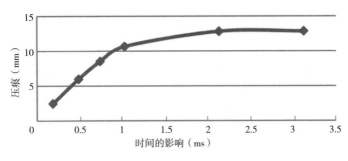

图 3-23　撞击过程中的压痕

3.5　中空织物的应用和发展趋势

3.5.1　应用

显然，三维中空机织物是一种有趣的织物结构，由它制成的复合材料具有独特的性能，包括重量轻、体积大、有内部通道、力衰减和吸收能力。此外，中空复合材料在不同方向加载时具有不同的力学行为。如前文所述，中空结构在面外方向加载时，主要的变形模式是屈曲，因此结构具有较高的刚度。这对于以轻质、高强度和高压缩刚度为主要要求的领域将特别有意义。三明治结构的材料已被用于飞机。

中空结构在面内方向的使用提供了高容量的冲击能量吸收和冲击力衰减能力，这适用于阻尼和抗冲击保护很重要的区域，包装和人身及财产安全保护是可能的应用领域。已有研究使用由三维中空织物增强的中空复合材料（表面不平整），以保护肢体免受创伤冲击（Yu et al，2004）。

也可以利用容积和通风方面的特性，一家公司已经尝试用三维中空机织物制造办公室墙体和隔断。

3.5.2　发展趋势

中空机织物被认为是多层织物的一个特殊分支，在织造过程中，相邻的多层织物在周期性的内部缝合在一起。对各种应用（如最引人注目的航空航天工业）的强韧和轻质材料的需求，以及对包装保护等能量吸收材料的需求，将会使中空织物更具吸引力。各种纤维类型的使用将导致中空织物及其最终产品有不同的特性，中空织物中的细胞壁也可以采用各种机织结构，包括三维结构，以便中空织物产品可以应用于载荷从小到大变化的情况。

更多来源

Adanur S，2001，纺织手册，科技出版有限公司，美国兰开斯特。

Bitzer T，1997，蜂窝技术，查普曼和霍尔，英国伦敦。

Chen X（ed），2010，纺织行为建模与预测，伍德海德出版有限公司，英国剑桥。

Marks R，Robinson，A.T.C，1986，纺织原理，纺织研究所，英国曼彻斯特。

参考文献

Abid El-Sayed,F. K. ,Jones,R. ,Burgens,I. W. ,1979. A theoretical approach to the deformation of honeycomb based composite materials. Composites 10(4),209-214.

Chen,X. ,Wang,H. ,2006. Modelling and computer aided design of 3D hollow woven fabrics. J. Text. Inst. 97(1),79-87.

Chen,X. ,Zhang H. ,2006. Woven textile structures,Patent Number GB2404669.

Chen,X. , Knox, R. T. , McKenna, D. F. , Mather, R. R. , 1996. Automatic generation of weaves for the CAM of 2D and 3D woven textile structures. J. Text. Inst. 87(Part 1, No. 2),356-370.

Chen, X. , Ma, Y. , Zhang, H. , 2004. CAD/CAM for cellular woven structures. J. Text. Inst. 95(1-6),229-241.

Chen,X. , Sun, Y. , Gong, X. , 2008a. Design, manufacture, and experimental analysis of 3D honeycomb textile composites, part I:design and manufacture. Text. Res. J. 78 (9),771-781.

Chen,X. , Sun, Y. , Gong, X. , 2008b. Design, manufacture, and experimental analysis of 3D honeycomb textile composites, part II:experimental analysis. Text. Res. J. 78 (10),1011-1021.

Chen,X. ,Taylor,L. W. ,Tsai,L. -J. ,2011. An overview on fabrication of 3D woven textile preforms for composites. Text. Res. J. 81(9),932-944.

Dionne,J. P. ,El Maach,I. ,Shalabi,A. ,Madris,A. ,2003. A method for assessing the overall impact performance of riot helmet. J. Appl. Biomech. 19,246-254.

Eriksson, S. , Berglin, L. , Gunnarsson, E. , Guo, L. , Lindholm, H. , Sandsj6o, L. , 2011. Threedimensional multilayer fabric structures for interactive textiles. In:Proceedings to the 3rd World Conference on 3D Fabrics and Their Applications,Wuhan, China,pp. 63-67.

Gibson, L. J., Ashby, M. F., 1999. Cellular Solids: Structure and Properties, second e-d. Cambridge University Press, Cambridge, UK.

Gibson, L. J., Ashby, M. F., Schajer, G. S., Robertson, C. I., 1982. Mechanics of two-dimensional cellular materials. Proc. R. Soc. Lond. A382, 25–42.

Gong, X., 2011. Investigation of different geometric structural parameters for honeycomb textile composites on the mechanical performance (Ph. D. thesis). University of Manchester, UK.

Grocicki, Z., 1977. Watson's Advanced Textile Design: Compound Woven structures, fourth ed. Newnes-Butterworths, London, UK.

Kaddar, T., Ibrahim, A., 2011. 3D spacer fabric for insulating oil pipelines. In: Proceedings to the 3rd World Conference on 3D Fabrics and Their Applications, Wuhan, China, pp. 200–205.

Kunz, E., Chen, X., 2005. Analysis of 3D woven structure as a device for improving thermal comfort of ballistic vests. Int. J. Cloth. Sci. Tech. 17(3), 215–224.

Li, M., Chen, X., Liu, Z., 1988. Mathematical models for fabric weaves and their application min fabric CAD. J. Text. Res. China 9, 319.

Milasuis, V., Reklaitis, V., 1988. The principles of weave coding. J. Text. Inst. 79, 598.

Tan, X., Chen, X., 2005. Parameters affecting energy absorption and deformation in textile composite cellular structures. Mater. Des. 26, 424–438.

Tan, X., Chen, X., Conway, P. P., Yan, X. -T., 2007. Effect of plies assembling on textile cellular structures. Mater. Des. 28, 857–870.

Yu, D. K. C., Chen, X., 2004. Simulation of trauma impact on textile reinforced cellular composites for personal protection. In: Proceedings to Technical Textiles for Security and Defence (TTSD), Leeds, UK.

第4章　三维壳体机织物

A. Buesgen
德国下莱茵应用技术大学

4.1　引言

大多数机织物都是二维的，因此它们很容易在织机上被胸梁系统卷绕到织物梁上。相比之下，许多应用要求机织物具有三维几何结构，可以将其指定为一种壳体，壁厚较小而曲线表面积较大。三维织物不仅可用作服装，大量的家用纺织品和技术用纺织品也要求将二维织物加工成为三维壳状产品。

将机织物转化成为最终可供使用的几何体产品的典型方法就是裁剪，这种方法已经成功地使用了上千年。事实上，对于发展落后的国家而言，裁剪成本效益高且用途广泛。时至今日，缝纫机仍然相对价格便宜，且可移动，操作简单，只需要短期的培训就可上岗。

然而，裁剪也有一些缺点，比如接缝，这是设计中的弱区。一种方法是用模塑法对织物进行定型，但通过深拉伸成形法使机织物成形的能力有限，且有其他缺点，可能影响产品质量。

形成机织物的第三种选择是将塑造成型前置到织机中，这意味着通过编织过程直接创造出三维无缝的壳体。为达到这个目的，自19世纪末以来，人们发明、试验和使用了特殊的编织设计和特定的机器设备。

4.2　发展三维壳体机织工艺的原因

当越来越多的纺织品被用于加固、绝缘、过滤、吸收、紧固、保护等其他技术原因时，人们发现"技术型纺织品"一词可用于代表服装和家用纺织品之外的一个快速增长的市场。

过去曾有过几次织物缝纫自动化的尝试。Moeller（1987）和Tyler（1989）在美国研究项目（TC^2）提出了裤子和衬衫的自动缝纫工艺。Mcloughlin等（Mcloughlin et al, 2013）在日本的TRAASS项目中，1982~1990年尝试开发一种缝纫操作机器人。而欧洲的 BRITE 项目（P2242）则在 1988~1991 年研究自动缝纫的通用单元。在德国，来自工业界和大学的 15 名参与者，Handler、Tetzlaff、Weck 和 Gottschald 等（Händler et al，1997；Weck et al，1999）合作研究技术型纺织品，并提出了一种机器人缝纫工艺，其过程使用成形体固定裁剪件，在空间中以三维方式完成。

　　然而，直到今天，Gebbert 发现还没有一个完全自动化的织布系统，用机织物等柔软材料机械地给缝纫机送料仍然非常困难（Gebbert et al，1990；Moll，1997；Zoll et al，2006）。因此，与服装一样，技术纺织品的裁剪也需要大量的体力劳动。裁剪主要在工业国家进行，因此它不具有成本效益，例如服装和家用纺织品的裁剪，其重复性也受到高比例体力劳动的影响，技术纺织品的设计需要考虑到员工的可靠性和员工工作表现等情况。

　　另一个缺点是缝纫成型机织造的织物存在接缝。接缝会打断沿纤维轴向纵向流动的力。两块织物的接缝处会产生剪切力。通常，接缝强度相对较低（接缝性能约为 20%~70%），更多地取决于缝纫线强度而不是织物强度（Ghani，2011）。但失去机械性能并不是接缝的唯一缺点。裁剪织物的接缝紧密度和表面平整度也可能给技术织物带来一些挑战。

　　如果机织物被用于如塑料等的增强，则无须缝纫。然而，具有复杂轮廓的二维织物片可能需要覆盖不可展开的三维表面。例如，摩托车座椅可能需要四层，每层六个预切割（图 4-1），共计需要 24 个织物片。预切割片的组装必须手动完成，每个零件要额外花费近 3 小时完成对预成型件的整体湿式层压，以便随后进行高压蒸汽养护（Fries，1996）。

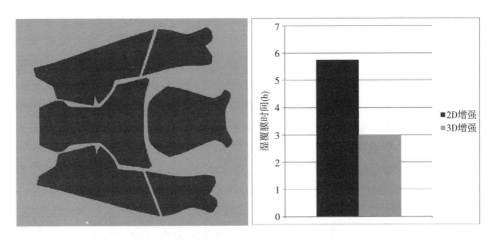

图 4-1　加固摩托车座椅的预切口布局（左侧）以及二维和三维增强（右侧）的
制造时间比较（预切口的叠层时间）（Fries，1996）

如果技术织物需要加工成三维外壳，那么模塑法是一种有趣的可以替代裁剪的方法，因为它显著提高了自动化程度，并避免了接缝。遗憾的是，这种方法受到两个方面的限制：

（1）与其他织物相比，机织物的变形能力很小；

（2）最常用的纤维材料（如碳、玻璃和芳纶）是不可膨胀的。

图4-2比较了机织物、经编织物和纬编织物的变形性能。由于机织物中的线的卷曲比针织物中的线小得多，因此在织物结构内部线长度不再额外延展。在张力作用下，机织物中的线很快就转变为直线排列，因此在伸长百分之几后，它们的 E 模量与纤维的 E 模量一样高。

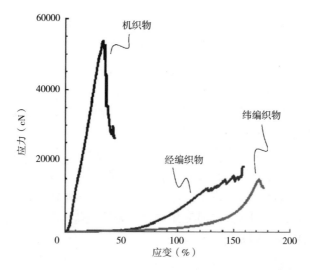

图4-2　机织物、纬编织物和经编织物的应力—应变特性（Schwarz，2003）

为了提高机织物的深拉伸性能，可以增加经纱和纬纱的间距。如果纱线有更多的自由空间，它们在力的作用下就更容易脱线，这明显增大了织物的变形能力。然而，间距的增加影响其他重要的织物性能，如纱线的强度、刚度、紧密性和抗滑移性。对于增强织物，增加间距意味着减少纤维体积，从而降低机械性能。因此，增加间距并不是获得更好的机织物成型性能的选择。

深拉伸编织物引出的复杂问题，使大量的研究项目针对理解、模拟和预测成型过程中的变形能力展开（Cherif et al，1996；Dong et al，1999；Boisse et al，2011）。非弹性纱线织成的织物，如果纱线没有织得太紧，使其至少能部分受力，则其表面积可增加15%~20%。当纱线在悬垂过程中被相邻纱阻塞时就会产生褶皱。随着拉深力的增大，纱线会发生局部变形，导致织物面积太小，无法覆盖所需的形状。最令人不愉快的是，在拉深开始前，织物在模具中的位置永远不会

100%相同，这经常导致织物在受力下的行为不同，因此再现性非常差。

　　综上所述，由于质量的原因，这两种成形方法都是至关重要的，特别是对于技术机织纺织品。裁剪意味着创造接缝，这是技术纺织品中的薄弱点。由于机织材料的悬垂性差，深拉伸成形受到限制，导致褶皱、变形和再现性差。这就是尝试在织造过程中直接获得三维机织物形状的发展背景和动机。这种思想早在 19 世纪末就已经产生了。

4.3　三维壳体机织物的发展和分类

　　1899 年，位于德国巴门的 Wever 和 Seel 建议用织机织出人体胸部或胸衣的形状织物（Wever et al，1899）。通常用筒子架代替经纱梁，给不同长度的经纱端部送料。关键部件是一个曲线簧片和一个形状各异的胸梁，它们可以替换为其他形状的横梁。

　　综框的综丝是垂直排列的（图 4-3 中的 F），根据所需的织物形状定位经纱末端，因此，这种织机生产的织物有些区域经纱长度不同。如果成型的胸梁是对称的，如图 4-3 所示，织物的两侧都会有"送料过多"区，而中间部分的卷起速度会更慢，这样织物的中间部分会有一个腰部，同时在纵向弯曲成一个半径，这样它就可以覆盖人的腰身部分而不留接缝。

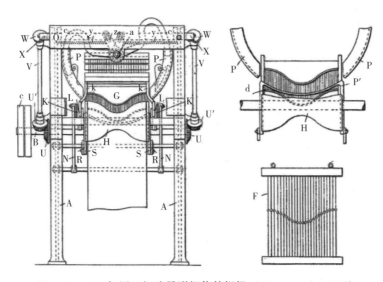

图 4-3　1899 年用于织造异形织物的织机（Wever et al，1899）

　　仅几年后，帘子布增强材料（轮胎工业用织物，橡胶轮胎中作为骨架用的

专用布）激励其他人在织布机上直接创造无缝编织形状。来自英国博尔顿的
Caldwell（Caldwell et al，1900）设计了一个中心部分直径增大的卷取滚筒，并将
其与仅在织物卷取较慢的织边区域增加纬线间距相结合，在布边区域，织物被缓
慢地卷取。

亨利·兰格在1915年提出了扇形簧片的概念，在织造过程中，扇形簧片可以
垂直上下移动以改变纬纱间距。与异形胸梁相结合，他的织机生产出"波纹管状
织物"，可应用于汽车轮胎。

1929年，Lippert（Lippert，1929）提出了另一种三维壳体机织物，他将提花
梭口形成和梭织纬纱插入相结合，形成了一种具有双层和单层的扁平织物。根据
双层区域的轮廓，这部分织物可以在织造后进行切割和展开变成帽子（图4-4）。

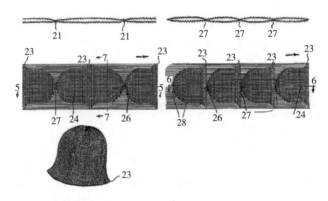

图4-4　采用提花开口和梭织引纬织成帽子的形状（Lippert，1929）

这种织物没有接缝，但是形成了一条线，这条线将经纱末端引出织物双层部
分，使之进入织物单层部分。如果这些末端在展开前被切断，这条线可能是织物
的机械薄弱部分。这种"在织机上"制造织物形状的方法的优点很明显：织物在
交织后仍然是扁平的，可以卷绕到普通织物梁上，然后用标准整理机进一步加工。
双层织物机织成形由内部完成，以控制中空区域膨胀过程中的形状（Mangold，
1931；Ford，1959），后来被用于无梭织机，最初的应用是床垫和隔热布。1963
年，双层织物的设计用来制造导弹机头的三维增强（Rothe et al，1963）。如今，这
一基本原理被用于具有巨大市场容量的所谓一体式机织（OPW）安全气囊。

之前提到的许多想法被收集和结合在一起，图4-5展示了在织机上使用了异
形胸梁、扇形簧片、双层织物和提花开口装置，直接编织三维壳体的其中一项著
名发明（Koppelman et al，1956）。

这种方法的一般描述至今仍有助于解释机织物在经纬线交织过程中如何成为
一个三维壳体几何结构。然而，实际操作的过程中使用一个异形胸梁似乎是困难
的，并局限于相对较短的壳体几何形状。

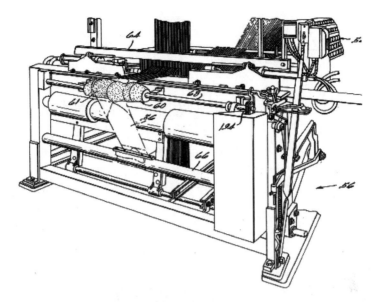

图 4-5　三维壳体机织工艺过程（Koppelman et al，1956）

为了创造一种无限长度、可编程的壳体几何形状的织造工艺，研究人员于 1993 年提出了一种新的织造工艺（Buesgen，1993），这一过程被称为形织，它使用一种特殊的装置在交织过程中产生不同的经纱卷取长度。结合采用提花开口在同一织物上形成不同表面积的组织设计，该方法可以通过编程在不改变机器部件的情况下编织出不同形状的织物。

为了总结织造三维壳体的步骤，图 4-6 给出了三种基本方法的分类。第一种方法使用反冲和膨胀区域，且外壳尺寸仅限于几厘米（Buesgen，2009；Buesgen et al，2011）。它可以在标准织机上执行，需要仔细设置机器和织造参数。第二种方法——"双层中空区和展开"，也可以用标准织机实现。第三种方法——"单独线间距"，需要专门的织造和控制设备。

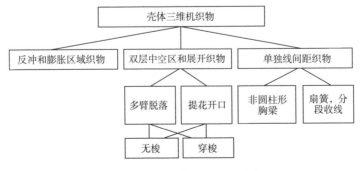

图 4-6　三维壳体机织物的分类

4.4 三维中空双层壳体织物

使用传统标准织机可以织造出两层间有中空区域的双层织物，其他部分为实心部分的三维壳体编织物，为避免反冲织物部分的潜在危险，应在实心区域，采用较长的浮游单层织物或两层之间具有经纱或纬线接头的双层织物。

图4-7给出了合适的机织设计，黑色方块表示提升点（即上经线端提升到下纬线上方），灰色方块表示上下两层经纱和纬纱的机织，这两层都是平纹机织。两层之间的连接是通过移除一个提升点来实现的（图4-7，右侧有阴影的正方形）。

图4-7　含中空区和接合区的双层织物的组织设计（右侧阴影正方形：移除提升点）

如果织物的双层中空区域被联合组织包围，则两者之间的边界可视为"机织"接缝。例如，可以通过充气来展开该中空区域，这可能需要一定程度的接缝强度。组织设计的细节对机织接缝的强度有很大影响。

图4-8比较了四种机织接缝变化的断裂强度和伸长率。通过在接缝处从上到下改变经纱和纬纱的位置，并通过在接缝织物区与紧密组织交织，可以获得更好的接缝强度。通过减少接缝区域的织物松紧度，可以获得更高的接缝弹性（Feld，2014）。

使用普通多臂织机将预定织物幅宽的一组经纱一端并入分配的综框，而在织物宽度的其他部分的其他经纱端分配到其他综框，形成矩形的中空机织孔道。

图4-9的双层设计呈现出经纬方向相互贯通的无缝机织管，特别是在管子互相穿透的交叉处，三维几何结构不能被扁平的机织物和膨胀织物覆盖，因为从数学原理上讲，这部分外壳是不可展开的。在膨胀过程中，织物在交叉处开始剧烈起皱（图4-9中的"关键区域"），因为中空区域的膨胀会导致宽度减小。原因很简单，平面区域的宽度等于周长的一半，在变成圆柱体后，宽度将等于周长/π。这导致了周围接缝织物区域的收缩现象。小管道、配件和其他应用可以用这种方法织造，但不能太大。空心区越宽，收缩效应越强，并且在交叉点处发生起皱。

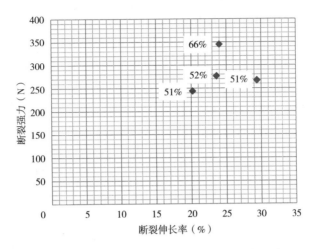

图 4-8　机织接缝的相对和绝对强度与伸长率（织物强度 = 100%）
（织物：72dtex 聚酯纤维，经密：46.8 根/cm，纬密：70 根/cm）

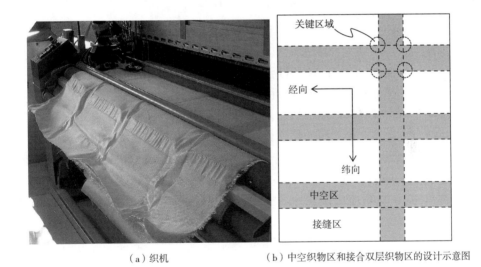

（a）织机　　　　　　　　（b）中空织物区和接合双层织物区的设计示意图

图 4-9　双层织物设计

　　用提花机头代替多臂机进行开口，可以创建用户定义的中空区域曲线轮廓。使用此方法可以制作曲管、相交管、头盔和帽壳之间具有非 90°角的配件以及类似的形状，最著名的应用之一是导弹机头的加固织物（Rothe et al，1963）。

　　与梭式引纬相结合，纬线是圆周状，并提供纬向编织缝的最大强度。经纱末端仅在中空区域交错。机织缝线外，没有织物，只有浮动的经纱末端（图 4-10）。

最知名且市场销量最高的应用是 OPW 安全气囊。提花开口与无梭引纬相结合，适用于驾驶员和窗帘式安全气囊。从 2011 年起，可以使用喷水引纬代替通常的喷气机。丰田公司展示了一款用喷水织机引纬生产的 OPW 安全气囊，该安全气囊采用了格罗斯公司生产的无通丝提花机 Unished 2 （Buesgen，2012）。

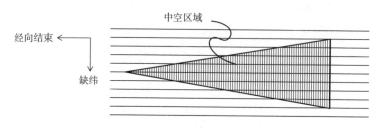

图 4-10　采用提花开口和有梭引纬的导弹机头整体编织增强材料

4.5　通过交替线程间隔创建壳体形状

该方法的基本原理是形成一个织物区域，例如在织物的中央形成该区域，中央的纬纱和经纱的间隔比周围的织物大，可以通过机械设备和组织设计来实现局部间距的增加。经纱和纬纱在那些间距增加的织物区比在普通间距织物区长。这额外增加的长度是织物胀起的原因，因为线间距也增加了。

图 4-11 展示了三种不同的织物结构。上部是平坦区域的织物，中间是一个单轴凸出或褶皱的织物，底部是一个多轴鼓形织物被平坦的织物区域包围，底部是由扁平织物区域包围的多轴凸起的一种织物类型，这意味着需要额外长度的经纱或者纬纱来增加经纬之间的间距。这最后一种织物需要非常专业的织机来制造。

很早以前，Wever 和 Seel 提出将异形胸梁作为一种机器装置来增加或减少机织物中心部分经纱与纬纱的间距（Wever et al，1899）。然而，如果壳体的几何形状是一个类似头盔形状的单一壳体，而不是像紧身衣或轮胎帘子布那样连续弯曲的，那么这种方法具有两个主要的缺点：一是，重复长度被限制在异形梁的一整个旋转范围内；二是，尺寸或壳体几何形状的改变需要不同的横梁尺寸或横梁形状，且除横梁的制造成本外，还需要一定的停机时间和织布机的安装成本。

正是由于这个原因，1990~1995 年开发出一种新的机织工艺，使用相同的机器设备生产不同几何形状的壳体或生产相同的几何形状但尺寸不同的织物（Buesgen，1995）。这种新工艺称为形状机织（图 4-12）。

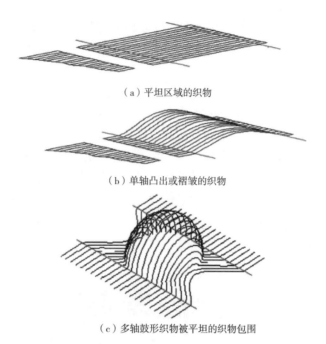

（a）平坦区域的织物

（b）单轴凸出或褶皱的织物

（c）多轴鼓形织物被平坦的织物包围

图 4-11　平坦和凸起区域的织物（Hombach，2003）

图 4-12　"形状机织"样机

　　形状机织实现了对织物任何部分或区域的线间距的控制，用可编程的卷取机构取代胸梁，可以在织造过程中单独改变经纱的卷曲长度，这使纬纱间距也发生变化。三角形的扇簧可以在织造时通过步进电动机垂直定位，用于改变经纱端间距。根据几何要求，在单独的织造设计中，开口是由提花机头完成。包括提花开口在内的所有机器部件都由基本的机器操作硬件和软件控制。整个系统允许机器对三维机织的壳体几何形状进行编程，必要时相继编织不同尺寸或形状的壳体。

机织产品不能像往常一样缠绕在织轴上（图4-13）。事实上，织物的后处理是必要的，特别是对于中、大型的批量生产。这种后处理过程涉及一个装置，该装置位于机器卷取的后面，用来固定织物。模具被织物壳体覆盖并压住，然后由一个轮廓框架机械固定在位置上，或者气流可以将织物吸到模具表面。为了永久保存壳体的几何形状，如果喷雾剂与以后处理织物时使用的材料（例如，成为复合部件）相兼容，则可以使用喷雾剂。例如，在固定后，冲孔架［图4-14（b）］沿着织物平面二维部分的直线进行切割。从模具中取出后，织物壳体可以相互堆叠，准备运输或在其他部门进一步加工。

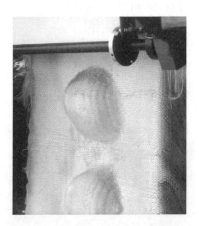

图4-13　用于无缝头盔增强材料的形状织布

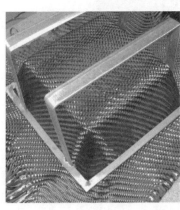

（a）打孔　　　　　　　　　　　（b）冲孔架装置

图4-14　卷取后三维机织壳体固定

这一发展的目标之一是为高技术纤维纱线的预成型生产提供自动化织造工艺，并使这些织物的系列化生产具有成本效益。这意味着缩短周期是必要的，同时也要最大限度地减少工人的体力劳动。

表 4-1 为三维壳体织造时间比较。所有例子均为碳纤维的壳形织物，以低速（175 转）织造。织造时间足够短，可以满足预制体的系列加工。

表 4-1　三维壳体织造时间比较（形状机织）

材料	单壳式摩托车	汽车内饰板	中央控制台	前车架	前护盖
	6K 碳纤维	6K 碳纤维	12K 碳纤维	12K 碳纤维	6K 碳纤维
长度（mm）	1050	860	700	985	700
宽度（mm）	460	370	200	600	260
高度（mm）	210	70	200	320	320
单位面积重量（g/m²）	340	460	680	480	360
每层织造时间（min）	2∶43	4∶08	3∶07	2∶33	2∶46

形状机织实现三维无缝壳体的几何形状的能力并不是没有上限的，如图 4-10 中的导弹前端那样的炮弹几何形状是不适用的。形状机织适用的壳体类型轮廓较长，而且三维表面积相对于二维面积增加 50%～100%。例如，头盔形状、轮罩、仪表板、汽车内嵌板、轮辋、汽车前部结构等（图 4-15）。

必须指出的是，间距的增加基本上会削弱机织结构，因为如果浮线增加，交织的防滑性就会降低。由于这一原因，需要在织物的局部插入附加纱线来填补织线之间的空隙。

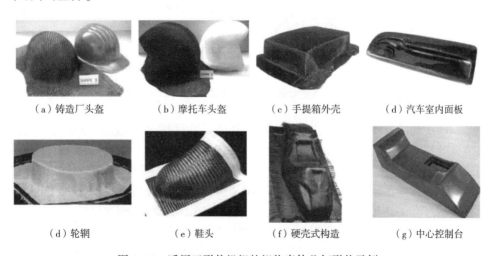

　（a）铸造厂头盔　　　（b）摩托车头盔　　　（c）手提箱外壳　　　（d）汽车室内面板

　　（d）轮辋　　　　　（e）鞋头　　　　（f）硬壳式构造　　　（g）中心控制台

图 4-15　适用于形状机织的织物壳体几何形状示例

4.6　机织设计与三维机织壳体的图案

在机织过程中产生不同的线间距的机械装置不足以制备三维壳体，它必须与合适的机织设计相结合。三维壳体的机织设计侧重于机织物创造不同表面区域的能力，而不是像通常的二维织物那样在表面织造出图形。通过组织设计，有两种可能改变（即增加）织物中心面积的情形：一是，将经常交织的纱线放置在很少交织的密织织物中；二是，在织物表面层上织造双层或多层结构。

第一种情形是利用每一根线的交错将两根平行的线分开，从而穿过织物的另一侧，织物上两条平行线穿过的频率越高，它们之间的距离也就越远。实际上，如果平纹组织位于密织缎纹组织的内部，那么平纹组织比缎纹组织需要更大的表面积，并且因为周围的缎纹组织阻碍了平纹组织的发展，所以平纹组织区域就会膨胀起来。

第二种情形是在织物从上往下第二层使用"保留"线，如果需要增加表面积，可以将这些保留的螺纹放置在织物表面相邻的螺纹之间（图4-16），附加线是将经纱或纬纱分开的间隔件。

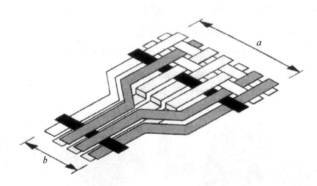

图4-16　通过将背面纱线整合到织物表面局部增加表面积（Hombach，2003）

如前所述的机织设计应用，即使在织物的某些区域显著增加了间距，也能制造闭合的机织表面。作为选项第二种情形的变体，附加线只能在有限的长度内织到结构中。在这些线离开织物结构的部分，称为浮线。额外的纬纱可单独控制，以填充空间或满足额外的强度要求，在织造后可以切断浮线。在织布机上设置经纱材料的过程中必须准备额外的经纱，并使其在整个织物长度中存在。

如果在壳状织物的三维部分出现单根额外的纱线，它们会中断原来的组织，很可能造成可见的线形组织"疵点"，因为原来的组织重复出现了一条不规则的多余的线。为了避免光学组织缺陷，附加线的数量可以根据它们所加入的织物的重复尺寸进行调整。例如，平纹组织有两条线，1/2 斜纹组织有三条线。图 4-17 详细介绍了将三根以前浮动的线合并到单层织物上的变化，并演示了在该位置的精确交错，即线进入织物的位置，决定了该位置织物的光学质量。选择将三条纬纱合并，并使其浮在织物背面，处于在正面的经纱两端之间，且不中断 1/2 z 斜纹组织（Hombach，2003）

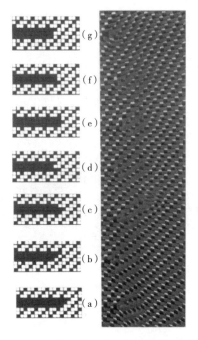

图 4-17　机织变化和由此产生的可见表面质量变化

4.7　三维机织壳体的计算机辅助设计与仿真

创建一个适合三维壳体组织不同区域的独立机织设计，其结果是重复地织造整个织物。此外，每种织物的线间距也取决于织物的几何形状和个体。即使使用粗纱，其机织重复次数也很大。例如，一个机织头盔表层重复使用 320 根经纱和 400 根纬纱，插入包含 12.8 万次交织。这样的计算机辅助设计（CAD）软件极大地提高了织物三维壳体设计的实用性。

该软件的第一部分包括设计一个三维机织壳体所有纺织参数的确定，本部分是基于 Autodesk 的 AutoCAD 软件进行的。在列表处理中编写了新的函数，这些基本的软件用于创建所需的几何图形。设计一个三维机织壳体需要以下步骤：

（1）创建所需的几何图形。

（2）确定经纱在三维表面上的分布。

（3）确定纬线在三维表面上的分布。

（4）在织物所有区域应用机织技术。

（5）检查机织壳体组织的可行性。如有必要，重复步骤（2）~（4）。

（6）演示三维机织壳体。

图4-18中两种不同的织物设计说明了创造合适的纱线分布方式的意义。在图4-18中，面料的二维和三维部分的顶线间距保持不变，在几何图形的四个角上，经纱和纬纱几乎是相互平行的。这种情况不能进行机织，因为交织需要两个线系统之间存在取向角度。在图4-18的底部，所有从二维面料到三维面料的线都均匀地分布在三维面料上。经纱和纬纱在织物的每个部分以一定的角度相互交叉，这样织物就被织造出来。

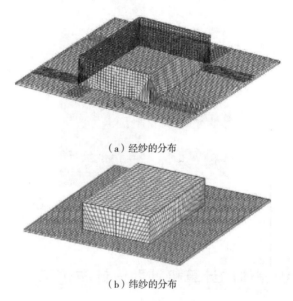

（a）经纱的分布

（b）纬纱的分布

图4-18　三维机织壳体组织上经纱和纬纱的分布

一个三维机织重复结合了几何形状、纱线取向和线间距，并显示为机织设计所需的壳体组织。图4-19的例子显示了一种具有不同的线角度和密度的织物。经纱大致由右向左运行，即使在织物的二维部分也会改变方向，并将间距减小到二维织物的50%以下。在这个区域，斜纹1/2 z组织无法获得所需的纱线数量，并无意中在织物的二维部分形成一个凸起区域。需要对这一区域修正，例如，用1/7（3）缎面代替1/2 z斜纹增加织物交错的能力，将不会产生意想不到的隆起。

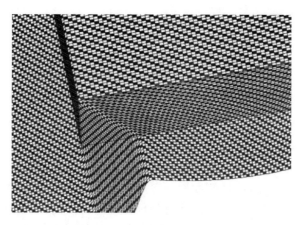

图 4-19　三维壳体的机织方式

　　有了这个新的 CAD 功能，三维壳体组织的机织可以得到优化。不仅可以修正纱线间距和织造方式，直到机器能够织造壳体，而且可以适应机械性能的要求。

　　刚度是壳体最重要的力学性能之一，为了使三维机织壳体的设计能够用于复合材料，仿真软件的第二部分计算了三维机织壳体织物增强的复合材料部分的刚度。

　　Buesgen 等计算刚度主要使用基本单元，基本单元代表交错点（Buesgen et al，2006）。以下参数在三维机织壳体的基本单元中可能会发生变化：单元的几何轮廓、纱线方向、纱线间距/纤维体积、卷曲（取决于局部组织）。

　　关于这些参数的信息是由模拟的第一部分和纺织部分提供的，了解使用过的纤维和基体系统的材料特性后，就可以计算每个基本单元的刚度，并在显示屏上以颜色代码显示（图 4-20）。为了在适当的时间执行大量单个交错点的计算，所有基本单元的信息从 AutoCAD 被转移到 MathCAD。计算结果传回 AutoCAD 以彩色编码显示结果（Birghan et al，2007）。

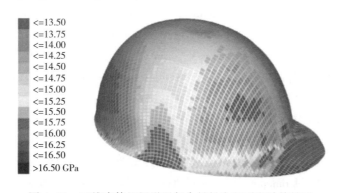

图 4-20　三维壳体机织增强复合材料头盔刚度计算结果

4.8 小结

一百多年来，人们已经开发出直接在织机上创建几何形状的壳体设备和工艺，虽然最初的应用是紧身胸衣和帽子，但后来的发展越来越集中在技术纺织品方面。特别是纤维增强材料加速了三维壳体机织物的发展，因为与二维织物相比，将纤维增强材料作为三维预制件进行处理，可以保证成本效益和质量上的进步。

形状机织是这一领域的最新发展，它提供了一个自动化的过程，并能够大规模批量生产。壳体机织预制件的循环时间仅在几分钟以内，复杂的三维结构的织物设计需要结合几何学和机织织物的要求，最好是使用专门的 CAD 软件来完成。仿真软件能够根据复合材料应用的刚度要求优化三维机织增强材料。

参考文献

Birghan, A. , Tillmanns, A. , Finsterbusch, K. , Büsgen, A. , 2007a. Simulation and calculation of seamless woven 3D shells(part 1). Tech. Text. 02, E144f.

Birghan, A. , Tillmanns, A. , Finsterbusch, K. , Buesgen, A. , 2007b. Simulation and calculation of seamless woven 3D shells(part 2). Tech. Text. 03, E180 f.

Birghan, A. , Tillmanns, A. , Finsterbusch, K. , Büsgen, A. , 2007c. Simulation and calculation of seamless woven 3D shells(part 3). Tech. Text. 04, E266 f.

Boisse, P. , Hamila, N. , Vidal-Sallé, E. , Dumont, F. , 2011. Simulation of wrinkling during textile composite reinforcement forming. Influence of tensile, in-plane shear and bending stiff-ness. Compos. Sci. Technol. 71(5).

Buesgen, A. , 1993. Neue Verfahren zur Herstellung von dreidimensionalen Textilien für den Einsatz in Faserverbundwerkstoffen(New methods fort he manufacture of three-dimensional textiles tob e used in fiber reinforces composites)(Ph. D. thesis). RWTH Aachen University, 1993(in German).

Buesgen, A. , 1995a. Shape weaving-new invention for producing 3D-shaped shells. Melliand Int. 3, 183-185.

Buesgen, A. , 1995b. Woven 3-D shapes directly out of the loom. Tech. Text. Int. 4(8), 18-19.

Buesgen, A. , 2009. Innovative textiles for seating. In: Rowe, T. (Ed.), Interior Textiles-Design and Developments, Woodhead Textiles Series No. 92. Woodhead Publishing Ltd. , Oxford, pp. 258-273(Chapter 11).

Buesgen, A. , 2012. Innovative Concepts, Textile Network 1-2. Meisenbach GmbH Verlag, Bamberg, Germany, pp. 16 – 19, http://www. textile – network. Com/innovative – concepts_18820_en/, Meisenbach GmbH Verlag, Bamberg, Germany.

Buesgen, A. , Finsterbusch, K. , Birghan, A. , 2006. Simulation of Composite Properties Rein-forced by 3D Shaped Woven Fabrics, 12 th European Conference on Composite Materials(ECCM), Biarritz, France, 29 August-1 September.

Buesgen, A. , Uguz, M. , Brücken, A. , Hermann, M. , 2011. New Thermal Adaptive Cloth Using 3D Woven Fabrics with Seamless Integrated Tubes 3rd World Conference on 3D Textiles, 20-21 April, Wuhan Textile University, Wuhan, China.

Caldwell, T. , Caldwell, W. , 1900. Loom, US patent 651,744.

Cherif, C. , Wulfhorst, B. , 1996. New results in drapeability simulation of reinforcement textiles for composites by means of FEM, TEX – Comp – 3, Aachen New Textiles for Composites, 1996, Aachen, Germany, 9-11. 12. 1996.

Dong, L. , Lekakou, C. , Bader, M. , 1999. Solid Mechanics Draping Simulations of Woven Fab-rics, ICCM12 Conference Paris, July 1999, paper 545.

Feld, S. , 2014. Festigkeit von nahtlos gewebten Schlauchformen (strength of sesamless woven tubular structures) (Student research project). Niederrhein University of Applied Sciences(in German).

Ford, C. , 1959. Inflatable fabric segment of curved configuration, US patent 2,657,716.

Fries, A. , 1996. Substitution einer konventionellen Mototrradsitzbank – konstruktion durch Fas – erverbundwerkstoffe (Substitiution of a conventional motorbike monocoque by composite materials) (Diploma thesis). Darmstadt University of Applied Sciences(in German).

Gebbert, C. , Gebbert, V. , 1990. Sewing robots-desires and reality, Bekleidung Wäsche 4. (in German).

Ghani, S. , 2011. Seam performance-analysis and modelling(Ph. D. thesis). University of Manchester.

Händler, K. , Tetzlaff, G. , 1997. Research Project Production 2000: the integrated 3D sewing system for technical textiles, Techtex Europe, No. 9(S. 56-59).

Hombach, V. , 2003. Design of a 3D woven car indoor panel(Diploma thesis). Niederrhein Uni-versity of Applied Sciences, Mönchengladbach(in German).

Koppelman, E. , et al. , 1956. Woven fabrics and method of weaving, US patent 2,998,030.

Langer, H. , 1915. Loom, US patent 1,135,701.

Lippert, C. , 1929. Method of making hats and the product thereof, US patent 1,735,467.

Mangold, S. , 1931. Air tight closed hollow body, US patent 1,976,793.

Mcloughlin, J. , et al. , 2013. Mechanisms of sewing machines. In: Jones, I. , Stylios, G. (Eds.), Joining Textiles – Principles and Applications. Woodhead Publishing Ltd. , Cambridge(Chapter 4).

Moeller, 1987. (TC)2–an American challenge, DNZ Int. 108, H. 2, pp. 30.

Moll, P. , 1997. Integrated 3D sewing technology and the importance of the physical and mechanical properties of fabrics. International Journal of Clothing Science and Technology. Volume 9, Number 3, pp. 249–251.

Rothe, H. , Wiedemann, G. , 1963. Über den Einsatz räumlicher Gewebe in der Kunststoffver–stärkung, About manufacture and application of spatial woven fabrics for plastic reinforcement vol. 13. Deutsche Textiltechnik. pp. 95–101(in German).

Schwarz, A. , 2003. Comparison of the mechanical properties of woven, warp knitted and weft knitted fabrics with regard to their structural composition (Bachelor thesis). Niederrhein University of Applied Sciences, Mönchengladbach.

Tyler, D. J. , 1989. The development phase of the textile/clothing technology corporation apparel automation project. Int. J. Cloth. Sci. Technol. 1, 2.

Weck, M. , Gottschald, J. , 1999. In: Integrated 3D–Sewing System–Simulation Based Robot Programming, TechTextil Symposium, Frankfurt a. M. , 13.

Wever, F. , Seel, C. , 1899. Loom, US patent 626, 314.

Zöll, K. , Moll, P. , 2006. Automation in Garment Production, Proceedings Leapfrog workshop, Cambridge, UK.

第5章 三维节点机织物

L. W. Taylor, X. Chen
英国曼彻斯特大学

5.1 引言

桁架结构是通过其支柱构件的固有几何装配来提供加固的结构。桁架结构、框架、支柱尺寸、支柱数量和支柱的角度方向是根据桁架结构终端应用所需的完整性来确定的（Packer et al, 1997）。在桁架结构中，中空或实心形式的支柱构件互相连接以形成节点或通过有选择的连接和/或结合工艺连接成单独的节点。传统的连接方法包括螺栓、焊接和粘接，以此来提供各种强度，同时克服缺陷。当前桁架组件的技术水平体现了连接支柱的各种创新设计（Osterberg, 2003；Junjiro et al, 1990）。节点的适应性导致了相邻支柱的数量和角度方向的可变性。由于组织节点是围绕支柱的整个圆周或者构成支柱的一部分，所以节点被设计成适合支柱或者安装在支柱上（Laforge, 2004）。虽然为了确保制造刚性复合材料，目前采用的是之前结合了次要不同种材料的纤维束，但是桁架结构选择的通常是非纺织材料，如木材和金属。所有桁架配置都具有相同的功能：在各种环境下，对桁架结构上施加载荷，提供强度和支撑，包括支柱长度和支柱与支柱交点及节点（Ferrotti et al, 1992）。整体桁架形式（即三角桁架和箱形桁架）轮廓的关系及一体性，和/或与节点、与支柱的连接，为支撑桁架配置提供了一系列设计可能性。

节点的设计多种多样，每一个都试图通过变轻、适应性变强和减少结合要求的范围来淘汰之前的节点设计。各种形式的纤维材料，包括用于复合材料行业的材料，现在朝着更轻量化的完全集成的桁架结构发展。通过使设计调整为最佳的完全集成桁架框架，同时减少连接的方式来解决固有的结合问题（Laforge, 2003）。桁架结构可以是二维平面的，称为平面桁架结构，或者将二维桁架结构组合成一个完整的结构形成三维形式。

由于几何结构多，平面桁架的命名方法多种多样。每个初始基本结构都有一个派生结构，它也可能包括另一个桁架框架的一个方面，如图5-1中的芬克桁架结构。

（a）芬克　　　　（b）弧形的芬克　　　　（c）三重芬克

图 5-1　二维平面芬克衍生桁架构型

无论是在制造能力还是原材料方面，技术的创新和进步都带来了新的概念（Ambrose，1994），这些概念推动了桁架结构几何形状、二维到三维结构的形成和材料的选择；其他终端应用和市场便可利用这种万能结构。三维节点机织结构（N3DWS）应用的范围源于当前二维和三维桁架结构的宽度。通过采用传统机织技术和相关的机织结构，研究和开发三维形状机织，从而形成用于技术应用的三维节点机织结构。

结合经纱（X 向纱）、纬纱（Y 向纱）和厚度方向纱（Z 向纱）互锁的织造原理，组织设计过程允许设计多种多级、多层复合结构。通过经纬纱线层整合，可以在织造周期内产生中空、实心或组合的机织平板。通过不同纱线的剪裁能力，以及高性能纱线的使用，使 N3DWS 机织产品能够满足一系列工程公差，并最终在技术应用中发挥作用。

N3DWS 是由中空管状形式（口袋）组成的二维机织物面板。节点结构的完整性是通过外部实心机织物的复合实现的，外部实心机织面板作为机织桁架的一部分，根据最终应用的要求可以进行移除或保留。整体式外部机织面板具有 N3DWS 特有的机织组织结构。节点和外壁机织架构都是根据性能要求和从二维到三维的机织机器成型要求建立的。整体外壁部分允许 N3DWS 适应其他终端用途，这将在未来趋势部分提出。N3DWS 是平织的，当完成的机织结构从织机上取下时，受相关的张力约束，节点结构被牵拉成形。从支柱与支柱的组织交点开始，每根支柱的周长和在最后节点处的周长的维持是通过不同层次、多层机织物的组合来实现的。

在 N3DWS 的设计和生产阶段有很多变量需要考虑，本章将对这些变量进行讨论。N3DWS 的性能取决于纱线使用的原材料以及不同层次、多层机织组织的组合。在其机织组织的设计阶段和应用中，N3DWS 中的纱线角联锁生产需要考虑以下几点：

（1）整体织造；

（2）整体构件中的内部中空部分；

（3）支柱构件尺寸、支柱数量和支柱彼此间的角度方向；

（4）组织节点；

（5）节点配置。

N3DWS 的初始开发阶段需要将三维桁架几何图形转换为二维平面桁架示意图。

在商用机织物纺织计算机辅助设计/计算机辅助制造（CAD/CAM）程序中，将二维桁架示意图放置于图形格式上，来说明与实心外壁和空心节点成形相关的所有经纱/纬纱层次交织情况。这样便于应用可视化分割和清晰的边界区域，来确定其对应的编织结构。然后在机织生产阶段之前，与已完成的编织结构结合，在CAD 程序中完成 N3DWS 的最终二维示意图。为了消除劳动密集型工艺的一个因素，N3DWS 的自动化是通过内部 CAD 程序（Smith et al，2009a，b）中的一个支柱到支柱组件和机织组织结构库建立的，用于生产通用节点配置。本章涉及N3DWS 的人工和自动化、设计准备和生产过程以及所采用的机织技术和未来的技术展望。

机织结构的多样性，主要源于多级、多层复合结构，也使 N3DWS 在一些市场上失去潜力。N3DWS 是一种由终端市场定义的产品；其市场应用是通过构成纱线的原材料确定的，其配置受到所采用的织造技术的限制。

5.2　三维节点结构

总体来说，大多数桁架设计并不是作为一个完全成型的完整结构而产生的。将支柱连接到组织节点的可变桁架框架是根据终端应用的要求而设计的，这等同于无限的支柱到支柱的交叉可能性和设计制造路线。桁架结构的特点是将实心或空心支柱构件连接到组织节点上。桁架结构内的整体支柱可以有相似或不同的截面。组织节点是一个连接点，可以与支柱整体构成，也可以作为一个单独的组成部分。为了确认 N3DWS 在纤维增强桁架领域中的位置，并且了解关于支柱的整体组织节点，现在建立了在织物平面内或之外产生的形状配置、织造工艺和结构的分类（Chen et al，2011；Taylor et al，2015），见表 5-1。

表 5-1　节点平面尺寸及生产分类

结构	织造过程	织造形式	塑造
三维二维节点平面	0/90°的机织技术	多层多级角联锁等派生形式	机织空心管状结构连接在内部坚固的二维织物平面内的实心机织结构中
三维节点平面	平面内和平面外机织工艺	多层多级角联锁等派生形式	机织空心管状结构连接在内部和外部二维织物平面内，构建了一个坚固的机织形式
三维节点桁架	可选择纤维/纱线组件	N/A	支柱构件和组织节点的生产和制造

5.2.1 二维平面桁架结构

二维平面桁架结构由一系列单独的纤维层组成，这些纤维层通过附加的纤维层相互连接。Brogan 等（Brogan et al，1980）的著作中有关于这一领域的第一个结构的描述。两个机织织物层（顶层和底层）通过在外层之间放置具有三角形横截面的单个纤维中空支柱而连接在一起。整个结构是由一系列材料和生产工艺制成。这种方法需要额外的黏合程序，通常通过树脂浸渍。其他的三角形支撑构件可以在外部顶层和底层之间插入层，生成更深的二维平面桁架面板。

Rheaume（1976）早先创造了一个类似的桁架结构，利用机织技术制造一个集成的多层二维平面桁架结构。它由顶部和底部机织织物组成，该机织织物由中间的机织层在预定点连接。中间机织层通过在两者之间延伸后交织到外部织物层，在内部形成三角形的横截面结构。中间层在独立织造一段确定长度后与顶层互锁连接，然后同样通过独立织造一段确定长度后与底层互锁连接。这种机织结构也被称为梯形织物。

根据传统机织工艺的性质，制造多层机织物以在织物平面上形成桁架结构，Lowe（1987）和 Day 等（1990）的著作为二维平面桁架结构的分类奠定了基础。在织物平面上，机织桁架结构是从安全分叉和三叉纺织嫁接的要求发展而来，鼓励对接缝、纱线位置、织机外操作和整理过程的研究，这样就可以控制所用纱线的固有特性。Matterson（1985）的设计是以整体机织接缝来设计弯曲管、直管和分叉管。为了防止浪费，这些形状是沿着经向并排织造的。双层布技术的使用改变了顶层和底层的方向，形成互换连接点，从而将两个机织层交织。构造的机织管由分叉管两侧的两个窄机织管构成，充当接缝。织造管时，纬纱为其纵向，要求纬纱以锥形方式与经纱联锁，逐渐形成经向的 V 形部分，在交汇处形成完美的闭合点。

5.2.2 二维平面和三维桁架组合

Logan（1983）利用三角形横截面形成优质的桁架结构，采用玻璃纤维纱形成外部的顶层和底层。外部通过位于两个外层之间的另一根带状纱线连接，从而产生桁架结构。这样生产的目的是通过在一个周期内生产该结构来减少劳动时间和成本。顶部和底部条带在张力下保持在预定尺寸的容器内，该容器置于理想的的高度，并被隔开，以允许内部细丝条带连接到顶部和底部条带。将树脂注入容器中以提供刚性支撑结构。

5.2.3 可选择的桁架结构和组件

桁架结构中完整支柱和节点已成为创新的生产解决方案，这些来源于一系列用于工程应用的复合材料纤维桁架组件的制造工艺和知识，特别是民用、航天航空和军用方面。Kooistra 等（2005）的著作也包括夹层板结构和桁架结构原理，他们将这些结构分为四面体结构、三维笼目结构和金字塔结构。支柱与组织节点是一体的，因为在制造过程中最初使用金属合金和金属结合的整个桁架结构是通过冲压模具制造的，将实心金属板先被穿孔，然后被折叠。完成的结构类似于网格面板，然后形成三维结构，三维网格/桁架然后由相同或不同材料的外部顶部和底部平板覆盖。这提供了一种织造路线，该路线可以很容易地改变支柱从组织节点开始的角度。该结构被归类为一个完全集成的桁架组件，尽管由于封装最终桁架框架的顶盖和底盖的黏结应用而存在一些分层问题。Finnegan（2007）采用交替的外层纤维材料与四面体/三维笼目/金字塔结构的整体支柱和组织节点结合使用。使用机织材料，如双轴层压板，证明在支柱和组织节点与桁架状结构外层的交叉区域有所改善，这为研究整体纤维制造组织节点桁架结构生产中的替代制造工艺提供了理论依据。

Jensen（2004）和 Jensen 等（2005）开发并制造了复合束管状结构桁架（IsoTruss）。这种连续的桁架结构是通过将长丝卷绕在芯轴上而产生的，消除了组织节点处的黏结。当一根长丝与另一根长丝交叉放置在芯轴下方所需位置和方向时，建立起每个组织节点。借助于螺旋结构，长丝重叠并转向行进处包含的节点可以生成各种各样的横截面结构。

5.2.4　织物形成：三维到二维到三维（N3DWS）

N3DWS 的生产和设计是完整地将组织节点集中到支柱构件的过程。支柱到节点的整体性是通过形成组织节点区域来实现的，该组织节点区域是中空机织管状支柱在理想的桁架结构中与另一个交织相遇时产生的。选用的机织结构是为了在N3DWS 从织机上取下并拉伸成形时，保持所有支撑构件的长度和组织节点区域内的圆周。基于所使用的材料，N3DWS 为组织节点提供了一个柔性和/或刚性的支撑构件框架。从定义上，组织节点提供了一个由点组成的网络，各个增强体支柱可以互相连接或连接到这些节点。无论这些结构是在二维平面内还是延伸到三维织物平面外，这种平面桁架网络的组装取决于织造技术的最终应用。开发二维平面机织桁架结构是 N3DWS 生成的起点。

5.3　三维节点设计和生产参数

在展平阶段开始之前，信息的范围包括所有已知的尺寸，例如，支柱的数量、支柱的角度方向、支柱的直径和长度、壁厚、织物密度以及单个机织中空支柱之间的距离。在图形模板中采用坐标系进行织物生成，确保所有纱线都在预期 N3DWS 的长度、宽度和厚度内。织造循环要求所有纱线互锁，产生一个由外部机织的实心板包围的中空节点结构。外层机织实心板在织造循环内准确地勾勒出组织节点结构轮廓，并通过创建环绕接缝将其连接在一起。

平面二维节点结构是根据三维组织节点结构的几何近似形状创建的，如图 5-2 所示。从理论上讲，曲面展平会发生变形，所以展平时三维支柱之间的关系会发生改变。在展平阶段，支杆呈长方形，在得到的展平的二维空间结构紧密附着在三维结构上。这就是所谓的三维到二维趋近。

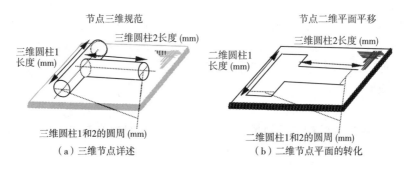

（a）三维节点详述　　　　　　　　（b）二维节点平面的转化

图 5-2　三维节点到二维节点

当已知平面二维节点结构的轮廓和在织物平面内的位置以及壁厚时，就可以进行分割，如图 5-3 所示。最终确定的组织节点和内外分割随后被转换成图形格式，在纸上或者在计算机辅助设计（CAD）程序中，允许该过程被视为二维图形节点配置。这种转变为各种各样的机织结构的嵌入和容纳提供了关键区域。结合部分和内部机织结构的插入产生一个完全集成的组件和大规模的生产计划。

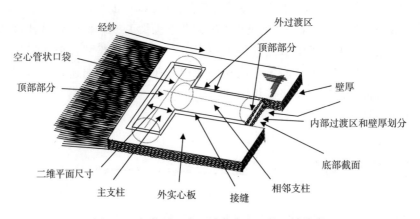

图 5-3　织物平面内二维节点配置的区域分类

　　组织节点几何形状和内外分割由支柱的数量、尺寸和方向决定。从图5-4中可以看出，就一种机织结构与另一种机织结构的组合而言，节点在分割区域的定义边界内建立了过渡区。因此，为研究其相邻空间关系的区域，包围每个线段的边界线的定位提供了一个范围。如图5-5所示，当节点结构被拉成一定形状（一旦从织机上取下）时，改变每个边界的方向或几何形状将通过改变多层织物中纱线运动的方向而影响整个织物区域。

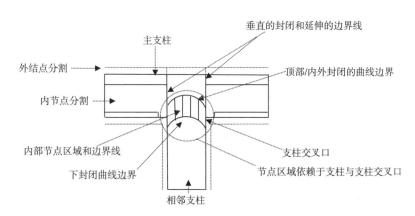

图5-4　内部节点边界的发展

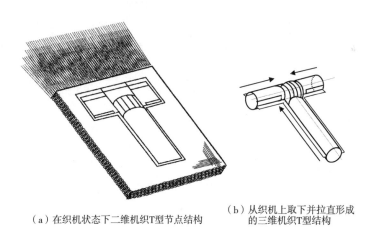

（a）在织机状态下二维机织T型节点结构　　（b）从织机上取下并拉直形成
　　　　　　　　　　　　　　　　　　　　　　的三维机织T型结构

图5-5　内部节点的形成过程

　　内部节点采用的机织结构的延伸能力在织物平面之外形成一个生长区域。节点区域内的最小纱线交叉点在开口阶段结束，纱线位置重新排列，同时形成一个内聚力的整体N3DWS。纱线的伸长是由外部周围节点区域的紧密机织互锁的强制性质来辅助的。二维节点结构是成功实现三维节点结构的关键，在二维到三维的转换中，实现这一关键区域的变量是经纬纱线的延展性和悬垂性，这是从恰当的卷曲百分比（定义为经纱和纬纱的交织）得出的。对于纱线要发生的伸长，如图 5-6（a）所示的截面 C、E 和 F，定义边界被两条曲线边界线所包围，如图 5-6（b）所示，截面 A 需要进一步的内部节点分割。

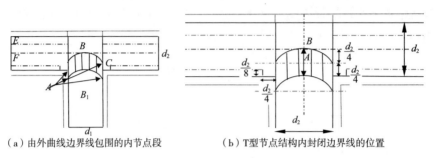

（a）由外曲线边界线包围的内节点段　　　　（b）T型节点结构内封闭边界线的位置

图 5-6　内部节点边界计算

图 5-6（b）中确定的最高点的顶部封闭曲线边界线是通过主支柱和邻接支柱的二维支柱尺寸得出的。采用式（5-1）能够计算从相邻支柱中心点位置开始的半径，如图 5-7 所示。在等式（5-1）中 d_1 和 d_2 分别表示各自支柱（支柱 1、支柱 2，图 5-6）的平展尺寸。邻接支柱的中心点也位于测量的纵向方向内，沿着邻接支柱的长度，远离节点点线的平展二维尺寸。识别确认纵向坐标和半径坐标产生节点区域的定义弧，由相邻支柱的外部垂直延伸边界线包围，如图 5-6 所示。应用相同的等式（5-1）形成下封闭曲线边界，形成施加在主支柱上和相邻支柱内的内部节点区域。

$$R = \frac{d_2^2 + 4d_1^2}{8d_2} \tag{5-1}$$

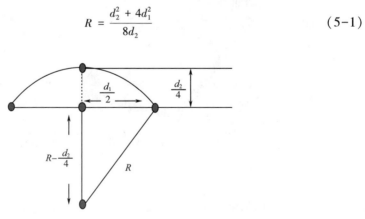

图 5-7　定义封闭曲线边界

内部节点区域内所需的众多节段保持在相邻支柱的垂直封闭边界范围内。在三维到二维的展平过程中，无论相邻支柱的尺寸如何，内部节点分割的数量都保持一致。如有必要，可对内部节点分割进行进一步调整，以适应沿节点线的更大的开口（图 5-8）。然而，封闭的下曲线边界随着相邻支柱相对于主支柱方向的变化而改变。为了确定下弯曲封闭边界线的位置，需要进行与 90°T 型节点结构相同的计算［式（5-1）］。如图 5-7 所示，与主支柱的二维尺寸相等的定义点可以位于从主支柱向下计算的相同区域内。底部点的最终位置位于相邻的支柱边缘，使定义点能够创建 B-样条曲线，如图 5-8 所示，并提供一个待进一步分割的内部节点区域。在新定义的内部节点边界内，该区域仍可保持足够的纱线伸长。

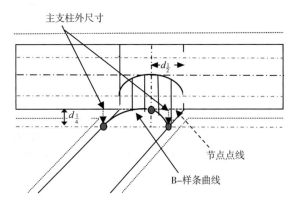

图 5-8 B-样条封闭曲线边界

采用机织结构及其固有特性的组合为优化 N3DWS 提供了可能性。通过在 X、Y 和 Z 方向的纱线互锁中产生柔性和刚度特性来建立清晰的分割。二维示意图中清晰的边界也提供了在此过渡区内修改组织的机会（当一个边界停止和另一个开始时）。通过将织物插入指定的边界区域，可以调整纱线位置，以适应 N3DWS 开口阶段施加的外力。当在二维格式中有策略地放置正确的经纱和纬纱互锁时，就可以进行三维机织节点转换。这使所有相邻的支杆在节点处和沿其长度方向打开并保持其三维周长，而不会在交织的纱线中发生任何变形。N3DWS 在节点区域将两个空心管支柱连接到另一个支柱而不变形，是通过对纤维类型、织物几何形状、机织结构、壁厚和织造路线等一系列关系的了解实现的。而壁厚则与 N3DWS 中的经纱和纬纱层数有关，包括中空平面桁架结构和外部实心壁区域。在图形模板中的三维到二维节点格式的过程中，像素的倍增是从经纱和纬纱的层次——三维节点形式的总宽度、长度和深度尺寸中产生的，所需的壁厚是经纱水平的联锁。例如，一个经纱层相当于单个壁厚，两个集成的经纱层产生双壁厚。单个支柱可以由顶壁和底壁内的平衡数量的集成层组成，或者结构处于不平衡时，可通过减小或增加顶壁厚度至底部厚度。

由于织造过程中的灵活性，除了纱线的细度，以及结束和开始一个织造循环的线性经纱和纬纱的数量之外，支杆到支杆之间的距离没有固定的限制（Taylor et al，2015）。织造循环的灵活性也使支柱的直径彼此不同，最终的节点配置产生了能够适应各种支柱尺寸和方向的内部节点。N3DWS 展平阶段的近似过程的缺点是最终机织产品可能稍微超出工程计算范围，这是由于各种不可控制的变量造成的，包括所需纱线的细度和最终的纬纱密度（织物沉降）、织造循环的影响以及织物从织机上取下后变得松弛。

几何结构和清晰的边界之间的关系对于使位于节点处的所有支柱完全开放而不扭曲周围区域是至关重要的。在插入机织架构后，在二维图形中明确的内部和外部节点边界，会生成提花织物的机织代码。最终确定的节点机织代码包括一个完全的壁厚内的总层数，并概述了空心 N3DWS 的配置。因此，原始的三维规格、二维近似、壁厚和节点分割概述了节点配置的三维机织的一般过程所需的参数。

5.3.1 三维节点配置

在节点结构中，通过内部节点分割，各种支柱到支柱的交叉有了可能性。一个支柱到另一个支柱的定位在连接区域内产生节点。节点是生成机织结构时在 X、Y 和 Z 方向中需要最佳考虑的区域，相互交叉的支柱数量越多，内部节点纱线联锁就变得越复杂。大量的支柱—支柱交叉可以通过识别最优节点分割和切割后的产生的边界来调节。

通过一系列通用节点配置建立节点连续性，这些配置以 Ts、Ks 和组合 Ts 和 Ks 的形式识别，如图 5-9（a）、（c）和（f）所示。这包括了一系列用于生成进一步节点配置的数据，这些节点被放置并分类为基本节点。这些结构包括单个、多个、平行、相对和偏移的结构，如图 5-9（b）、（d）和（e）所示。在每一类中，支柱朝向节点线的重新设计建立了内部节点边界，以及周围外部实心板中多个中空管状口袋彼此之间的关系。

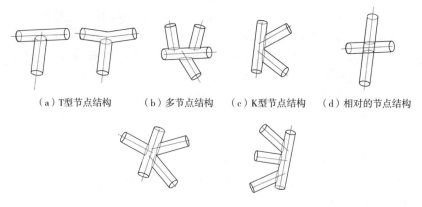

（a）T型节点结构　　（b）多节点结构　　（c）K型节点结构　　（d）相对的节点结构

（e）偏移相反的节点结构　　（f）结合T型和K型节点结构

图 5-9　基本和导数节点构型

当合并到更复杂的支柱到支柱的交叉点时，建立的组织节点通常保持它们单独的定义。这是由于基础节点界定了未来节点的支柱尺寸、方向和距离。节点分为四种基本配置（图 5-10）。

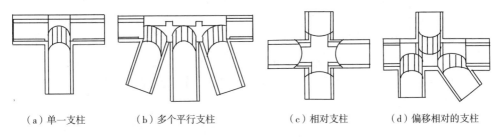

（a）单一支柱　　　　（b）多个平行支柱　　　　（c）相对支柱　　　　（d）偏移相对的支柱

图 5-10　节点基本配置

5.3.2　三维节点机织结构

在 N3DWS 机织结构中，限制卷曲的数量将确保所使用的纱线保留其大部分固有性能，利用确定的卷曲百分比和更紧密的织物组织配置，由于可以实现内部延伸，可在机织水平层之间移动。伸长率和刚度特性在 N3DWS 的生产中是必需保证一定的伸长率和刚度。这些对比特征，如伸长率和刚度，是通过高卷曲和纱线在 X、Y 和 Z 方向的浮动长度上获得的。这包括各种纱线排列，以产生适当的组织结构，用于定义 N3DWS（Hill et al, 1997）。结构的期望形状和最终性能之间的权衡将在卷曲的程度和多个集成层之间的联锁方式中得到体现。在定义节点并建立二维到三维机织节点结构转换的区域内，节点内的纱线需要纵向拉长。由于纬纱与织物平面垂直联锁，在主支柱内的外组织节点区域内的分割有助于纱线拉伸。

三维机织结构（尤其是在常规机织中）的调整和生成是为了消除复合材料部件内的单个机织材料层中的层间分层，这是通过在机织预制件的生产过程中增加厚度元素（Z 方向上）来实现的，从而形成三维制造，而不是保持二维平面内纺织品的形式（Miravette，1999）。织造过程中贯穿厚度纱线的使用情况根据织造预制件的终端需求有很大的差异，贯穿厚度的纱线以不同的水平和角度结合在正交、角联锁和多级、多层机织结构中，以获得各种抗分层和抗冲击损伤的结构。

根据复合结构原理，多层机织结构需要通过厚度的纱线作为缝合纱线，将全部或部分结构连接在一起。纱线穿过底部、顶部或指定长度的所需平层，然后重新进入织物的平层以返回到原来的平层位置。在设计多层织物时，对每一层织物分别进行处理和设计，然后用分配的缝合点将它们放置在一起。这些黏结/缝合的经纱必须被上述组织模式覆盖，这样结构的外观不会受到影响。然而，在纺织预制体的织造中，优先考虑的是整体性能而不是美观。多级、多层机织结构需要将任何方向放置的纱线和所有或部分经、纬纱层联锁结合。

由于在多层织物中组合不同的纱线联锁位置的织造特性，在纬纱和经纱方向上都可以产生较高的卷曲率。使用经纱或纬纱从一个水平层连接到相邻的水平层，消除了传统机织架构中需要引入单独针迹的情况。当使用多级、多层织造技术时，纱线可以应用到指定的区域，以便形成 N3DWS。此外，可以在某一区域增加纬纱和密度来确定一个区域的形状，但不能影响周围区域的起皱或造成纤维分布不匀，以维持机械性能。

随着多层结构中的层数增加，经纱和纬纱的拉伸强度也增加（Chen et al, 1999）。当织物离开织机时，在结构内部使用缝线就会深长；然而，增加缝合频率会降低织物强度，并影响其成形性和悬垂性。Gerber 等（1974）发现考虑改变单根经纱的收缩率，可以使所需的纱线在纬纱之间形成线圈。当产生平衡的结构时，结合控制缝合经纱的卷取速度，允许纱线"堆积"，在纬纱之间产生小线圈。一旦织物层在张力下被拉开，线圈的额外长度就在结构中消失了。当在 N3DWS 中加入不同的卷取时，将织物从织机上取下就消除了相关的生产张力约束。但是，织物从织机取下，在三维到二维到三维桁架结构的成形过程中，N3DWS 会受到不同的张力，并产生不同的组织结构。在制造过程中，需要考虑织物在两种张力变量下拉伸能力的变化。绒面织物的制作方法（Watson，1947；Boettger，2010；Posselt，1917）和调整允许优化纱线的厚度和方向，有助于N3DWS 的正确联锁设计，并保留与技术应用相关的固有纤维/纱线性能和与组织结构相关的性能特征。

角联锁结构中的纬纱层越多，结构的延展性越差，抗拉刚度越大，这是因为直的纬纱承担了负荷。经纱完全下垂时的断裂点将压力传递给已经挺直的纬纱。断裂点取决于纱线卷曲的正确位置，这将降低经纱强度，同时减轻纬纱上的压力，使织造预制件能够承受载荷。剪切刚度与组织结构、经纱张力和纱线类型有关。因此，在纺织品设计师开始设计如此复杂的组织结构之前，需要了解组织结构的所有特征和织机性能。当设计 N3DWS 时，应考虑到预期的最终应用，因为纺织品预制件将遇到的载荷有时需要不同密度和生长形成的区域。提升和形成内节点区域的能力是通过使用更多的纬纱插入和作为联锁装置来实现的。因此，节点内和周围的不同分割（图 5-11）利用经纱和纬纱作为联锁装置。在设计节点结构时，要求织物密度大，断头率和纬纱率高，但纱线之间不能相互影响，以防变形（Sondhelm，1941）。这在每一层的经纱和纬纱周围提供了足够的空间，以形成可悬垂的织物。利用现有的经纱和纬纱将结构互锁在一起，就不需要在织物的宽度或长度上单独设置接结位置。

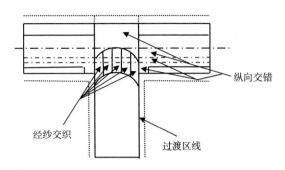

纵向交错

经纱交织

过渡区线

图 5-11　定义经纱和纬纱交错插入的边界

　　这使经纱和纬纱在集成的二维到三维节点结构中精确定位成为可能，所采用的机织结构的风格源于传统的和技术型机织结构。N3DWS 中使用了水平层集成的联锁简化。这使纱线在完整的机织成形中以最优化的方式联锁，贯穿整个节点壁厚和有关分割需求。

5.3.3　三维节点通用流程

　　机织节点配置自动化的既定通用程序源自大量支柱到支柱配置内的一致分割，见表 5-2。理解表 5-2 中的数据，在重新配置支柱角度方向、关系和尺寸可变性时，会导致边界出现变动。通用工艺可生产不同类型的纱线，如棉花、玻璃纤维和碳纤维以及 N3DWS 几何形状；三维节点配置系统提供了一种方法，包括在织造过程中使用更多的纱线形式。通过在桁架式组件内建立的规范，可以生产节点结构的任何变体。支柱、节点和其他内部节点分割的分类允许“构建”一个二维结构，在插入指定的段和相关的机织结构时，可以生成一个 N3DWS。在整个规范中，有一些因素需要考虑，这些因素与单个层中的最小坐标数有关——壁厚内的层和填充特定内部节点段几何形状的机织单元。通用工艺可以应用于任何组织和纱线组合，尽管限制因素是二维支杆的直径及其对内部节点分割和每厘米每层经纱数的影响。在一个平衡的结构中，每厘米每层的最小经纱根数为 4，从而获得一个能使纱线在成形的三维结构中得到支撑的密度。这将导致在包含 20 根纱线的 50mm 二维维度的节点内每层的经纱总数足以允许支撑在节点区域形成生长。在内部节点区域内，线段的长度在 50～100mm 的二维维度内。每个线段要求插入的机织结构每层包含 4 根经纱。内节点段中少于 4 根经纱促使纱线脱离理想状态，形成没有支撑的松散织物区域，缺乏生长属性。如果内部节点区域的二维尺寸小于 50mm，则有必要对内部组织结构进行修改，并对该区域内的所有纱线进行剪裁，以实现所需的生长形态。二维分割的增加超过 150mm，需要内部节点区域容纳进一步的分割，以插入另一个机织单元，支持沿着节点点线更宽的开口。

表5-2 已建立的通用过程中节点变量的范围（Taylor et al，2015）

节点规格		分段规格	说明
支柱数量	节点分类	单	
		多	
		平行	
		相对	
		补偿	
		补偿—相对	
		单方向	
		三方向	
		多方向	
节点数量	邻近的节点	节点到节点	
		1 线性经纱	
		2+线性经纱	
主支柱长度	相邻的支撑长度	额外的	
		邻近的	
	二维支柱尺寸	10~50mm	
		50~100mm	
		100~150mm	
	壁厚	2 级	
		2+级	
	分割	内部节点	封闭曲线边界内部节点边界线
		邻接支柱 主支柱	顶部截面 节点点线 外部交点分段 垂直延伸边界线 外部节点区域 内缝分割
	机织架构	接缝 厚平板织物 基本机织 三维机织	衍生多层 多层机织

5.3.4　三维节点设计工艺

所需 N3DWS 配置的三维规范用于确定展平程序的尺寸和几何定义边界，并转换成二维节点示意图，如本章前面所述。为了实现从三维到二维到三维的转换，三维结构被展平（按字面意思理解），以确定所需配置中所有支柱的二维尺寸。利用通用流程确保系统精准、简洁。然后，可以在二维节点示意图（图形格式）中应用片段的插入和集成。

采用机织技术的局限性在于生产不同的节点结构时壁厚的最大值存在限制，N3DWS 中整体的层数可以在整个过程中变化，单个支柱的壁厚与相邻支柱不同。单个支柱可以由顶壁和底壁内的数量平衡的整体水平层组成，或者通过将顶壁厚度减小或增加到底部的厚度来实现不平衡结构。

商业软件中的代表性方块是在二维图形模板中提供，代表所有经、纬纱线坐标。N3DWS 的壁厚在此图形排列中格式化（在图形模板上）。二维节点结构应用于内部，包括机织宽度、长度和深度。图 5-12 展示了二维图格式中六层节点和相关机织结构的支柱间交叉点。图形模板被视为单层织物设计，通过给定宽度和长度方向的方阵内的一系列坐标来规划二维示意图的位置。方格代表最终机织节点结构中经纱和纬纱的总数，壁厚是定义经纱和纬纱的织物层的倍数。正确的壁厚是通过在经纱和纬纱方向上划分壁厚来实现的，并且定义了在许多机织层中使用的线性经纱和线性纬纱。

在 N3DWS 的二维示意图中，通过所需的壁厚（每厘米/英寸和每水平层的经纱/纬纱）对单个线段进行相乘。利用图形模板作为一系列坐标，可以在机织宽度、长度和深度内定位结构。战略布局和/或多个节点配置可以并排放置；也为大型桁架结构提供了机会。在复合格式中，所需二维支柱的尺寸和方向尽可能接近，为二维节点结构内部和周围边界的进一步应用提供了基础。坐标系还与横截面机织工艺相结合，从而可以随意定位和修改线性排列的单根纱线（Taylor et al, 2015）。如果需要改变纱线在过渡区内的位置，那么坐标系提供了一个简化的过程来重新定位纱线。当插入边界定义的机织结构时，区分彼此可以使分割更加清晰。在经纱或纬纱方向上，当一段结束，另一段开始时，过渡区是经纬纱的交织点。过渡区出现在 N3DWS 内的所有内部和外部定义边界线内部和沿线（图 5-4）。通过完成节点示意图和壁厚计算，机织层内的各层操作旨在完全整合实心板区域，并在其中形成空心管状口袋。在完成的 N3DWS 中，当从织机上取下时，保持桁架结构不可避免地会出现接缝。如果不需要外部实心壁并且要将其移除，则尤其如此。之所以如此是因为机织结构是根据节点结构和外部实心板之间的过渡区设计的，因此，需要一种抗散开模式，这种模式能够确保结构的安全性，同时确保 N3DWS 结构周围纤维的连续性。

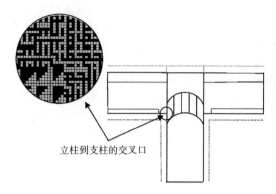

立柱到支柱的交叉口

图 5-12　在一个 T 型节点结构中整合大量经纬水平层的二维示意图

5.3.5　三维节点手动和自动化设计过程

设计节点结构是一个高度视觉化的过程，需要在多个细节或规模层次上理解和可视化固有的复杂性。手动节点设计的复杂性和可视化能力的需要强调了技术人员对 CAD/CAM 软件工具的熟练操作。创新的 CAD/CAM 软件工具设计、实现和测试一个 WeaveStudio（Smith et al，2008）软件包（WeaveStudio（Smith，2009）是一个 CAD/CAM 软件包，用于支持技术纺织品的 CAD/CAM 和几何建模算法的研究和开发，特别是 N3DWS。），是为了支持和推进泰勒（2007）的原始工作而开发的。提出了用于三维机织多层织物结构的 CAD/CAM 的新算法，这为未来在横截面机织的应用和自动化方面的工作提供了基础（Taylor et al，2015）。Smith 等（2008）的算法从传统的多层机织设计生成，实现了半自动化。根据典型的复合拼接特性，提出了一种基于样条的交互式纱线编辑工具，用于引入拼接点将不同的组织层结合在一起。所有的纱线编辑器操作都会自动更新多层机织设计。绘制了多层机织的三维实体模型，包括拼接点和所有纱线路径，以帮助设计师理解精确的纱线排列和它们的相对空间定位。为 N3DWS 的 CAD/CAM 软件开发的算法提供了从参数化多层节点机织规格生成机织设计的半自动化，以使自动化生产能力步入理论化。

在 N3DWS 的算法中，多模态三维图形用户界面允许设计者在多个尺度级别上交互式地创建、编辑和查看三维节点结构（Smith et al，2009b），如支柱到支柱节点配置的三维实体模型、扁平和分段轮廓二维几何形状、分配的多层机织结构的三维实体模型和基于样条的纱线路径的二维横截面机织切片。由于树型数据结构固有的层次特性，一种无序多路树型数据结构的创新应用允许设计出比简单的 T 和 K 形状更复杂的节点配置。

在可用作复合材料预制件的一系列三维纺织结构的计算机辅助设计和制造方面，已经进行了大量的研究（PERA，2006；Mouritz et al，1999；DERA：CRAFT，

2002；Strong et al，2002；Jenkins et al，2005）。

　　由于未来潜在配置要求的变化，N3DWS 需要一个全面的 CAD/CAM 软件。结合不同的设计属性，如纱线密度、壁厚内经纬层数、不同的支杆方向的内部分割、支杆参数的长度和直径以及与相邻支杆的连通性点和角度等，节点结构规范的固有参数性质非常适合算法方法，并适合作为二维结构平面内基本和衍生 N3DWS 配置开发的通用程序。现有手动过程的自动化要求在插入通过横截面开发的编织建筑分割之前，使用算法对 N3DW 进行展平、分段和离散化。在 N3DWS 的裁剪中，还需要对不同级别（层次集成和不平衡的复杂性）进行可视化。

5.4　三维节点机织物的应用

　　N3DWS 的潜在应用范围广泛，产品形式多样。这是由于现有的通用流程允许桁架几何形状和其他相关尺寸变化以适应许多需要使用集成的三维/二维中空平面机织桁架配置的环境。机织层内组织可以轻松改变，以生产一系列横截面多层次和多层织物。传统的机织技术可以修改，以实现所需的 N3DWS 结构，尽管这对于许多纺织制造商来说应该是最小规模的生产。当由非技术机织结构（多层）制造时，缺乏关于 N3DWS 和其他传统三维机织成型预制件（Banniste，2001，2004）机械性能的可靠数据，这一点也影响了将 N3DWS 市场化的进程。N3DWS 商业应用的局限性还在于其当前固有的二维面内织物形成和缝编织物。

　　使用通用节点程序可以在二维织物平面内制造各种结构和尺寸。当前节点配置的唯一缺点是从织机上取下后，由于切割而造成的浪费。其优势是保持周围外部实心面板的 N3DWS 适用于内墙应用，需要中空平面桁架状结构，并为建筑内外围护结构和/或环境中的电线网络提供外壳系统（Novatek，2014）。在外部实心面板上生产 N3DWS 整体或不生产的能力扩大了其潜在的最终用途，并扩大了需要整体中空支柱到支柱组件的小型和大型产品的范围。这些产品包括可选择的无缝服装和集成的自行车桁架配置到大型多个交叉脚手架结构部分（Aeson，2011）。所采用的机织结构和正确的过渡区使二维到三维节点结构能够打开，而周围的外部实心板形状保持不变。外壁与节点结构的完整性提供了一个区域的稳定性、支撑性和性能特征（Tony Gee et al，2014）。在 N3DWS 中，可以灵活地将支柱的横截面从圆形结构改变为其他开口结构，如在桥梁结构和支撑梁中发现的方形横截面。

5.5　三维节点机织物的发展趋势

　　目前在常规织造技术中，0/90°纱线的生产参数限制了 N3DWS 在二维织物平面内的生产。考虑到纱线形式的纤维特性，允许将二维到三维平面桁架结构应用于各种终端应用，将允许创造性地调整通用程序，以生产具有各种性能的节点产品。各种纱线的使用将使得设计师和工程师之间进行创造性的对话，将N3DWS的工艺和生产开发成一个功能性、实用性和多用途的产品。

目前使用的三维织物是从"试试看"的方法发展而来的，基于传统和商业上可获得的提花织造技术的个体特征，并源自内部或其他专业软件（CAD/CAM）。这种方法确实允许设计师、纺织品生产商根据工程和客户需求而生成设计。然而，机织技术的限制将决定最终能达到什么效果。我们需要一个数据库来容纳这些"试试看"的设计，将它们的生产过程与相关的有限元分析工具中确定的最佳路径位置联系起来。这将得出纱线应采取的最有效的联锁路径与所需的三维形状和固有纱线特性有关。在N3DWS的生产过程中，将其应用于纱线形式的混合材料中，包括纱线性能在内的更多定制区域，将提供一个机织桁架结构。

当设计N3DWS时，包围每个片段的边界线的位置提供了一系列区域，这些区域影响其相邻的明确的空间关系。当N3DWS从织机上取下后，通过改变纱线在众多织物层中的运动方向，改变每个边界的方向或几何形状将对整个织物区域产生影响。纱线的X、Y、Z方向有多种作用来生产最佳的N3DWS。通过将不同的纱线联锁在众多层间的组合，内部节点内纱线的伸长能力在织物平面外创造出一个生长区域。节点区域内的最小经纱和纬纱交叉点在开口阶段完成纱线位置的重新排列，同时形成一个内聚的整体N3DWS。为了设计一个最佳的节点，缝合线的作用是将众多织物层结合在一起，并创造一个强度方向。要了解所有三个纱线方向产生的卷曲，必须了解经纱性能，并强调在N3DWS中采用的机织架构风格的未来研究和发展。分析三维实心面板内的节点机织结构在各种外部压力下的纱线路径将产生一系列的性能数据，这将在未来的三维节点配置和其他利用不平衡编织结构的三维编织成型纺织品预成形的范围内，使"试试看"的可能性最小化。

传统的多级、多层组织组合的复杂性产生了一系列二维图形格式的生产数据，这一点在N3DWS的设计生产阶段得到了证明。二维图形模板的性质模糊了多层机织物视觉概念和纱线网络的关系。这是由于节点层和外板壁厚的所有层面"展平"成单一形式，导致几乎无法进行讨论或调整的视觉效果。建立一个易于操作的虚拟代码或算法，将有助于设计者/工程师在生产过程中给复杂的三维机织形式中的纱线定位（Khabazi，2010）。这彻底改变了复杂纱线矩阵中纱线定位的创意和美学方法。在虚拟设计过程中，可以轻松调整、优化三维机织，使其实现最佳性能或局部美学的功用。将计算结构与传统的机织设计过程相结合，提供了一种将三维物理几何图形转换为二维虚拟空间的工具，在这种工具中使用近似的三维概念来产生三维机织构架形式，如N3DWS。

5.6　小结

本文介绍了三维到二维到三维 N3DWS 的设计和转换以及基本构型生产的通用程序，以及基本结构的生产，并根据其织物平面取向和生产技术对节点结构进行了分类。通用程序允许将设计和生产变量结合在一起，在 X、Y 和 Z 方向的预定义片段和边界内结合许多机织结构。通过坐标系将数据传输到图形模板，可以实现一系列支柱到支柱配置的集成。一旦 N3DWS 从织机上取下并拉成一定形状，就可以保持原始的三维几何形状，并最终实现圆周尺寸。特别是节点三维到二维到三维转换发生在支柱到支柱的交叉点，也就是节点，该节点在最终的 N3DWS 中没有任何变形。以纤维桁架组件内的节点为目标，设计者/工程师已经开始开发轻质节点部件，通过调整节点以适合支柱或安装在支柱上，允许相邻支柱的数量和角度方向的可变性。有些消除了进一步连接应用的需要，而另一些需要进一步的连接过程来完全集成（Papayoti，1975；Orbom，1992；Johnson，1982；Laforge，2004）。N3DWS 定义的整体节点及其对支柱间交叉范围的适应能力能够产生出更多的桁架状构型。这是通过利用既定的通用流程实现的。当前的 N3DWS 是在二维织物平面内生产的。整个机织桁架结构的宽度和长度可以按比例变化，所需的尺寸和比例受到机织工艺宽度的限制，密度和壁厚受到综丝布置的限制。所需的机织结构组合，确保 N3DWS 从织机上取下后，从三维到二维到三维的成功过渡，也是目前该技术最终应用的障碍。这些障碍可以通过 N3DWS 机织架构的进一步研究、数据收集以及随后的裁剪整理来克服，以实现从织机上取下后 N3DWS 的技术性能与桁架成型形成配置。

参考文献

Aeson Truss Fabrications, 2011. Available at: http://www.performancetruss.com/ (accessed 30.08.13).

Ambrose, J. E., 1994. Design of Building Trusses. John Wiley & Sons, Inc., Canada.

Bannister, M. K., 2001. Challenges for composites into the next millennium: a reinforcement perspective. Compos. Part A 32, 901-910.

Bannister, M. K., 2004. Development and application of advanced textile composites. J. Mater. Des. Appl. 218 (Part L, Special issue paper), 253 (Proc. Institute of Mechanical Engineers).

Boettger, W., 14 March 2000. Spacer fabric. Patent US 6,037,035.

Brogan, J. , Walsh, K. , 16 September 1980. Truss core panels. Patent US 4,223,053. The Boeing Company, Seatle, WA.

Chen, X. , Spola, M. , Paya, J. G. , Sellabona, P. M. , 1999. Experimental studies on the structure and mechanical properties of multilayer and angle-interlock woven structures. J. Text. Inst. 90(Part 1,1),91-99.

Chen, X. , Taylor, L. W. , Tsai, L. -J. , 2011. An overview on fabrication of 3D woven textile preforms for composites. Text. Res. J. 81(9),932-944.

Day, G. F. , Robinson, F. , Williams, D. J. , 05 August 1990. Composite articles. Patent No. US4,923,724.

DERA: CRAFT-Co-operative Research Action for Technology Programme, 2002. Development of 3D woven fabrics with a variety of weave architectures and prediction of their composite mechanical properties. Technical Report.

Ferrotti, G. , Fabbri, F. , 8 September 1992. Method for production of nodes for tubular truss structures. Patent US 5,144,830.

Finnegan, K. A. , 2007. Carbon Fibre Composite Pyramidal Lattice Structures. The Faculty of the School of Engineering and Applied Science. The University of Virginia.

Gerber, A. , Villiger, F. , 21 May 1974. Multi-layer fabrics. Patent US 3,811,480.

Harper, C. M. , 1994. The production of preforms for mass produced components. Ph. D. thesis, The University of Ulster, Coleraine, UK.

Hill, B. J. , McIlhagger, R. , Soden, J. A. , Hana, J. R. P. , Gillespie, E. S. , 1997. The influence of crimp measurements on the development and appraisal of 3D fully integrated woven structures. Polym. Polym. Compos. 5(2),103-112.

Jenkins, C. H. , Khanna, S. K. , 2005. Mechanics of Materials A Modern Integration of Mechanics and Materials in Structural Design. Elsevier Academic Press, Burlington, MA.

Jensen, D. W. , 9 December 2004. Complex composite structures and method and apparatus for fabricating same from continuous fibers. Patent US 2004/0247866 A1.

Jensen, D. W. , Francom, L. R. , 2 June 2005. Iso-truss structure. Patent US 2005/0115186. Brigham Young University, Utah.

Johnson, A. L. , 30 March 1982. Tubular beam joint. Patent US 4,322,176.

Junjiro, O. , Kiyoshi, T. , 3 March 1990. Collapsible truss structures. Patent EP 0390149 A1.

Khabazi, A. , 2010. Generative Algorithmns, Concepts and Experiments: Weaving. Available at: www. MORPHOGENESISM. com(accessed 04. 07. 13).

Kooistra, G. W. , Wadley, H. N. G. , 17 February 2005. Methods for manufacture of multi-layered multifunctional truss structures and related structures there from. Patent WO

2005 /014216A2.

Kooistra, G. W. , Wadley, H. N. G. , 2007. Lattice truss structures from expanded metal sheet. Mater. Des. 28(2), 507514. Available at: http://www. sciencedirect. Com/science/article/pii/S0261306905002438(accessed 30. 04. 13).

Laforge, M. , 8 July 2004. Lightweight truss joint connection. Patent US2004/0128940 A1.

Logan, R. M. , 29 March 1983. Method and apparatus for making a composite material truss. US Patent 4,378,263.

Lowe, F. J. , 1987. Articles comprising shaped woven fabrics. Patent No. US4,668,545.

Matterson, S. , 23 July 1985. Vascular grafts with cross−weave patterns. Patent No. US 4,530,113.

Miravette, A. , 1999. 3D Textile Reinforcement in Composite Materials. Woodhead, Cambridge.

Mouritz, A. P. , Bannister, M. K. , Falzon, P. J. , Leong, K. H. , 1999. Review of applications for advanced three−dimensional fibre textile composites. Compos. Part A 30(12), 1445−1461.

Nelson, R. , 2003. Bike frame races carbon consumer goods forward. Reinf. Plast. 47(7), 36−40. http://dx. doi. org/10. 1016/S0034−3617(03)00728−8.

Neville, H. , 2010. The Student's Handbook of Practical Fabric Structure. Reprint. Obscure Press.

Novatek, 2014. Available at: https://www. novatek. com/labs detail. php? ns =&projectID = 3&newInfosID = 317(accessed 30. 08. 14).

Orbom, E. W. , 7 July 1992. Continuous connector. Patent US 5,127,759.

Osterberg, D. A. , 12 September 2003. Strut and node assembly for use in a reconfigurable truss structure. Patent WO 03/074803 A1.

Packer, J. A. , Henderson, J. E. , 1997. Hollow Structural Section Connections and Trusses−A Design Guide, First edition 1992, second edition 1997. Canadian Institute of Steel Construction, Canada.

Papayoti, H. V. , 21 October 1975. Space frame connecting fixture. Patent US3,94,062.

PERA, 2006. HYBRIDMAT 4: Advances in the Manufacture of 3D Preform Reinforcement for Advanced Structural Composites in Aerospace. DTI Global Watch Technology Mission. PERA Publication.

Posselt, A. , 1917. Manufacture of Narrow Woven Fabrics. Textile Publication Company, Philadelphia.

Rheaume, W. A. , 16 March 1976. Multiply woven article having double ribs. Patent US3,943,980.

Smith, M. A., 2009. CAD/CAM and geometric modelling algorithms for 3D woven multi-layer nodal textile structures. Ph. D. Thesis, School of Materials, The University of Manchester, UK.

Smith, M. A., Chen, X., 2008. CAD and constraint-based geometric modelling algorithms for 2Dand 3D woven textile structures. J. Inf. Comput. Sci. 3(3), 199-214.

Smith, M. A., Chen, X., 2009a. CAD of 3D woven nodal textile structures. J. Inf. Comput. Sci. 4(3), 191-204.

Smith, M. A., Chen, X., 2009b. CAD/CAM algorithms for 3D woven multi-layer textile structures. Int. J. Math. Phys. Eng. Sci. 3(1), 54-65.

Soden, J. A., 2000. 3D weave structures for engineering preforms. Ph. D. thesis, The University of Ulster, Coleraine, UK.

Sondhelm, W. S., 1941. The influence of structure on the stiffness of fabrics. Ph. D. Thesis, The University of Manchester, Manchester, UK.

Strong, A. B., Jensen, D. W., 2002. The Ultimate Composite Structure. Compos. Fab. 22-27.

Taylor, L. W., 2007. Design and manufacture of 3D nodal structures for advanced textile composites. Ph. D. thesis, School of Materials, The University of Manchester, UK.

Taylor, L. W., Chen, X., 2015. Three-dimensional nodal woven structure: part 1 classification, design and production parameters(to be published).

Taylor, L. W., Chen, X., Smith, M. A., 2015. Three-dimensional nodal woven structure-part 2: design and production process(to be published).

Tony Gee and Partners LLP, 2014. Available at: http://tonygee. com/the-advanced-composite truss-acts/(accessed on 11. 01. 14).

Watson, W., 1947. Advanced Textile Design, third ed. Longmans, London.

第6章 三维针织物

Y. Liu, H. Hu
中国香港理工大学

6.1 引言

传统的针织物是通过纬编或经编技术，在二维（2D）形式下由一行相互交织的线圈形成的（Spencer，2001）。纬编和经编织物中的纱线都在平面内相互交织，没有横向纱线。此类二维针织纺织品通常用于覆盖人体、床和木板，通过缝纫、黏合或焊接形成三维（3D）服装、床上用品和工业用纺织品。采用这种方法，首先将平面织物根据三维图案切割成片，然后将碎片组装成三维结构。为了将针织纺织品的用途和价值扩展到工业和工程应用中，有必要在单个针织工艺中制造一个三维集成结构，而不是通过额外的连接工艺。这不仅提高了三维结构的均匀性（无须对连续长丝纱进行切割），而且由于消除了切割和补料操作，还减少了昂贵材料的浪费和制造成本（Au，2011）。凭借先进的经纬编技术已开发出各种三维针织纺织品，它们具有出色的物理、热力学和机械性能，特别是重量轻、刚度、高强度以及良好的抗疲劳性和出色的尺寸稳定性（Hu，2008）。这些针织物被广泛应用于航空航天、汽车、岩土工程和海洋工业中的高级结构，以及用作支架、人造动脉、神经导管和心脏瓣膜等医疗植入物。

6.2 三维针织技术

几个世纪以来，针织技术一直被用于服装领域的织物制造，针织结构的独特性能使其能够经过改造满足各种应用的严格要求。此外，异形织物的生产潜力使针织技术越来越多地应用于非服装领域，面向工业用纺织品的三维针织技术推动了制造商开发并应用先进技术以制造针织机。如今，依靠先进的技术，针织机已经能够生产大多数传统手工编织结构以及由于过于精细或复杂而难以进行手工编织的针织结构（Spencer，2001）。人们陆续开发出圆型编织、纬平针和经编来生产三维针织物。

6.2.1　圆型纬编

　　圆型纬编织机有两种类型：单面针织和双面针织。单面针织圆型纬编织机底部为一个圆柱体，上面有一组垂直排列成圆形的针，如图 6-1 所示。除圆筒外，双面针织圆型纬编机还带有另一组针的刻度盘，这些针呈圆形水平排列（图 6-2）。这种特殊的布置使圆型纬编机器可以方便生产管状织物。在服装领域，需要将管状织物切成平面形式以进行后续加工。带有小直径圆筒的圆型纬编机已被用于制造用于医疗领域的小直径管状结构。双面针织圆型纬编机还可用于生产另一种三维结构——间隔织物。

图 6-1　单面针织圆型纬编机

图 6-2　双面针织圆型纬编机

6.2.2　平型纬编

　　电脑平型纬编是三维针织中最通用的技术。三维针织纺织品的发展中关键要素包括针、针床、针床横移机构、机头和凸轮、导纱器、纱线卷取机构、穿经机构、沉降片和压线器。通过使用电脑横机（图 6-3），几乎可以实现所有三维针织结构、包括管状结构、网状结构、间隔结构和定向结构（DOSs）。电脑横机的主要特点包括：使用电子设备进行单针选择、线圈转移、针迹变化、多个导纱器、针床上保持沉降片、压线器和电动机驱动下辊。这些功能为单面或双面针织、线圈转移、改变宽度或深度变化的圈数、用选定的纱线和针编织提供了机会。

图 6-3　电脑横机（Stoll CMS 530，E7）

6.2.3　经编

　　在经编的同一编织周期中，针杆上的每根针都同时发生送纱和成圈动作（Spencer，2001），这一特点使经编机能够生产出成本低、生产率高、结构变化大的经编织物。双针床拉舍尔经编机（图 6-4）已用于生产管状织物和间隔织物，而多轴拉舍尔经编机已用于生产定向结构。

图 6-4　双针床拉舍尔经编机（Jakob Müller MDK80）

6.3　三维针织结构

在纺织技术领域，三维异型针织技术的发展和应用日益广泛。在过去的几十年中，随着高科技针织机的发展，各种三维针织纺织品应运而生。如前所述，纬编和经编都被用于开发三维纺织品。最常用的针织三维结构包括管状结构、网状结构、间隔结构和定向结构。这些结构可以通过使用不同的三维针织技术来实现。

6.3.1　管状结构

经编机和纬编机都可以构造管状结构。虽然圆型纬编机只能生产单支管，但双针床平纬编织机和双针床拉舍尔经编机可以生产单支管、分叉管和多支管。

6.3.1.1　圆型纬编机

圆型纬编机的主要特点是生产管状的织物结构，图 6-5 展示了在带有小直径圆筒的圆型纬编机上开发应用于血管支架的管状纬编针织物，可以分别通过改变圆筒直径和机器隔距来调节筒体的直径和线圈密度。

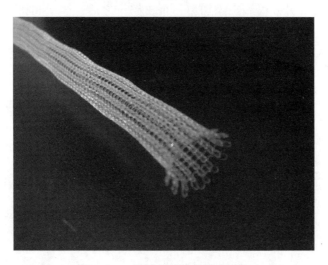

图 6-5　一种圆型纬编的管状织物

6.3.1.2　平型纬编机

与圆型纬编机相比，平型纬编机由于具有单针选针、线圈转移和多系统针织以及使用压线器和沉降片，在生产管状结构方面更具灵活性（Underwood，2009）。

带有两组针的电脑横机能够编织不同的管状结构，包括单支、分叉管和多支管。单支管有两种编织方式，即管状编织和无连接的管状编织。管状编织通过在两个针床上交替编织一根纱线，只在两个针边处将纱线从一个针床传递到另一个针床，从而形成管（图6-6）。这样，管的长度是不受限制的，而管子的宽度可以通过改变编织针的数量来调节，但受限于机器的长度［图6-7（a）］。第二种无连接管状编织的方法是所有选定针起针，然后在前后针床上同时编织两种不同的织物，直到达到所需的管宽。然后，将后针床上的线迹转移到前针床上并收针，圆管即可形成［图6-7（b）］。这种方法使管子可以达到无限的宽度，但是管子的长度受到机器长度的限制。两种方法的最终产品之间的主要区别在于，通过管状编织的延伸方向垂直于管长，而另一种则是平行的。通过将管状编织与嵌花技术结合使用，可以通过单个管子实现多种变化。嵌针编织技术使针织机能够使用多种不同的导纱器来编织织物的不同部分。导纱器可以单独使用，也可以同时使用。利用这种技术可以通过采用一根纱线编织一定长度的单根管子，然后再引入另外的导纱器，使两根纱线同时形成两根管子来形成分叉管［图6-7（c）］。这两根纱线在相应选定的针上交替编织。同样的通过使用更多的导纱器，可以形成多分支的管状结构。如图6-7（d）所示，三个导纱器用于编织三叉管状结构。在电脑横机上也可以编织分支起始位置不同的分叉管。图6-7（e）显示了另一个由三个导纱器编织而成的三叉管。首先通过第一导纱器将单根管编织成一定长度，然后通过第二导纱器引入另一根纱来添加第一个支路。之后，树干和树枝同时编织。随后，第二分支由第三导纱器以相同方式引入。因此，通过一个接一个地添加导纱器或同时添加多个导纱器以形成多分支的管状结构，可以方便构造具有不同分支的管状结构。

图6-6　编织管状织物

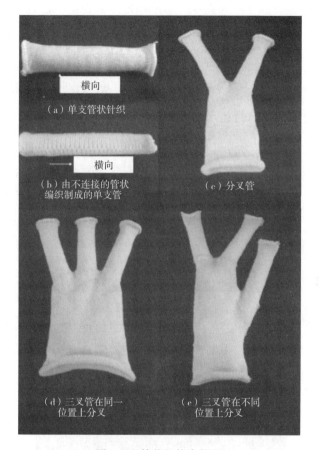

（a）单支管状针织

横向

（b）由不连接的管状
编织制成的单支管

横向

（c）分叉管

（d）三叉管在同一
位置上分叉

（e）三叉管在不同
位置上分叉

图 6-7 管状织物实物图

除了编织各种类型的管状织物外，电脑横机还能够编织各种形状的管状接头，如 C、K、L、S、T、X 和 Y 形，以及单支管子的不规则接头（Au，2011）。编织管状接头的方法包括管状编织和调整幅宽线圈数。这种针织技术的关键是悬吊针的使用。在编织过程中，通过使用压线器，可以对选定的针进行编织动作，而其余的针脚则在不进行编织动作的情况下保持在未选定的针上。

如图 6-8 所示，为了织造 C 形接头，首先要使用管状编织，然后逐渐减少线圈的数量以形成转弯的曲率，再使用所涉及管状编织的针继续进行编织。此过程可以重复多次，以形成具有不同曲率度的 C 形接头。此方法也适用于编织 S 形和不规则接头。

编织 L 形接头（图 6-9），应将管状针织和半管状针织技术结合起来。半管状针织使两块织物一侧相连而另一侧分开。首先，选定针起针，同时编织左侧相连的两块织物，从而形成水平侧。其次，部分针收针，其余针保留。最后，通过保留针头进行管状编织，形成接头垂直侧。这种方法也可以扩展用于编织，如 K、T、

117

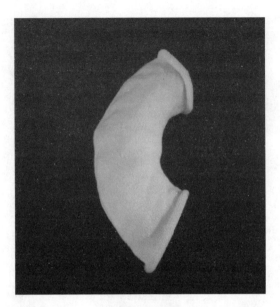

图 6-8　C 形接头

X、Y 形等其他成角的接头。需要注意的是，编织多边接头需要使用多个导纱器，类似于生产支管。

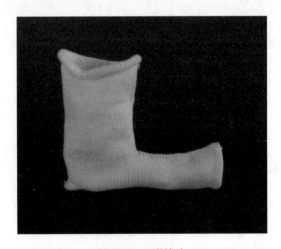

图 6-9　L 形接头

6.3.1.3　经编

　　类似于带两个针床的电脑横机，双针床拉舍尔经编机也有两个针床。通过这样一台机器，可以用一组满穿梳栉来编织两块分开的织物，并用另一组非满穿梳栉在两块织物的边缘之间织出连接处（Raz，1988），从而编织出不同尺寸的圆管。

也可以在双针床拉舍尔编织机上使用更多的梳栉以生产分叉管状结构。

为了生产一根最简单的 1/1 针结构的管子，应配备四个梳栉。四个梳栉的搭接运动方式如图 6-10 所示。该图展示了背面织物中间的管状结构切开后展开形成的平面形式，更为直观。一个满穿梳栉（GB1）在前针床编织织物前部而另一个满穿梳栉（GB4）在后针床编织织物后部，而两个内针床（GB2 和 GB3）编织左右两侧的连接处。两条粗线表示管状织物两条边缘的连接处，该连接处在 GB2 和 GB3 形成的针床之间转弯。

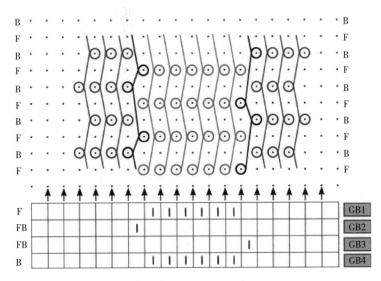

图 6-10　织造单支管时梳栉的搭接动作

生产分叉管状织物比生产单支管需要更多梳栉。Raz（1987）在书中给出了一个用于人造血管的分叉管的示例。该管是在配备有 16 个梳栉的双针床拉舍尔经编机上制造的。图 6-11 显示了每个梳栉的位置和作用，可以通过调节穿经顺序来生产具有不同尺寸的分叉管状结构，增加或减少用于编织前、后织物的经纱，很容易控制管径。如果配备更多的梳栉，则双针床拉舍尔编织机也能够生产具有多个分支的管状结构。经编管状产品因其结构紧凑、均匀、精细，更适用于医疗应用。

6.3.2　网状结构

除了管状结构和连接外，具有多功能性的电脑横机还可以编织形状更复杂的三维纺织品，如圆顶、球体和箱体（Hu et al, 1994）。基于这些基本的网状结构，可以通过组合不同的基本结构来生产复杂的不规则三维纺织品。在生产此类三维纺织品的过程中将使用改变帧数的技术。

在生产过程中重复增加和减少使用的针数可以很容易地形成圆顶结构。如

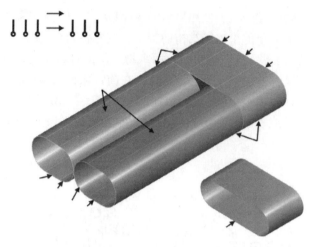

图 6-11　经编分叉管状结构示意图

图 6-12 所示，可以将三维圆顶形式转换为由重复的成形段组成的二维图案。每个成形段呈现逐步扩大，然后逐步缩小织物的操作。成形段的类型会影响圆顶的角度和高低比，而成形段的数量会影响圆顶的形状（Underwood，2009）。随着成形段数量的增加，可以形成球形结构，如图 6-13 所示。

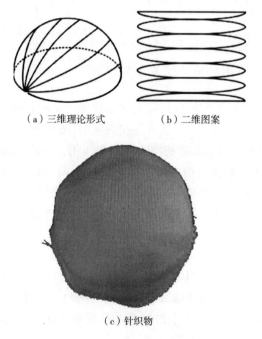

（a）三维理论形式　　　（b）二维图案

（c）针织物

图 6-12　圆顶生产过程

图 6-13 球体实物图

通过将圆顶的椭圆成形段改变为三角成形段，可以形成盒状结构。如图 6-14 所示，对于圆顶结构，直线表示操作针数减少或增加的是线性的，而不是弯曲的。成形段的类型会影响所形成盒的角度。成形针数与未成形针数之间的比决定了所得盒子的长宽比。

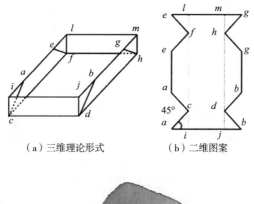

（a）三维理论形式　　　（b）二维图案

（c）针织物

图 6-14 箱体制备过程

电脑横机形成各种三维网状形状的最大潜力是改变编织针数的能力，大多数三维形状可以使用多种不同的形状编织生产技术。

6.3.3 间隔物结构

间隔物结构具有三维结构，由两个单独的外部织物层连接在一起，但由间隔纱或织物层隔开（Liu，2013）。这种织物可以通过纬编和经编来制造。

6.3.3.1 圆型纬编

纬编间隔织物是使用带有两组针的圆纬机或平纬机制造的，配备有圆筒和刻度盘的圆型纬编机能够生产由纱线连接外层的间隔织物。在圆型纬编机上生产间隔织物的方法是使用拨针和圆柱针分别编织两个不同的织物层，然后将两个织物层与拨针和圆柱针上的缝褶相连（图6-15），两个单独织物层之间的距离可以通过改变刻度盘相对于编织机圆柱的高度来调节，采用这种方式预设的间隔织物厚度可以在1.5~5.5mm之间变化（Kunde，2004）。图6-16为在圆型机器上编织的间隔织物及其示意图，这种织物是按照图6-17所示的编织记号生产的。织物的每一层都包含两排间隔纱线，根据所配备的针轨数，可以改变每道间隔纱的排数，从而调整间隔纱倾斜角度。除了使用平织技术编织外层，也可以通过特定机器使用提花技术在表层编织图案。在市场上，用于生产间隔织物的标准圆型针织机包括德国Mayer & Cie有限责任公司和德国奥托集团生产的Technit D3、德国Terrot有限责任公司生产的UCC548和UCC572。

（a）Terrot双层针布圆型纬编机　　　　　　（b）在圆型纬编机上生产间隔织物

图6-15　在圆型纬编机上生产间隔织物

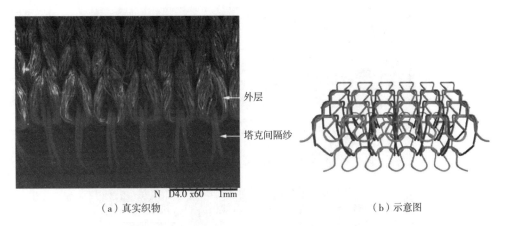

（a）真实织物 　　　　　　　　　　　　　（b）示意图

图6-16　圆型纬编机生产的典型纬编间隔织物结构

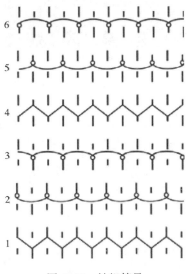

图6-17　针织符号

6.3.3.2　平型纬编

先进电脑横机可以生产出由间隔纱线或织物连接两个外层的间隔织物。

与通过圆纬机生产间隔织物相似，使用平纬机生产带有间隔纱的间隔织物需要在前后针床分别编织两个独立的织物层，然后通过两个针床的缝褶将它们连接起来（图6-18；Liu et al，2011a）。两个针床之间的距离决定了间隔织物的厚度，与圆型纬编机不同，平纬编织机的两个针床之间的距离通常固定在4mm左右。通过使用带有弹性纱线的电脑横机，间隔织物的厚度可以在很大的范围内变化（图6-19）。然而，其制备较厚的间隔织物的生产率很低。

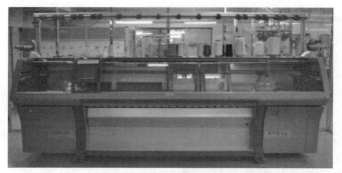

（a）Stoll电脑横机

（b）在电脑横机上编织间隔织物

图 6-18　在电脑横机上生产间隔织物

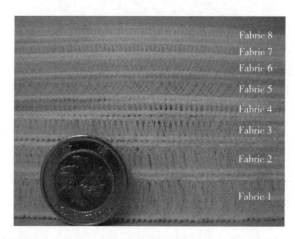

图 6-19　用电脑横机 Stoll CMS 822 制作的间隔织物 E14（一枚直径 2.4cm 的硬币）

除了通过间隔纱连接两个独立的织物层之外，还可以编织通过织物层连接两个外层的间隔织物。在这种情况下，两个外层之间的空间不再取决于两个针床之间的距离。有两种方法可以编织这种间隔织物，线圈转移或不转移（Hu et al，1996）。图 6-20 展示了用于生产带有垂直间隔连接处的间隔织物的编织循环和相应织物的成形步骤，其中并未使用线圈转移技术，箭头指示织物的形成方向。

编织过程中，两个外层需所有针参与编织，而连接层的编织仅需一半的针参与。图 6-21 展示了另一种使用线圈转移技术生产带有垂直间隔连接处的间隔织物的方法，一半的针用于编织两个外层，另一半用于编织连接层。

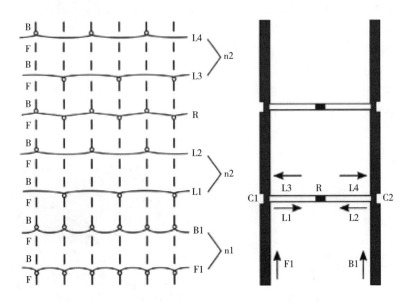

图 6-20　不使用线圈转移技术编织有垂直间隔层的间隔织物
F—前针床　B—后针床　n1，n2—重复次数　F1，B1—前后层　L1，L2，L3，L4—连接层
R—前后层之间的连接点　C1，C2—外层和连接层之间的连接点

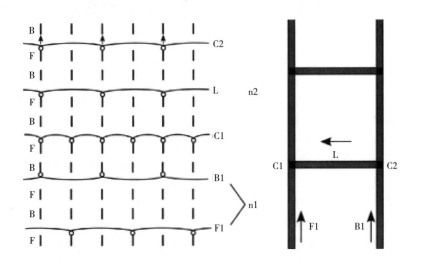

图 6-21　使用线圈转移技术编织带有垂直间隔层的间隔织物
F—前针床　B—后针床　n1，n2—重复次数　F1，B1—前后层　L—连接层
C1，C2—外层与连接层之间的连接点

6.3.3.3　经编

经编技术是生产间隔织物最常用的技术之一。与其他类型的间隔织物相比，经编间隔织物由于其低成本、高生产率和结构变化多样而备受关注。经编间隔织物区别于其他间隔织物的关键特征在于其三个基本结构要素，即顶层、底层和间隔层在同一编织循环中被编织在一起。

经编间隔织物是在双针床拉舍尔经编机上生产的，其原理如图 6-22（a）所示。当导纱钩 1 和 2 搭接前针床，导纱钩 5 和 6 搭接后针床时，分别编织顶部外层和底部外层，导纱钩 3 和 4 依次搭接环绕前后针床的间隔物。图 6-22（b）为 Karl Mayer 在双针床拉舍尔经编机 RD 6 上生产的间隔织物。

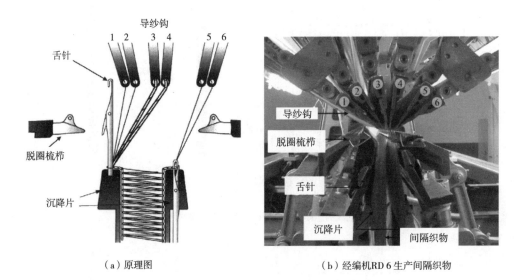

（a）原理图　　　　　　　　（b）经编机 RD 6 生产间隔织物

图 6-22　在双针床拉舍尔机上生产间隔织物的原理

图 6-23 显示了使用上述原理用 6 个导纱钩编织的间隔织物。双针床拉舍尔经编机用自己的针组在两个针床上同时生产两个外层。因此，前后针床可以编织不同的纱线并形成不同的结构。通过在每个导纱钩上使用不同的穿经和不同的线圈运动，可以获得不同的外层结构，即具有不同图案的网状或封闭结构。也就是说，两个外层可以相同也可以不同；根据经编间隔织物的最终用途，双面或单面均可采用网状结构，甚至双面网状结构的尺寸也可以是不相同的。间隔纱线的几何构型可以通过调整搭接运动，穿经和导纱钩杆的距离来调整。根据其倾斜角度 α 的不同，间隔纱线有三种配置即垂直、对角和垂直加对角，如图 6-24 所示。显然，不同的间隔纱线结构将导致所得间隔织物的机械性能不同。在编织过程后，间隔织物需要进行热定型处理以达到和固定所需的形状。

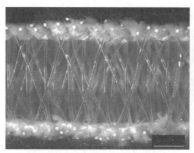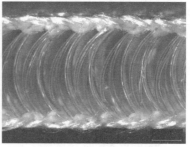

图 6-23 经编间隔织物照片

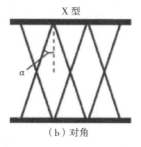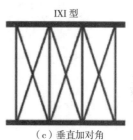

图 6-24 间隔纱配置

拉舍尔经编机具有极大的生产能力，更大的纱线细度范围，更高的生产速度以及调整梳杆距离的能力，为增加间隔厚度提供了更大的机会。间隔纱线主要选单纱，而复纱通常用于编织外层。间隔纱的性能会影响最终产品的性能。因此，应根据最终产品的预期性能选择相对应的间隔纱。在过去的几十年中，市场上有很多用于生产经编间隔织物的双针床拉舍尔经编机，如 LIBA 的 DG 506，Jakob M6uller AG 的 MDK80，以及 RD 6（DPLM）、RD 7（DPLM）和 Karl Mayer 的 High-Distance®等机器。配备有六个电子控制梳栉的 HighDistance® 可以实现高达 65mm 的摆动距离，可以生产厚度为 20~65mm 的多种间隔织物。

6.3.4 定向结构

定向结构是独特的多层结构（Au，2011），在这些结构中，平行且无卷曲纱线的直端从不同角度嵌入结构中（Raz，1988）。利用这些技术，可以通过改造织物性能，在所需方向上提升结构平面内性能，从而为所生产的织物提供优异的机械性能和经济高效产品的理想组合。定向结构通常包括单轴、双轴、三轴和多轴结构，可以使用纬编或经编技术生产。

6.3.4.1 纬编

在纬编过程中，通过横向或纵向嵌入直纱可以生产单轴定向结构。从技术角度来看，纵向引入直纱要比横向引入容易。通过在经纱和纬纱两个方向引入直纱，

127

可以得到双轴向结构。通过改变基本的编织结构可以生产不同种类的双轴结构。图 6-25 展示了使用单面针织物作为基础结构的双轴结构。它是技术领域中常用的双轴纬编结构，可用编织圆机和平机生产。基于纬编技术也可以生产多轴结构。图 6-26 展示了一种典型的多轴结构，它的纬、经和对角线是由两个单面针织物结构拼接在一起的，彼此之间没有相互交织（Hu，2005）。

图 6-25　双轴纬编结构　　　　　图 6-26　多轴纬编结构

6.3.4.2　经编

经编也可以编织类似纬编的各种定向结构。多轴经编（MWK）织物系统由经纱（0°）、纬纱（90°）和对角线（±45°）直纱组成，这些纱通过一种穿过织物厚度的链条或经编针固定在一起，如图 6-27 所示（Hu，2008）。Karl Mayer 的多轴经编机可以编织四层多轴纱，LIBA 的机器可以最多编织八层经纱（0°）、纬纱（90°）或三层（±θ）嵌入纱，通过经编链组织缝合在一起（Hu，2008）。每层中的插入纱均匀地平行放置。通常情况下，线密度较高的插入纱在平面加固中起主要作用，而缝线则具有较低的线密度，可提供厚度方向上性能的增强作用。这些特点使多轴经编纤维增强的复合材料具有很高的耐损伤性、结构完整性和超出平面的强度。

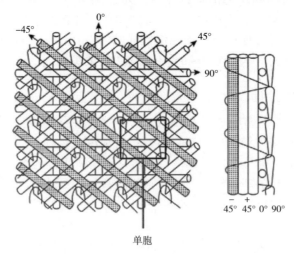

图 6-27　多轴经编结构

6.4　三维针织物的应用

三维针织技术在提高系统效率、减少废料和优化材料方面具有巨大潜力（Underwood，2009）。三维针织技术的进步为创建新的三维形状和探索新的应用提供了独特的机会。此外，三维针织管状结构、网状结构、间隔结构和定向结构（DOS）已被广泛应用于医疗设备、医疗保健、复合增强材料、吸声、缓冲材料、智能纺织品以及能源和资源方面。

6.4.1　医疗设备

针织管状结构适合用作医疗植入物，如支架、人造血管、神经导管和心脏瓣膜。特别是在配备多梳栉的细针距双针床拉舍尔经编机生产的经编聚酯支管已成功用于人体不同部位的植入物，包括外周血管、腹腔管、胸腹管、心胸管、心脏管和血管内管（Raz，1987）。针织的多分支管状结构已被开发用于关节炎的压力手套（Yu et al，2013）。单管结构可以用于生产预防静脉疾病发生和防止进一步恶化的压力袜（Geest et al，2000）。

添加弹性纱的纬编间隔织物适用于压力绷带。Pereira 等（2007）和 Lee 等（2009）提出具有适当弹性和恢复性能的纬编间隔织物有理想的物理、机械和热生理特性，可用于制造膝关节支架。由于经编间隔织物可缓解压力以及调节湿热的功能，也已被用于预防慢性伤口（Wollina et al，2000，2003，2004）。镍钛合金形状记忆间隔纱线的经编间隔织物已用于密封植入物和骨骼之间的间隙以提高长期固定作用。具有复丝间隔纱的经编间隔织物具有用作组织工程应用的多孔支架的潜力（He，2011）。

6.4.2　卫生保健

由于外层可以是网状结构，并且间隔层内有充足空间，间隔织物具有良好的透气性和透湿性，空间间隙可经改造给人以舒适感，这种舒适感由自然温度和湿度调节而成。这些特性对于与人体有关的应用尤为重要。因此，间隔织物已经与小型风扇一起植入服装中形成使人体降温的通风系统。在高温环境工作时，这种降温服可以使人们保持健康。经编的间隔织物也被应用于床垫上，以降低卧床患者患褥疮的风险。

6.4.3　复合增强

针织面料由于其特殊的线圈结构，可以开发出具有优异可变形能力的针织物。

这一特性使针织物成为复合材料生产中用于液体成型的复杂形状预制体的理想候选加固材料（Au，2011）。在复合结构中使用定向结构织物的优势显而易见。可以在各个方向上选择所需的灵活性和自由度，从而满足个人需求。因此，定向结构织物复合材料特别适合广泛的工业应用。主要应用领域包括船舶和航空航天。在海洋工业中，定向结构织物用于制造游艇、帆船和高速赛艇。这样的织物越来越多地用于军事、航空航天和商用飞机工业。使用网状结构作为复合增强材料的优势包括结构整体性和连续性。网状针织织物非常适合复合材料组件，包括管材连接件、头盔、汽车组件和橡胶增强材料。经编间隔织物已用于增强混凝土（Roye et al，2007；Vassiliadis et al，2009；Armankan et al，2009）。纬编间隔织物也已经在电脑横机上进行开发，并应用于复合材料（Abounaim et al，2009，2010，2011）。

6.4.4　吸声

纬编和经编间隔织物可以用作吸声材料，以降低建筑物、汽车和其他场所的噪声水平（Liu et al，2010）。图 6-28 展示用于吸声的一种复丝间隔纱线的纬编间隔织物（a）和单丝间隔纱线的经编间隔织物（b）。纬编间隔织物具有典型的多孔吸声性能，而经编间隔织物表现出微孔板（MPP）吸声性能。图 6-29 展示两种间隔织物在无空腔和有空腔的情况下的吸声系数。如图 6-30 所示，纬编和经编间隔织物的组合使用可以显著改善其吸声性能。

（a）纬编间隔织物

（b）经编间隔织物

图 6-28　用于吸声的间隔织物

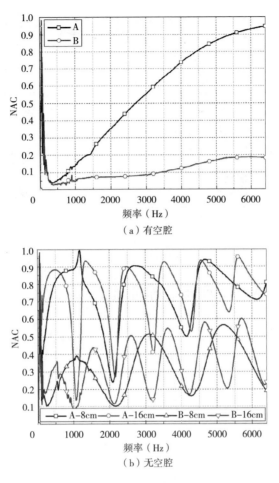

（a）有空腔

（b）无空腔

图 6-29 间隔织物吸声系数

A—纬编 B—经编

6.4.5 缓冲材料

经编间隔织物经改造可形成缓冲材料的关键特性，在压缩下呈现三个不同的阶段，分别为线弹性、平稳和致密化（Liu et al, 2012a, b）。通过调整结构参数，可以设计经编间隔织物的应力—应变关系，以保护人体免受冲击伤害。图 6-31 显示了不同结构参数（包括间隔纱线的倾斜角和直径、织物厚度和外层结构）对应力—应变关系的影响。只需简单地改变其结构参数，即可轻松调整其能量吸收能力，以满足特定的最终用途要求。在开发摩托车护具过程中，有人提议使用经编间隔织物作为缓冲材料，结果表明，具有适当结构的三层间隔织物的层压性可以达到欧洲标准 BS EN 1621-1：1998（Liu et al, 2014a, b）。纬编间隔织物也已被

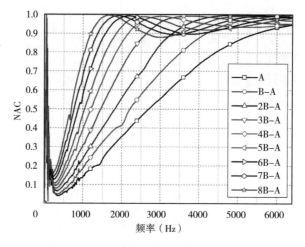

图 6-30 经纬间隔织物组合使用的吸噪系数

用于开发髋关节保护器,以降低老年人跌倒造成受伤的风险(Laing et al,2011)。

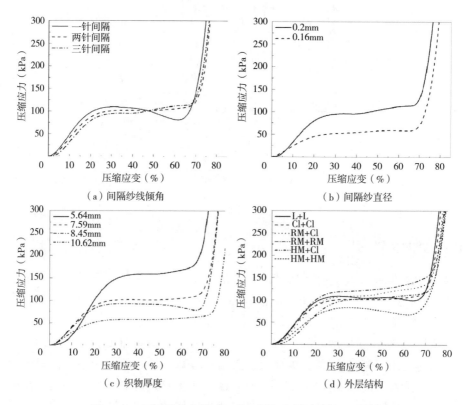

图 6-31 不同结构参数对经编间隔织物缓冲性能的影响

L—络结纹 CI—链加镶嵌 RM—小尺寸菱形网 HM—大尺寸六角网

6.4.6　隔振

间隔织物由许多间隔纱线组成。每根隔纱都起着欧拉杆的作用，经改造可以减轻震动以适应不同的应用（Virgin et al，2003）。图6-32显示了厚度分别为13.31mm、15.14mm和19.46mm的三种经编间隔织物A、B和C的传递率（Liu et al，2011b）。结果表明，这种织物非常适合用于隔振。该织物可用于生产防震手套、轮椅坐垫等。

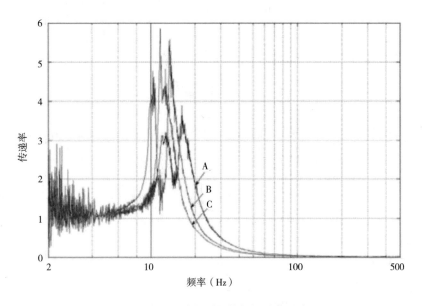

图6-32　经编间隔织物的振动传递率

6.4.7　能源和资源

经编间隔织物已用于能源和资源领域。来自德国ITV Denkendorf的研究人员采用一层白色经编间隔织物和一层黑色经编间隔织物，通过模拟北极熊的热调节机制创建太阳能集热系统（Stegmaie et al，2009）。这种系统被用作建造太阳能房屋的屋顶。系统中的空气流被太阳辐射加热，并且热量可以通过热化学存储系统存储。在夏季房屋收集的能量可以存储在凝胶中直到寒冷的冬季，这意味着在寒冷的冬季无须任何外部能源即可通过太阳能为房屋供暖。另一家德国公司ITP GmbH使用另一种方法，通过涂覆间隔物织物作为水容器来收集来自太阳辐射的热量。涂层织物的内部存在水，可以放在屋顶收集热量。间隔织物还可用于从沙漠雾中进行水分的收集。

6.5 三维针织物的发展趋势

三维针织纺织品已经作为技术纺织品在各个领域中得到广泛的应用。未来的研究工作应该是开发具有更多额外功能的新型三维针织结构，以满足新应用领域的需求。例如，经编间隔织物结构变化多样。通过采用不同结构、不同纤维的材料，已开发出各种物理功能，可应用于不同领域，如缓冲、吸声、智能纺织品和热量收集。将来应首先确定新的潜在应用领域，然后可以改造织物结构以更好地匹配特定应用。

参考文献

Abounaim, M. , et al. , 2009. Development of flat knitted spacer fabrics for composites using hybrid yarns and investigation of two-dimensional mechanical properties. Text. Res. J. 79 , 596-610.

Abounaim, M. , et al. , 2010. Thermoplastic composite from innovative flat knitted 3D multilayer spacer fabric using hybrid yarn and the study of 2D mechanical properties. Compos. Sci. Technol. 70 , 363-370.

Abounaim, M. , et al. , 2011. High performance thermoplastic composite from flat knitted multilayer textile preform using hybrid yarn. Compos. Sci. Technol. 71 , 511-519.

Armakan, D. M. , Roye, A. , 2009. A study on the compression behavior of spacer fabrics designed for concrete applications. Fibers Polym. 10 , 116-123.

Au, K. F. , 2011. Advances in Knitting Technology. Woodhead Publishing Limited, Cambridge, UK.

Geest, A. J. , et al. , 2000. The effect of medical elastic compression stockings with different slope values on edema. Dermatol. Surg. 26 , 244-247.

He, T. , 2011. A study of three dimensional warp knits for novel applications as tissue engineering scaffolds. Master thesis, North Carolina State University.

Hu, H. , 2005. A yarn feeding system for producing weft multi - axial knitted structures. Chinese Patent CN1614111.

Hu, J. L. , 2008. 3-D Fibrous Assemblies. Woodhead Publishing Limited, Cambridge, UK.

Hu, H. , et al. , 1994. The development of 3D shape knitted fabrics for technical purposes on a flat knitting machine. Indian J. Fibre Text. Res. 19 , 189-194.

Hu, H. , de Araujo, M. , Fangueiro, T. , 1996. 3D technical fabrics. Knit. Int. 1232 , 55-57.

Kunde, K. , 2004. Spacer fabrics - their application and future opportunities. Melliand Int. 10,283-286.

Laing, A. C. , et al. , 2011. The effects of pad geometry and material properties on the bio-mechanical effectiveness of 26 commercially available hip protectors. J. Biomech. 44, 2627-2635.

Lee, G. , Rajendran, S. , Anand, S. , 2009. New single-layer compression bandage system for chronic venous leg ulcers. Br. J. Nurs. 18,S4-S18.

Liu, Y. P. , 2013. A study of warp-knitted spacer fabrics as cushioning materials for human body protection. Ph. D. dissertation, The Hong Kong Polytechnic University.

Liu, Y. P. , Hu, H. , 2010. Sound absorption behavior of knitted spacer fabrics. Text. Res. J. 80,1949-1957.

Liu, Y. P. , Hu, H. , 2011a. Compression property and air permeability of weft-knitted spacer fabrics. J. Text. Inst. 102,366-372.

Liu, Y. P. , Hu, H. , 2011b. Vibration isolation performance of warp-knitted spacer fabrics. In:2011 Fiber Society Spring Conference. The Hong Kong Polytechnic University, Hong Kong.

Liu, Y. P. , et al. , 2012a. Compression behavior of warp-knitted spacer fabrics for cushioning applications. Text. Res. J. 82,11-20.

Liu, Y. P. , et al. , 2012b. Impact compressive behavior of warp-knitted spacer fabrics for protective applications. Text. Res. J. 82,773-788.

Liu, Y. P. , Au, W. M. , Hu, H. , 2014a. Protective properties of warp-knitted spacer fabrics under impact in hemispherical form. Part I: impact behavior analysis of a typical spacer fabric. Text. Res. J. 84,422-434.

Liu, Y. P. , Hu, H. , Au, W. M. , 2014b. Protective properties of warp-knitted spacer fabrics under impact in hemispherical form. Part II: effects of structural parameters and lamination. Text. Res. J. 84,312-322.

Pereira, S. , et al. , 2007. A study of the structure and properties of novel fabrics for knee braces. J. Ind. Text. 36,279-300.

Raz, S. , 1987. Warp Knitting Production. Melliand Textilberichte GmbH, Heidelberg, Germany.

Raz, S. , 1988. The Karl Mayer Guide to Technical Textiles. Karl Mayer Textilmaschinen-fabrik GmbH, Obertshausen, Germany.

Roye, A. , Gries, T. , 2007. 3-D textiles for advanced cement based matrix reinforcement. J. Ind. Text. 37,163-173.

Spencer, D. J. , 2001. Knitting Technology: A Comprehensive Handbook and Practical

Guide, third ed. Woodhead Publishing Limited, Cambridge, UK.

Stegmaier, T. , Linke, M. , Planck, H. , 2009. Bionics in textiles: flexible and translucent thermal insulations for solar thermal applications. Philos. Trans. R. Soc. A 367, 1749–1758.

Underwood, J. , 2009. The design of 3D shape knitted preforms. Ph. D. dissertation, RMIT University.

Vassiliadis, S. , et al. , 2009. Numerical modelling of the compressional behaviour of warp knitted spacer fabrics. Fibres Text. East. Eur. 17, 56–61.

Virgin, L. N. , Davis, R. B. , 2003. Vibration isolation using buckled struts. J. Sound Vib. 260, 965–973.

Wollina, U. , Heide, M. , Swerev, M. , 2000. Spacer fabrics – a potential tool in the prevention of chronic wounds. Exog. Dermatol. 1, 276–278.

Wollina, U. , et al. , 2003. Functional textiles in prevention of chronic wounds, wound healing and tissue engineering. Text. Skin 31, 82–97.

Wollina, U. , et al. , 2004. Spacer fabrics and related textile solutions. Aktuelle Dermatol. 30, 8–10.

Yu, A. , et al. , 2013. Prediction of fabric tension and pressure decay for the development of pressure therapy gloves. Text. Res. J. 83, 269–287.

第7章　三维编织技术

T. Sontag[1], H. Yang[2], T. Gries[1], F. Ko[2]

[1]　德国亚琛工业大学纺织技术学院

[2]　加拿大不列颠哥伦比亚省温哥华大学

7.1　引言

　　三维编织技术是二维编织技术的延伸，是将三根或三根以上的纱线交织或正交交织，通过位置移动形成整体结构的编织技术。三维编织的一个独特的特点是，他们能够通过复合材料的厚度增强以及其适应性，制造各种复杂形状织物，包括管状结构、实心棒、工字梁、厚壁火箭喷嘴。三维编织已经实现在旋转和笛卡尔机器上生产实心、环形或正方形截面的绳索和包装。尽管笛卡尔三维编织在 20 世纪 80~90 年代进行了深入研究，但旋转式三维编织近些年才得到普及。近年来，三维编织物在增强复合材料、结构和医疗领域的应用引起了广泛的关注（Bogdanovich et al，2002；Potluri et al，2003）。在过去的 30 年里，人们对三维编织技术进行了大量的研究，该技术天生就适合生产配合芯轴使用的棒材、圆筒、各种截面的梁和更复杂的结构（Kamiya et al，2000）。在过去的 20 年里，三维编织应用于医疗设备，如组织工程、支架和韧带替换，从而出现了商业化的医疗设备。

　　一个崭新的领域是微编织在医学上的应用，如心血管和神经支架、脑电图针、心内膜电极和药物输送系统（Alt et al，1995）。

　　尽管三维编织的自动化生产进行了广泛的探索，但大多局限于制造恒定横面的三维编织几何形状。然而，生产管状或分叉结构时，需要改变截面的几何形状，人工操作减慢了生产过程，限制了三维编织在大批量产品上的应用。因此，全自动化工艺的发展将为三维编织的大批量生产铺平道路，并允许三维编织在众多领域广泛使用。图 7-1 为复合材料的预制体、如汽车车身的结构加强材料或医疗设备中的支架。

　　最近在三维编织方面的进展证明了制作复杂结构的可行性，即具有复杂的交叉几何形状以及不断变化的截面。

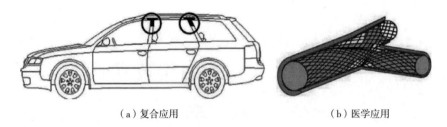

（a）复合应用   （b）医学应用

图 7-1　管状分叉结构的可能应用（Chou et al，1989；Chouinard et al，2003）

7.2　工艺现状

7.2.1　三维编织

编织是一种交织的织物结构，其特征是纱线的偏置取向。根据德国行业标准 Din 60000，编织物被定义为纱线密度均匀、织物外观封闭的二维或三维织物，其编织线以对角线的方向相互交叉到织物边缘（Wulfhorst et al，2006）。

三维编织是由三根或更多的纱线交织形成一个整体结构，交织是通过编织机上纱线的位置位移来实现的，然后在与编织机的规定距离处形成与编织机正交的编织。

三维编织的特点是存在厚度方向的增强纤维，即定向于厚度方向的纤维，而二维编织没有。因此，二维和三维编织的定义独立于结构的实际几何形状，但依赖编织结构本身。图 7-2 为带有三维几何体的二维编织图。可以看到，纤维是只在管的圆周方向交织。也就是说整个编织的厚度方向没有任何纤维，因此这个结构为二维编织（Wulfhorst et al，2006）。

图 7-2　三维几何体的二维编织

图 7-3 介绍了旋转式三维编织机的三维编织过程。线筒的驱动系统，即角齿轮和开关点，安装在编织机上，编织机上的线筒运动是通过角齿轮的连续运动和开关点的放置来调节的。线筒安装在纱架上，这些载纱器附着在驱动系统上，并带动纱线移动。

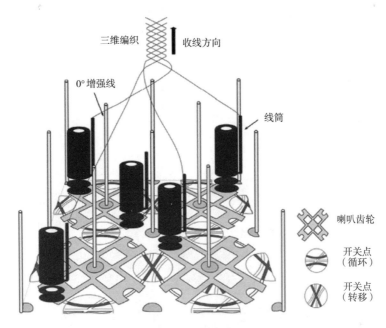

图 7-3　在角齿轮机上的三维编织（Gries et al，2008）

如图 7-3 所示，编织物朝织机方向形成，为了使编织机与编织物之间的距离保持不变，需要对已形成的编织物进行收集。

还可以在三维编织物中插入镶嵌纱，即所谓的纵向铺设轴向纱线或 0° 增强线。这些纱线沿编织的纵向方向，即生产方向。

7.2.2　笛卡尔编织

笛卡尔编织又称纵横编织，分为两步法编织、四步法编织和多步法编织。基本的纵横编织工艺包括载纱器的四个连续运动，如图 7-4 所示。在第一步中，轨道（列）以交替的方式移动规定的距离（到规定的位置）。在第二步，轨道（行）交替移动，第三步和第四步仅涉及第一步和第二步的反向移动序列。在这四个步骤之后，行和列已经移动到它们的初始位置。完整的四个步骤为一个编织循环（Ko et al，1989；Kostar et al，1994）。

矩形织机的笛卡尔编织过程和编织循环如图 7-4 所示。然而，笛卡尔编织也可以在圆形织机上进行。在这种情况下，行沿圆周方向移动，而列沿径向移动。

图7-5为圆形编织机的原理图和照片。

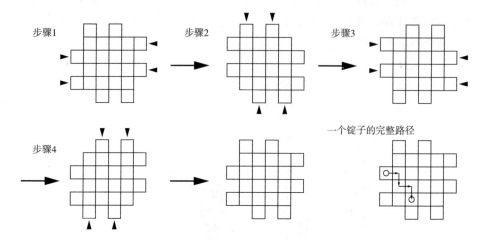

步骤1　步骤2　步骤3

步骤4

一个锭子的完整路径

图7-4　四步法编织步骤

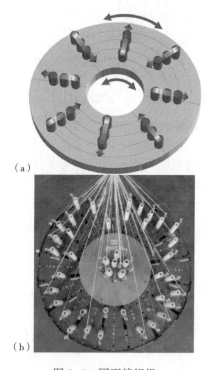

（a）

（b）

图7-5　圆型编织机

多步法编织是四步法编织工艺的延伸。通过单独控制行列的位移，可以实现很强的纱线结构通用性（Kostar et al，1994）。

7.2.2.1　编织结构

纵横编织工艺已被用于生产具有实心、矩形截面的编织物，通过将多个矩形截面的编织物并置，可以实现具有更复杂交叉几何形状的实心编织物。在横截面内放置额外的纤维，使某些纱线能够在横截面的特定区域内编织，从而生产出混杂复合材料（Kostar et al，2002；Ko et al，1989；Kamiya et al，2000）。

（1）可延长的截面几何形状。由纵横编织机织造的最简单的织物横截面是矩形或方形。这个截面可以用（1，1）—（1，1）运动轨迹产生。在整个横截面上均匀的行列运动导致纱线完全交错，并形成恒定的单元几何形状。图 7-6 展示了织机的设置和相应的具有方形截面的编织物。

更复杂的截面几何设计通常基于通用编织法（UM）或形状设计算法（SDA），UM 基于每台机器循环使用多个不同的四步法编织循环，而 SDA 则基于每台机器循环使用一个复杂的编织模型（Pastore，1988；Kostar，1998）。

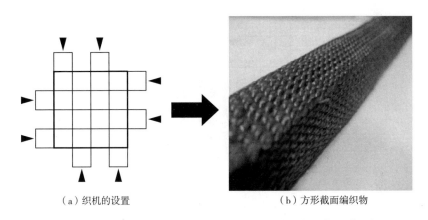

（a）织机的设置　　　　　　　　　　　　（b）方形截面编织物

图 7-6　　（1，1）—（1，1）织机设置及相应的方形截面编织物

（2）UM 编织。编织序列的设计可分为三个子步骤来生产具有特定横截面的编织物。

第一步，编织截面近似地用矩形单元表示，从而出现一个只有垂直和水平线的封闭多边形。

第二步，识别编织单元。一个编织单元由任意数量的轨道组组成，轨道组的最左和最右载纱器位置相等。每个编织单元需要一个四步法编织循环。因此，轨道组的数量等于每台机器循环的四步法编织周期的数量。图 7-7 展示了一个工字梁编织轨道组。

最后一步确定外围纱的位置。根据图案的不同，这是通过在每一列的顶部或下方以及每个编织组的每条轨道的左侧或右侧添加载纱器来实现的。根据编织模式，这是通过在每一列的顶部或下方以及每一组编织的每条轨道的左侧或右侧添加纱线载体来实现的。考虑一组四个步骤（1，1）—（1，1），这将导致每行和每列都增加一根纱线，纱线位置交替在顶部和底部或左右位置之间。

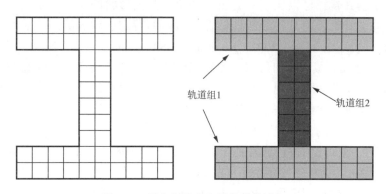

图 7-7 具有复杂十字形状的轨道组

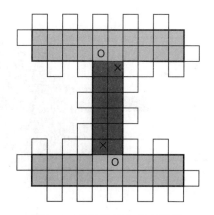

图 7-8 外围纱线和共享纱线

对于相邻编织组，一个编织组的外围纱线可以是另一个编织组的纱线。因此，参与两种编织组编织过程的纱线，称为共享纱线。图 7-8 描述了外围纱和用 O 和 X 标记的共享纱。

使用 UM 开发的机器循环采用多个四步法编织循环来描述。四步法编织周期的个数等于编织组的个数。所有四步编织循环的列移动是相同的。如果轨道是当前编织的编织组的一部分，则开启该单个轨道的轨道运动。如果轨道不是当前编织组的一部分，则它的移动被设置为零。这种机械操作方法要求相对简单，因为每个单独的轨道和列的绝对运动值是恒定的。通过将轨道和圆柱运动都设置为零来实现此方法的最优应用（Kostar，1998）。

（3）形状设计算法。与 UM 类似，SDA 是基于一个横截面，由多个矩形近似和来表示的。这将再次创建一个仅由垂直线和水平线组成的封闭多边形。这个方法的初始点是通过发送一个"无摩擦球池"在桌子上创建一个载纱器路径。这种方法的边界由多边形描述,如图 7-9 所示 (Pastore, 1988)。

　　基于路径和多边形可以生成一个机器设置。开发机器设置的边界条件为:载体沿着"无摩擦球池"所创造的路径运动,载纱器不得移动到多边形外。

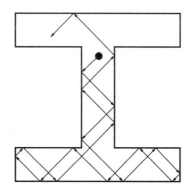

图 7-9　创建的载纱器路径

　　图 7-10 展示了边界条件通常会导致多个解,即所创建的载纱器路径可以转换成不同的机器指令集。因此,如果所构造的编织装置不能满足设计要求,则可以给出附加的纱线载体路径准则作为输入。

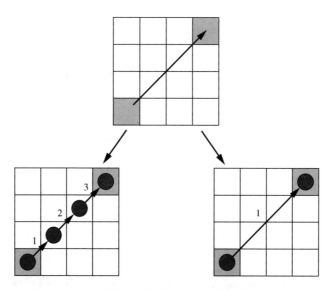

图 7-10　不同的机器指令导致相同的纱线运动路径

　　SDA 导致一个多步法编织过程,每个机器循环运行一次。多步法工艺的设计对机械的要求很高,因为每个单独的轨道必须根据多步法工艺的每个步骤执行特定的运动。因此使用SDA需要编织设计师对编织物的设计具有强大的控制力。

（4）混杂编织。三维混杂编织的横截面的特征是在横截面的期望部分区域内将特定的纱线分组（Kostar，1998）。

基本上，混合编织的生产是基于隔离行列的存在，其导致更改载纱器进入隔离行列的运动方向。因此，载纱器不可能移动到横截面的某些部分区域，如图7-11所示。

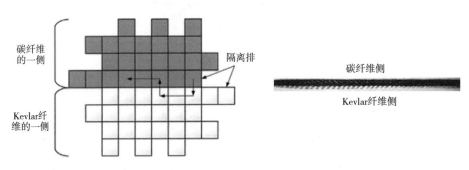

图7-11　带有隔离排、载纱路径的织机设置及由此形成的编织结构（Kostar et al，2002）

隔离行列是由某些行和列组合运动造成的，这些运动组合取决于行和列的位移值以及连续行或列的运动顺序。

（5）沿着编织长度的十字形变化。常需要在轨柱编织机上生产沿编织物长度变化截面的预制件。目前对此进行的研究有限。在此基础上，提出一种根据编织物的粒度大小制作不同十字形编织织物的方法。

采用这种方法，织布机按面积最大的横截面设置。有这种横截面的编织物很容易编起来。当编织一个面积较小的截面时，小截面以外大截面内的所有纱线都不参与编织过程。从而产生不交织的纱线，它们在初加工成品表面或内部成直线。图7-12显示了具有离散变化截面的预制品。为了便于显示，未交织的纱线涂上了阴影。

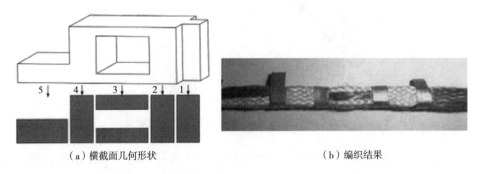

（a）横截面几何形状　　　　　　　　　（b）编织结果

图7-12　离散变化的截面几何形状和由此产生的辫状结构（Kostar et al，2002）

在编织过程结束后，必须把不交织的纱线剪掉，以使编织结构具有最终的几何形状。

纱线的去除降低了编织结构的力学性能。此外，取决于这些纱线的可及性，纱线的去除是相当具有挑战性的。

这种改变截面的方法仅限于离散的截面变化。连续变化截面编织物的生产带来了更大的挑战，因为纵横编织物的本质是离散的。

由于编织的可成形性，生产后可将截面的不连续部分进行平滑处理。考虑到复合材料的结构，这种"平滑处理"必须与成型和固化相结合，从而要在光滑位置固定住编织纱。

7.2.2.2　行列工艺的技术转换

经过多次努力，研究人员设计出一种允许载纱轨道在一定的载体平面上（即织机）运动的机器。由于某些行列来回运动的原理对所有的机械设计都有相同的要求，所以在行和列的驱动系统设计上有很大的不同。

（1）笛卡尔纵横编织机。图 7-13 所示是一种基于气动驱动系统的常见的纵横编织机。载纱轨道由一个双向气缸驱动，通过切换一个通用轨道运动阀实现载纱轨道的来回运动。由于轨道的设计，轨道的运动转移到轨道内的载纱器上，轨道上具有多个容纳载纱器的腔体。

列轨道的运动要求更高，因为运动只能通过推动载纱器来实现，这需要在每列轨道的每一侧安装两个单向气缸，以前后推动轨道（图 7-14）。此外，气动柱塞必须在每次列移动后缩回，从而形成轨道运动。精确的轨道位移值由一个轨道内的空腔数确定，柱塞推动载纱器，直到它们到达每一列轨道的主体止点时。运动方向由连接气缸和阀门的顺序决定。一般来说，阀门越多，就需要更多的独立行和列以及更加复杂的过程。

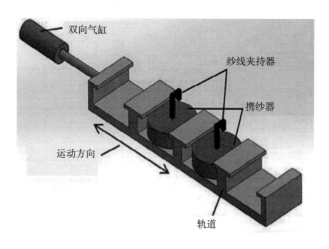

图 7-13　传统气动笛卡尔编织机（轨道驱动）

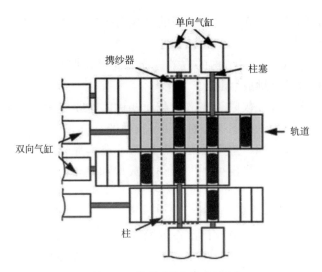

图 7-14　轨道式编织机原理图

（2）Magna 编织。Magna 编织机的设计工作原理与笛卡尔编织机非常相似，载纱器和驱动装置也在同一个平面上。然而，在载纱器的定位和驱动方面存在两个基本差异。

在笛卡尔系统中，载纱器使用空腔保持在适当的位置，而 Magna 编织工艺使用磁铁将载纱器相互定位，磁铁安装在载纱器的两侧附近，通过正确地安装磁铁，相邻的载纱器可以通过磁力保持在合适的位置，进一步说明请参见图 7-15。

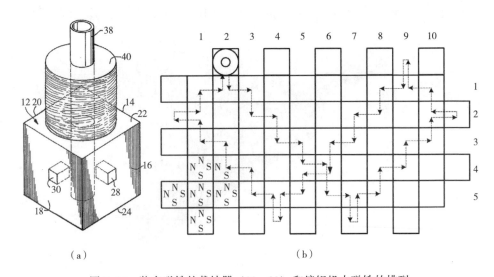

（a）　　　　　　　　　　　（b）

图 7-15　装有磁铁的载纱器（28，30）和编织机内磁铁的排列

载纱器行和列是通过设置在织机四周的螺线管来驱动的（图7-16）。与笛卡尔编织机不同的是，行列运动只能通过推动实现。电子驱动使机器控制变得简单。

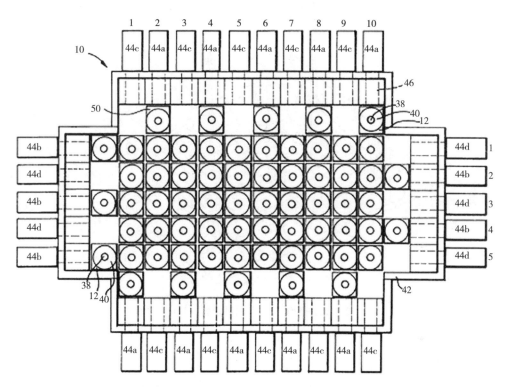

图 7-16　带有螺线管（44a-d）和载纱器（50）的 Magna 编织机

当执行机构将行或列推到另一端的主体止动点时，行或列的位移值由每一行或每一列的空载纱器空间的数量来决定。

（3）AYPEX 编织。AYPEX 编织机设计分离了载纱机构的驱动和载纱机构的定位（图7-17）。

载纱器位于一个通常为矩形的机床上，该机床位于传动系统梭板的上方。在机床上设有载纱器运动通道，这些通道确定了载纱器位移的可能方向，使载纱器在不移动时保持在原位。

每个载纱器都可以单独与梭板耦合或分离。

载纱器的驱动和定位的分离允许每个行或列单独运动。行或列的位移值与其中空载纱器的数量无关，因此与载纱器位置无关。这使 AYPEX 编织适合制造复杂的编织，即具有复杂的横截面或可变的横截面面积。

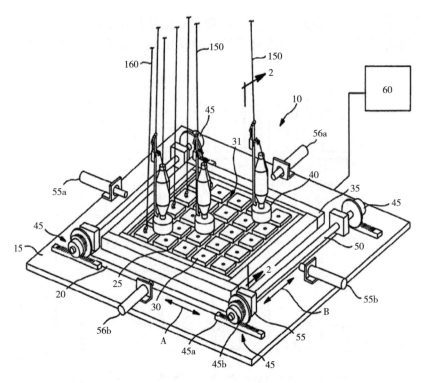

图 7-17　AYPEX 编织机：织机设置（Huey，1994）

7.2.3　六边形编织

三维六边形编织是一种新颖的编织方法，由哥伦比亚大学先进纤维材料实验室（AFML）和亚琛工业大学毛皮纺织技术研究所合作开发的。以下动机促使了这种三维六边形编织机的发展。首先，通过增加角齿轮的布置和缩小编织机的尺寸，可以提高载纱器的堆积密度；其次，这种编织方式由于在编织机上载纱器的运动增量更渐进，因此可以加工更细的长丝；最后，角齿轮和载纱器的六边形排列允许制备更多新的复杂的纤维结构。

7.2.3.1　机械设计

采用角齿轮的六边形包装设计了两种编织机，分别是第一代和第二代六边形编织机。第二代六边形编织机增加了额外的执行机构，以获得更大的工艺灵活性。

（1）第一代六角形编织机。图 7-18 为第一代六边形编织机的几何结构示意图。此外，还展示了原型的一张图片。这个原型包括一个中心角齿轮和 36 个额外的角齿轮，这是安排在三个同心六边形围绕的中心角齿轮。这样一来，总共有 37 个角齿轮，可以加工 132 个载纱器。

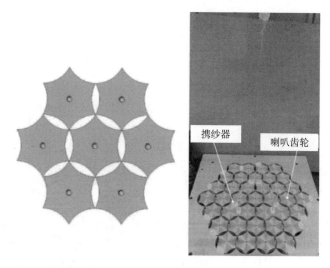

图 7-18　第一代六边形编织机：织机设计

　　一个角齿轮的几何形状是将一个圆与六片平面切割确定的，这就形成了一个规则的六角星（图 7-19）。每个角齿轮可以携带总共六个载纱器，并可绕角齿轮中心点以 60°间隔移动载纱器。这样，一个载纱器就占据了两个角齿轮的相互位置。在编织机上，载纱器可以在四个方向上移动，这取决于角齿轮的操作和角齿轮的旋转方向。

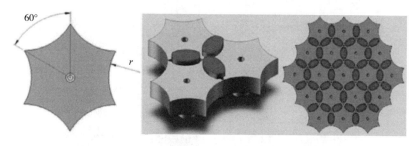

图 7-19　第一代六边形编织机：角齿轮和载纱器的设计

　　两个相邻的角齿轮在同一时间移动是不可能的，这需要不同的角齿轮在多个连续编织步骤中操作。

　　（2）第二代六边形编织机。第二代六边形编织机是第一代的升级版，在机器的坚固性、速度、灵活性和机器控制方面都有了改进。编织机设计的变化是最重要的，这些设计变化包括两个相邻的角齿轮之间的额外转换装置。由于这个转换装置，相邻的角齿轮可以同时移动。一个编织步骤包括角齿轮运动和转换装置运动的组合。

图 7-20 为第二代编织机目前的编织机设计。编织机可容纳 7 个角齿轮和 30 个转换装置。编织机上最多可设置 60 个载纱器。在第一代编织机上，许多载纱位置必须保持为空，而先进的织机设计允许同时占用所有可能的载纱位置。

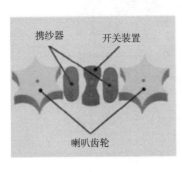

图 7-20　第二代六边形编织机：编织机设计

为了实现这种编织机最大的灵活性，每个角齿轮和每个转换装置都可以独立操作（图 7-21）。这需要总共 37 个步进电动机，它们位于编织机下面。

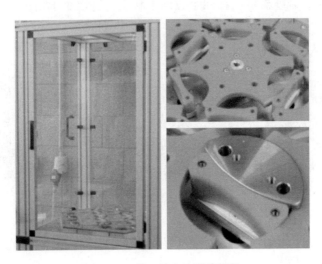

图 7-21　第二代六边形编织机

7.2.3.2　编织结构

在第一代六边形编织机上，已经开发出了生产各种横截面编织物的编织物程序。结果表明，广泛的截面几何结构和纤维结构是可行的（Schreiber et al, 2009）。

（1）编织几何形状。图 7-22 显示了具有各种横截面几何形状的实心编织物。这些编织结构是模拟英国哥伦比亚大学 AFML 开发的第一代编织工艺而开发的。

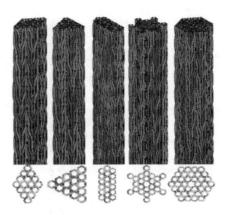

图 7-22　第一代六边形编织物

此外，生产二维管状编织物是可行的。截面如图 7-23 所示。

图 7-23　第一代六边形编织物：管状编织物截面

（2）纱线架构。基于六边形编织方法，已经实现了各种纱线架构。由于纱线架构直接对应于编织机上的载纱路径，所以观察载纱路径就足够了。图 7-24 显示了三角形编织的三种可能的纱线载体路径，这表明六边形编织在可能的纱线架构中的强大灵活性。

研究人员还开发了一种生产多层管的工艺，载纱路径如图 7-25 所示。一共有 4 组纱线，其中 1 组和 2 组纱线构成内筒，并将内筒与第二层相连。3 组和 4 组纱线构成第二层，在这种情况下相当于外筒。在管中，每层需要一排角齿轮。由于相邻的角齿轮不能同时运动，机器过程涉及 10 个连续的编织步骤。一个三层管需要 3 排角齿轮和 16 个编织步骤。

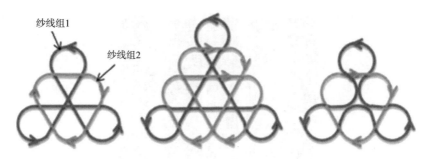

图 7-24　第一代六边形编织：三角形编织中的纱线运动路径

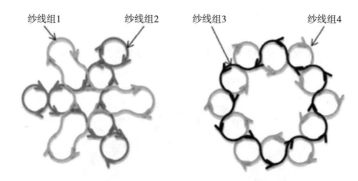

图 7-25　第一代六边形编织：多层管中的纱线运动路径

7.3　管状分叉结构的工艺开发

　　三维编织技术的最新进展主要集中在生产管状分叉结构的工艺开发上，这种结构结合了复杂的交叉形状和截面变化，非常显著地提高了三维编织的极限。
　　生产管状分叉结构的工艺发展需要确定所需的结构。在这部分，指定的结构由各种参数确定。这些参数可以细分为几何形状条件和编织结构的性质。

7.3.1　几何形状

　　在指定的结构上有三个几何要求，涉及编织物的表面，截面几何形状和分叉的过渡。

7.3.1.1　编织表面应尽可能光滑

要求宏观组织表面光滑，即编织表面不能出现断纱端，表面不能有大的干扰（如孔洞、筋）。

7.3.1.2　管状截面的形状可以是任意选取的

这意味着在截面上包含空心空间的结构都被认为是管状的。渠道（即管状截面、矩形截面）和管道（即管状截面、圆形截面）可能对技术应用感兴趣，因此两者都要加以考虑。

7.3.1.3　编织物的结构应封闭

要求编织物具有封闭结构。这特别涉及分叉的过渡，考虑到分叉，如果两个分叉在过渡过程中没有相互连接，则会形成一个额外的孔，这可以在图 7-26 中看到。通过连接两个分叉，这个孔就可以闭合。因此，过渡中的截面几何形状类似于 8 字形。

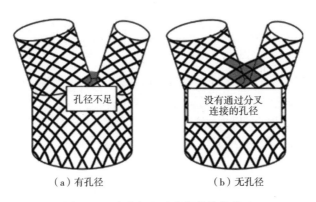

（a）有孔径　　　　　　　　（b）无孔径

图 7-26　有孔径和无孔径的管状分叉

7.3.2　编织参数

编织结构的特征是其单元，即编织结构中最小的重复单元。编织的性质，如编织角度、纤维体积分数和交织密度，都是由单位单元推导的。大多数编织性质，如编织角和纤维体积分数，可以通过编织节距长度和纤维尺寸的变化来调整，因此取决于生产速度和纤维材料，即生产过程。为了使所进行的研究尽可能通用化，交织密度和编织均匀性是唯一受约束的编织参数，因为它们与精确的生产工艺参数无关。

7.3.2.1　编织结构应具有的最大均匀性

在忽略生产参数的情况下，交织密度是影响编织均匀性的唯一约束参数。因此，可以将单元格分配给编织机上的载纱器运动。这意味着，如果所有载纱器在整个编织机上的运动规律是相同的，那么在编织机的横截面上形成的单位单元也是相同的。综上所述，编织均匀性最大化。

7.3.2.2　交织密度最大化

最大化交织密度，使编织结构具有更强的尺寸稳定性（图7-27）。二维编织的交织密度由交叉重复来定义。交织密度最大的二维编织是1/1交叉重复的菱形编织，即纱线连续从一根纱线上经过，然后从一根纱线下面经过（《工业编织物手册》）。

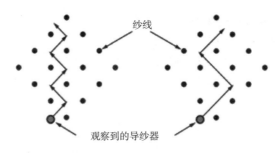

图 7-27　三维编织的交织密度

对于三维编织，没有明确的交织密度的定义。然而，可以通过将交织与载纱器运动相关联，找到一种简便的测定交织密度的方法。

当载纱器改变运动方向时，就会发生交织。通过最大限度地减少每次运动的载纱器，可以最大限度地提高交织密度。

7.4　新型纵横编织工艺

本节旨在描述全自动纵横编织和六边形编织工艺的发展，以生产管状、分叉结构。

生产管状、分叉编织物存在两个基本的问题：一方面，该过程必须产生管状结构；另一方面，该过程必须允许编织截面的变化，即分叉。

此外，值得注意的是，这种方法是基于编织的 UM，因为 SDA 被限制在一个恒定的截面上。对于已开发的工艺，UM 的使用表现在由此产生的机器循环中。因此，在一个机器周期中会发生多个四步法编织周期，而不是一个多步骤编织周期（SDA）中的一个多步编织周期。

7.4.1　生产分叉的纵横编织

只有将特定行或列的位移值设为零，才能实现实心交叉编织物的分叉。通过执行下面的思想实验，这一点变得很明显。

在零运动行列的情况下，载纱器改变其在织机上的运动方向，这一方向的改变导致编织表面的形成。因此，编织面的形成与零运动行列的存在有关。分叉对编织表面的影响使附加零运动轨道的必要性变得明显。为了进一步说明，图 7-28 展示了分叉编织物和相应的机器设置。出于可视化的目的，行列数量大幅减少。

如图 7-28 所示，织物的分叉导致了额外的表面。这些额外的表面要求在编织场中插入额外的零运动行列。这个额外的零运动列在图 7-28 中被标记为粗体。分叉纵横编织机的指导方针是基于插入零运动行和列到编织领域的使用。

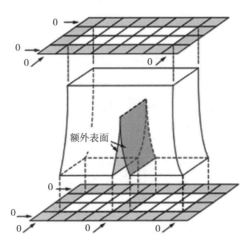

额外表面

图 7-28　零运动行列与编织面之间的关系

7.4.1.1　分叉条件

编织物横截面内最小的重复结构是矩形，是使用 UM 产生的。因此，要使编织物分叉需使用 UM 生产，把编织物分成矩形交叉的形状就足够了。编织结构的分叉规则分别适用于行方向和列方向的分叉。

分叉条件的唯一定义需要三个边界条件：

（1）纱线连续性的条件。这个条件是编织纱线的数量在分叉前后保持不变。这就得到了以下等式：

$$n_0 = n_1 = N$$

（2）编织的同质性条件。如果外围载纱器的位置与行列运动不一致，这将导致纱线不交织或在编织区内出现空白。这会导致不规则的交织密度，进而导致编织的整体结构不均匀。因此可以假定，外围载纱器的位置与行列运动一致。考虑到纱线的连续性，则编织结构的均匀性条件为：C 为行和列的总数。

$$\sum_{i=1}^{C} |\mathrm{Mov}_0(i)| = \sum_{i=1}^{C} |\mathrm{Mov}_1(i)|$$

为了保持移动列的数量恒定，在分叉的过渡处设置轨道移动值恒定。编织结构的均匀性条件可简化为列移动值和列总数 B：

$$\sum_{i=1}^{B} |\text{ColumnMov}_0(i)| = \sum_{i=1}^{B} |\text{ColumnMov}_1(i)|$$

（3）两个编织物完全分离的情况。两个编织物的完全分离要求编织物之间的零运动列数等于最大轨道运动值：

$$零运动列数 = \max(|轨道运动值|)$$

这使每条纱线的轨道运动值较小的纱线不交织。这些轨道将违反条件（2）。因此，所有轨道移动值必须等于轨道移动最大值。

$$|轨道运动值| = \max(|轨道运动值|) = 常数$$

这使最大函数可有可无。

$$零运动列数 = |轨道运动值|$$

7.4.1.2 分叉条件的应用

将所建立的分叉条件应用于纵横编织的分叉问题，可以得到无穷多的解。

（1）过渡前的一列运动模式；

（2）分叉后的一列运动模式；

（3）单轨运动模式，在分叉过渡过程中是恒定的。

明确一个轨道运动模式会限制可能解决方案的数量。由于列的运动模式在过渡中发生了变化，外围纱的位置也需要相应调整，这些调整导致编织结构内部的局部不均匀性。

一个分叉的，矩形编织已经产生使用轨道运动模式（1，—）制备，得到的编织结构如图 7-29 所示。

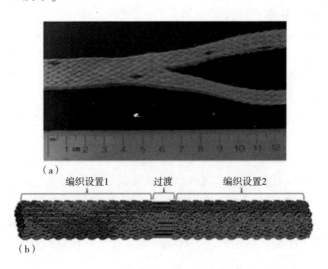

图 7-29 实心、矩形截面和模拟结构的分叉编织

综上所述，分叉对编织结构的影响仅限于零运动列和相邻列的影响范围。考虑到零运动列的距离最小的轨道和列的运动在过渡过程中是恒定的，因此大部分截面不受分叉的影响。因此，分叉条件可能受制于更复杂的截面，如复杂的截面几何形状或纤维放置。

7.4.2　管状结构的生产

编织的 UM 为开发具有复杂交叉形状的编织装置提供了一个强大的工具。本节将详细解释使用 UM 生产管状编织和由此产生的编织性质（Kostar，1998）。

7.4.2.1　过程

UM 的基本概念是基于将织机划分为多个称为轨道组的细分，这些轨道组分别编织。使用 UM 编织一个管状编织物的直接方法是基于管截面细分为四个矩形。图 7-30 显示了这种管状编织的织机设置原理图。这种织机设置中每台机器周期需要两个四步法编织周期。两个编织周期的轨道组通过白色载纱器位置背景显示出来。

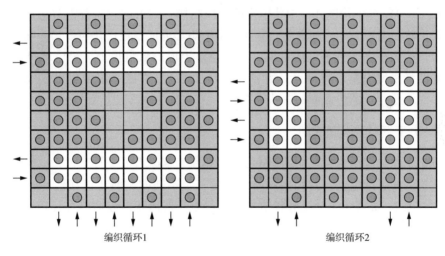

编织循环1　　　　　　　编织循环2

图 7-30　用于管状编织物的织机设置（UM）

图 7-31 描述了该织机设置的载纱器运动路径。为了便于可视化，只画出一个载纱器的运动路径。为了便于显示，图中只有一条纱线输送路径。结果表明，载纱器沿其中一个管或另一个管的圆周方向运动。因此，该方法可在整个编织物中形成均匀的交织密度。

7.4.2.2　性质

这种织机设置可以生产具有实心壁和矩形截面的管状编织物。尽管由于边和角的存在，在整个编织的均匀交织密度、管壁的几何形状随管壁的周长变化。使

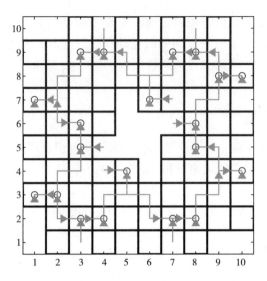

图 7-31　管状编织物的载纱器运动路径（UM；MATLAB©）

用 UM，不可能产生管壁几何形状恒定的编织结构，因为这意味着管壁是完全圆形的交叉形状。考虑到 UM 的性质，它通过多个矩形近似横截面几何形状，可以通过减小矩形的大小来达到更好的近似。这将导致矩形的数量增加，相应地每个机器循环的四步法编织循环数量也会增加。综上所述，该方法适用于矩形截面的管状编织，而不适用于圆形截面的管状编织。

7.4.3　分叉管状结构的制作

分叉条件和编织管状结构的 UM 方法可以结合起来开发一种工艺，生产分叉的管状结构。为了产生一个封闭的结构，需要三个不同的截面几何和随后的两个截面变化。图 7-32 展示了分叉管状结构及其截面几何形状，包括单管（1）、8 字形管（2）和两根管子（3）。

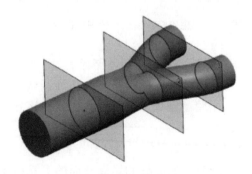

图 7-32　分叉管状结构及其截面几何形状

对工艺开发来说，首先找到 8 字形管的织机设置，并通过适当使用分叉条件推导出其他截面是有利的。如图 7-33 所示，这导致在单管（1）内侧形成肋，即非分叉管。这种行为对于生产近网形的管状结构是不可避免的，但可以通过生产非近网形结构来避免。

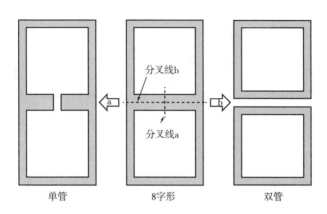

分叉线b

分叉线a

单管　　　8字形　　　双管

图 7-33　用 8 字形截面编织，形成其他截面几何图形

可以采用任何实心十字形，并在十字形上引入狭缝，以实现管状结构，从而产生非近网状结构。为此，我们考虑了实心矩形十字形状，因为这是最容易编织的十字形状。

狭缝的插入是通过使用类似编织管的 UM 来实现的。图 7-34 描述了一个合适的机器循环。

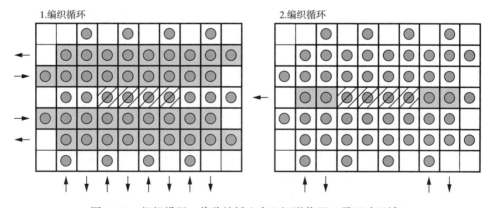

1.编织循环　　　　　　　　　　2.编织循环

图 7-34　织机设置：将狭缝插入实心矩形截面（零运动区域）

在此基础上，通过对零运动区域的控制和分叉条件的应用，可以很容易发展出一个带狭缝的矩形编织，相应的织机设置如图 7-35 所示。

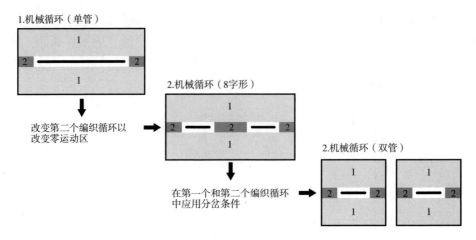

图7-35 非近网状管状分叉结构的机器生产工艺

与基于近网形生产的方法相比，非近网形生产方法有两个重要的优点。一是，所开发的机器工艺每台机器只需要两个而不是三个编织周期。二是，最终形成的编织物表面没有肋骨或类似的特征。然而，这种方法会导致局部纱线群的形成，从而降低编织的均匀性。这种行为是由相当小的编织组的规模以一种复杂的方式产生的，目前还没有分析结果。

7.5 小结

三维编织的独特之处在于它们能够形成复杂的纤维结构，并以完整的方式承担网状结构的形状。随着新材料的开发和新应用的出现，我们见证了三维编织技术的发展，在过去的半个世纪持续吸引了行业和学术界的兴趣。由于航空航天行业对热稳定性和结构稳定性轻量化复合材料结构的需求，三维编织被重新发现，并在20世纪60~80年代，三维编织机在全球范围内高速发展了几十年。20世纪90年代，对高损伤容忍度和廉价民用航空复合材料的需求进一步推动了三维编织技术和纺织结构复合材料分析工具的发展，这一点在几个国家用于结构应用的三维编织放大制造的研发项目中得到了明显的体现。随着我们进入21世纪的纳米材料和生物技术时代，对精度和定制制造的需求为三维编织技术带来了新的挑战和机遇。

在过去的30年里，三维编织机构从载纱器的多步、离散的行列运动发展到带或不带轨道板的连续旋转运动。正交四翼（日内瓦型）角齿轮组织在模块化单元与单独步进电动机的控制大幅提高了三维编织的生产力，同时保持设计的灵活性。利用花边编织技术，进一步提高了载体密度和载体运动的通用性。

本章介绍了通过角齿轮和转换装置或行和列的运动组合生产管状分叉结构的编织程序。此外，还讨论了两种编织工艺的一般规则和准则，以简化这些工艺的开发。介绍了对劳动密集型三维编织工艺向自动化程度高的工艺开发和步骤要求。三维编织结构在要求结构复杂性和机械强度的领域具有潜在的应用前景。本章将支持读者开发用于生产独特编织结构的编织工艺，其中复杂的三维编织和三维编织复合材料是必需的。

参考文献

Alt,E. U. ,et al. ,1995. Endocardial carbon-braid electrodes. A new concept for lower defibrillation thresholds. Circulation 92(6),1627-1633.

Bogdanovich, A. E. , Mungolov, D. , 2002. Recent advancements in manufacturing 3 - D braided preforms and composites. In:ACUN-4,pp. 61-72.

Chou,T. -W. , Ko, F. K. , 1989. Textile Structural Composites. Elsevier Science Publishers,B. V. ,Amsterdam,The Netherlands.

Chouinard,P. ,Peiffer,D. ,2003. Process for manufacturing a braided bifurcated stent. US Patent US6622604 B1. Florentine, R. , 1982. Apparatus for weaving a three-dimensional article. US Patent US4312261 A.

Gries,T. ,Stüde,J. , Grundmann, T. C. , Veit, D. , 2008. Textile Advances in the Automotive Industry. Woodhead Publishing Limited,CRC Press,Cambridge,Boca Raton 301-319.

Huey,C. ,1994. Shuttle plate braiding machine. US Patent US5301596 A.

Kamiya,R. ,et al. ,2000. Some recent advances in the fabrication and design of three-dimensional textile preforms:a review. Compos. Sci. Technol. 60(1),33-47.

Ko,F. K. , Pastore, C. M. , Head, A. A. , 1989. Atkins & Pearce Handbook of Industrial Braiding. Atkins & Pearce,Covington,KY.

Kostar,T. ,1998. ProQuest dissertations and theses. Thesis(Ph. D.), University of Delaware,1998;Publication Number:AAI9831509. ISBN 9780591843842;Source:Dissertation Abstracts International,vol. 59-04,Section:B,p. 1811. ;240 p.

Kostar,T. D. ,Chou,T. -W. ,1994. Microstructural design of advanced multi-step three-dimensional braided preforms. J. Compos. Mater. 28(13),1180-1201.

Kostar,T. D. ,Chou,T. ,2002. A methodology for Cartesian braiding of three-dimensional shapes. J. Mater. Sci. 7,2811-2824.

Pastore,C. , Ko, F. , 1988. A processing science model for three - dimensional braiding. How to apply advanced composites technology,371-376.

Potluri,P. ,et al. ,2003. Geometrical modelling and control of a triaxial braiding machine for producing 3D preforms. Compos. Part A 34(6) ,481-492.

Schreiber,F. , et al. , 2009. Novel three – dimensional braiding approach and its products. In:17th International Conference on Composite Materials,Edinburg.

Schreiber,F. ,et al. ,2011. 3D-hexagonal braiding:possibilities in near-net shape preform production for lightweight and medical applications. In:18th International Conference on Composite Materials,Jeju.

Wulfhorst,B. , Gries, T. , 2006. Textile Technology. Carl Hanser Verlag, Hanser, Hanser Gardner,Munich,Cincinatti.

第8章 三维非织造布

R. H. Gong

英国曼彻斯特大学

8.1 引言

非织造布是由纤维或聚合物颗粒直接形成纤网结构并加固而成的。欧洲一次性用品和非织造布协会（EDANA）和国际非织造布和一次性用品协会（INDA）等专业组织对非织造布的官方定义在某些方面的差异反映了非织造布的多样性。根据 ISO 9092：1988，非织造布是"定向或随机排列的纤维，通过摩擦、抱合、黏合，或者这些方法的组合制成的片状物、纤网或絮垫，不包括纸、机织物、针织物、簇绒织物、带有缝编纱线的缝编织物以及湿法缩绒形成的毡制品。这些纤维可以是天然纤维或人造纤维。"无论该定义的措辞精准与否，非织造布通常直接由纤维或长丝制成，无需将纤维或长丝再制备成纱线，其生产工艺不同于机织、针织或编织等传统工艺。非织造布的生产通常涉及两个主要步骤：纤维成网和纤网加固。成网的方法主要有：梳理成网、气流成网、湿法成网、纺粘成网、熔喷成网，以及最新的静电成网。加固的方法主要有：针刺法、水刺法、化学黏合法和热黏合法。这两个步骤通常是连续的，有时也会合并成一个步骤进行。与传统的以机织和针织为主的织物成型工艺相比，非织造布的生产速度快、产量高、成本低。20 世纪 30 年代以来，经济优势一直是非织造布快速发展的主要动力。然而，由于工艺和产品的灵活性，现代非织造布在技术上越来越先进。大量文献对非织造工艺和产品进行了更深入的讨论，这些文章可在 *Textile Research Journal* 和 *Journal of the Textile Institute* 等学术期刊以及众多教科书中找到。（Albrecht et al，2003；Jirsák et al，1999；Krcma，1971；Russell，2007；Turbak et al，1989；Turbak，1993；Ward，1976）。

非织造布主要以平面形式（二维）制造，然而，当这些扁平织物厚度变大时，就称为三维结构（三维），如图 8-1 所示。图中，X 和 Y 表示平面，而 Z 表示厚度。仅通过厚度的大小很难确定是否将织物归为三维结构，一种方法是测量织物厚度与纤维直径的关系，三维非织造布的厚度通常是纤维直径的几百倍。另一种方法是测量织物厚度或体积的函数关系，其中厚度是三维非织造布的一个重要参

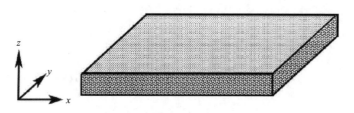

图 8-1　高厚度三维立体结构

数。三维非织造布的典型应用有隔热材料和过滤材料。严格意义上讲，三维非织造布是如图 8-2 所示的壳形结构。

图 8-2　三维结构

具有孔洞、凸起或两者兼具的表面特征的非织造布又称异形非织造布。因此，三维非织造布有两种不同类型：大体积的平板结构和具有三维轮廓的壳形结构。

8.2　高厚非织造布

高厚三维非织造布在初始成网时或在初始成网后通过层压堆叠，实现其三维形态，即高厚度。

气流成网是生产单层高厚非织造布中应用最广泛的方法之一，图 8-3 说明了该过程的基本原理。

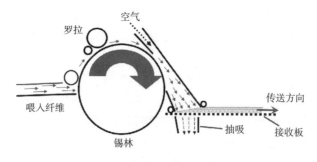

图 8-3　气流成网

为了形成纤维组分均匀分布的纤网，通常需要在空气进入前充分开松和混合纤维。锡林和罗拉对于打散纤维的效果并不理想，只用于分散气流中的纤维。锡林顶部吹入或从移动的接收板下方抽吸产生的气流将纤维分散，并带动纤维移动，最后在接收板处形成纤网。由于气流中的空气较紊乱，因此气流成网比梳理成网形成的纤网中的纤维取向更随机。此外，纤网的密度不像梳理成网那样依赖于锡林所能处理的纤维量，其值更大。在接收板运动和气流扰动的共同作用下，厚度方向上的部分纤维也会有一定的方向性，从而增加纤网的体积和抗压性能。然而，随着纤网厚度的增加，气流逐渐流失，因此非织造布的厚度是有限度的，其最大值取决于纤维长度、纤维线密度、风力和气流大小。

制备高厚非织造布的另一个方法是铺层，即通过将单层纤网层层堆叠或按厚度方向折叠单层纤网来增加厚度。铺层的方法主要有三种，最简单的方法是平行铺层，此种方法制备的纤网的宽度及纤维朝向与原始纤网相同。如图 8-4 所示，MD 表示机器运动方向，CD 表示平行铺层方向，梳理后的单层纤网，其纤维取向基本沿 MD 方向，因此铺层后的纤网在 MD 方向的力学性能远优于 CD 方向，在应用时需考虑这一特点。这种铺层方法的缺点是，铺层数目受到纤网数目的限制，而纤网的数目取决于成网设备的数目。然而，平行铺层可以直接形成多层产品，不同的层具有不同的特性，可在最终使用时实现不同的功能。

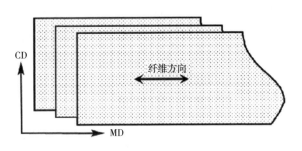

图 8-4　平行铺层

一种更为广泛使用的铺层方法是交叉铺层或交叉折叠（图 8-5）。交叉铺层形成的纤网是由单层喂入纤网组成的，通过改变交叉铺层角度 α，可以轻易地改变最终产品的宽度和厚度。由于喂入纤网中的纤维主要沿 MD 方向排列，因此制备的纤网中的纤维主要沿两个方向排列，如图 8-5 所示，因此交叉铺层制成的纤网性能比平行铺层的更稳定。交叉铺层角度通常较小，所以纤网中 CD 方向的纤维多于MD 方向，铺层后的纤网可通过拉伸在一定程度上重新定向纤维。

平行铺层和交叉铺层生产的纤网中的纤维取向大多为平面方向，在粘接过程中虽然可以通过针刺或缝合来引入厚度方向上的纤维，但引入纤维的量较少。为了生产出厚度更大和压缩回弹性好的产品，可以沿着垂直于纤网平面的方向折叠单张纤网（图8-6），这样得到的纤网中的大多数纤维取向是沿最终纤网的厚度方向。

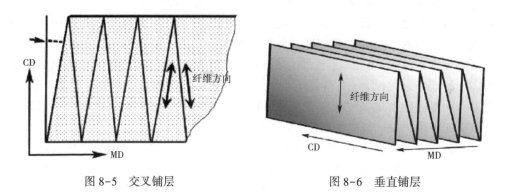

图8-5　交叉铺层　　　　　　　　　　图8-6　垂直铺层

第一种垂直铺层技术是捷克共和国开发的STRUTO垂直成网机（Jaroslav et al，1985；Krcma et al，1989；Krcma et al，1992）。该技术有两种实现方式：旋转式垂直成网机和往复式垂直成网机，如图8-7和图8-8所示。

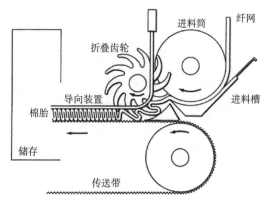

图8-7　旋转式垂直成网机

在旋转式垂直成网机中，旋转的折叠齿轮和进料筒之间形成垂直折叠。在往复式垂直成网机中，垂直折叠是由成型梳的冲击产生的，往复式压块沿着导向装置和传送带移动折叠的网。通常采用空气热粘接进行纤网的粘接，最大限度地增大体积，这也意味着纤网必须含有热塑型纤维或其他热黏结剂。用于折叠纤网最常用的是梳理成型的纤网，但熔喷成型等其他类型的纤网也可用于制造特殊产品。

由于在垂直方向上有较多的纤维，STRUTO垂直成网机制备的非织造布对压缩变形有良好的回弹性，吸热和隔热性能较好，同时重量较轻。产品广泛应用于交通、过滤、家居、保温、建筑等行业。

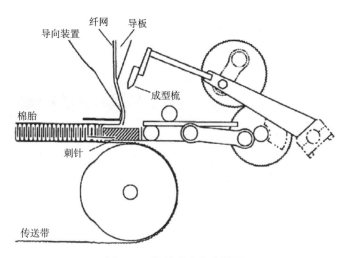

图 8-8　往复式垂直成网机

　　近些年，垂直成网机也在不断发展中。2008 年，Cooper 和 Roberts 用一个可活动的锯齿板替换了 STRUDO 垂直成网机往复垂直的成型梳，如图 8-9 所示。这有助于保持褶皱在垂直平面，以改善纤维的垂直方向。2010 年，Dumas 和 Schaffhauser 提出了另一种方法，如图 8-10 和图 8-11 所示，用两个齿状旋转折叠齿轮来代替 STRUDO 垂直成网机的一个折叠齿轮，两个折叠齿轮的角度可调整创造任意想要的角度的褶皱，确保褶皱在完全垂直方向。

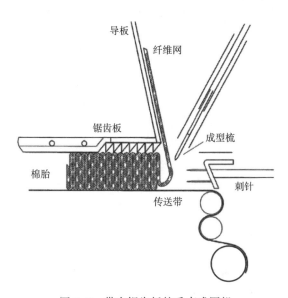

图 8-9　带有锯齿板的垂直成网机

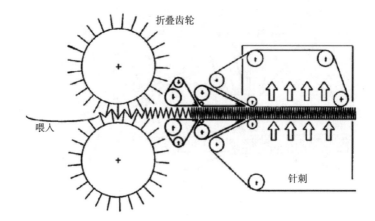

图 8-10　带有两个圆形折叠齿轮的旋转垂直成网机

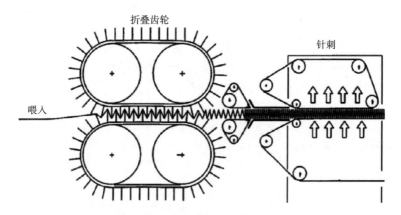

图 8-11　带有两个皮带折叠齿轮的旋转垂直成网机

法国 Laroche 公司基于 Nepco 技术（图 8-12）设计的三维纤网连接设备可以制造由两层纤网保持一定距离的平行层组成的复合非织造材料，通过针刺引入的垂直纤维将两个进料纤网连接，两层纤网之间有一个很大的中空结构，得到的最终成品是一个间隔织物（Le Roy，1995）。该材料可以进一步加工制成多种复合材料（Poillet et al，2003），也可用其他填充材料对空心部分进行填充。此外，非织造间隔织物也可使用高压水射流代替针刺制造。非织造间隔织物被广泛应用于过滤材料、隔热材料、替代泡沫和复合材料（Schimanz et al，2011）等。德国的 Karl Mayer 基于缝编技术（Karl Mayer Textilmaschinenfabrik GmbH，Obertshausen）开发的 KUNIT 技术可以生产在表面有沿厚度方向的纤维绒毛的非织造布，KUNIT 流程如图 8-13 所示。卡尔迈耶还展示了 MULTIKNIT 过程，主要通过另一个 KUNIT 过程喂入 KUNIT 织物，然后将有绒毛一侧进行缝编得到非织造间隔织物。

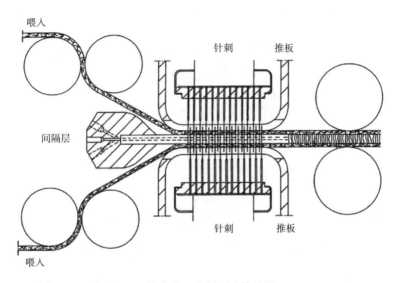

图 8-12　基于 Nepco 技术的三维纤网连接过程（Le Roy，1995）

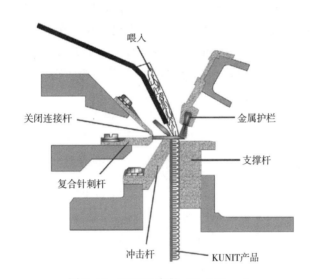

图 8-13　KUNIT 流程（Karl Mayer）

　　除了高厚非织造布外，带有表面绒毛（凸起和凹槽）的产品有时也被称为三维非织造布或 2.5D 非织造布。例如，Enloe（1988）设计了一种气流成网形成的具有特定吸收区域的吸水垫，该特定吸收区域有较高的凸起，吸水率比其他区域更高，如图 8-14 所示。在成形滚筒表面的凹槽区域会有更多的纤维在成网过程中堆积，这些凹槽与纤网凸起的厚度区域相对应。Griesbach 等（1996）为连续纺粘长丝开发了一种非常类似工艺，织物表面具有孔或凸出，具有特定的液体转移、强度、耐磨性和美观性，可应用于个人护理产品、医疗产品和清洁产品。

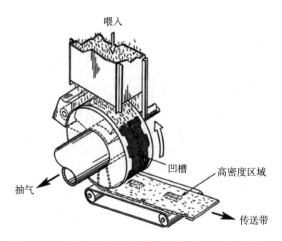

图 8-14　气流成网形成的带有局部表面凸起的纤网

最新的研究中（Fangueiro et al，2013 年），通过使用带图案的针板针刺两块非织造布，使其具有不规则的三维表面形状，两块非织造布在针刺时相隔一定距离。在针刺区域，两层非织造布由纤维连接并变得更紧密；在不进行针刺的区域，两层非织造布之间产生间隔，当间隔越来越大时，在不进行针刺的区域形成了不规则的表面轮廓。也可将任意方向的纤维插入间隔中，这类产品主要作为隔音材料。

8.3　异形三维非织造布

目前，非织造布主要生产片状平面材料，而对于许多应用来说，需要将平面材料制成三维形状的产品（图 8-2）。这一过程通常需要非织造布生产商将平面材料包装并运送给制造商，由制造商将织物打开，将其铺放好，从织物上剪下合适的形状，并通过针刺或黏合方式来生产最终产品。整个过程中产生的包装成本、运费和人工成本以及板材切割过程中不可避免产生的损耗，都是生产成本的重要组成。平面织物可以通过模压制成三维形状的产品，此过程是一种广泛应用的方法，在此只进行简单描述。关于模压，织物需要包含热塑性或热固性聚合物材料，当平面织物被加热到一定温度，并对两个相匹配的凹形模具和凸形模具施加压力，就可以制备出没有接缝的三维形状产品，但在模压过程中，平面织物会发生不同程度的变形，织物中的纤维会受到不均匀的拉伸，这些可能导致最终产品厚度和性能的变化。因此，含有低密度区域或高深宽比的三维产品很难通过模压来制造。三维图案较浅的织物也可以通过压花加工的方式在二维非织造布上生产，这种织物通常用于装饰，而非制造三维形状产品。为了提高生产效率和产品的功能，人们开始希望可以直接从纤维生产出三维形状产品。

毡帽可以说是最早的三维非织造产品，如图 8-15 所示。虽然毛毡被排除在 ISO 非织造布的定义之外，但它们毫无疑问也属于非织造布。众所周知，毡帽的制作过程有两个主要步骤，与大多数非织造工艺类似，即纤维成网和纤网加固。第一步是在一个穿孔的模具周围形成一个三维结构的纤网，这与气流成网过程非常相似，即通过穿孔的模具吸入空气，并将纤维吸附到模具上形成纤网。当纤网达到所需的厚度后，

图 8-15　毡帽

便通过毡缩对三维纤网进行加固，毡缩会造成纤网大幅度收缩，因此初始形成的纤网需要比最终产品尺寸大。

1952 年，Shearer（1952）开发了一种与制作毡帽类似的工艺，该工艺是用热塑性纤维制造文胸罩杯，如图 8-16 所示。首先通过抽吸将纤维吸附到三维模具上以形成初始纤网，其次将纤网润湿，然后通过加热黏合。该过程在原理上类似现代气流成网，但没有详细说明在非织造布在成形过程中纤维控制的方法。热结合的加热是通过内部加热模具来提供的，也可以在单独的阶段进行黏合。

Smith（1975）研究了一种用纤维直接生产手套的方法，如图 8-17 所示。将纤维和黏合剂的泡沫分散体放置到模具内部，该模具上有很多孔且较柔软。通过吸力将多余液体排出模具，纤维和黏合剂则沉积到模具内部形成手套。在形成纤网后，可以使用易熔黏合剂进行热黏合。在模具里放入纤维和黏合剂的泡沫分散体可以防止纤维絮结，但由于采用了发泡，因此这种工艺只能使用较短的纤维，仅比造纸所用的纤维长。然而，由于缺乏对纤维的控制，形成的纤网在顶部较薄，底部较厚。

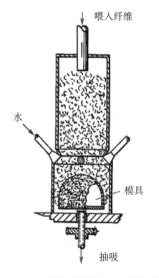

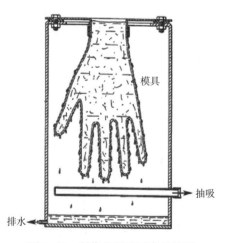

图 8-16　制作非织造内衣的设备　　图 8-17　制作非织造手套的过程

不同于 Smith 的方法，Adiletta（1987）则在织物手套表面形成纤维涂层，并申请了专利，原理如图 8-18 所示。纤维像造纸一样悬浮在液体中，为防止纤维絮结，用机械装置搅动悬浮液。来自模具内部的吸力使纤维沉积在模具表面。该工艺旨在生产一种可透气的纤维涂层，以更好地防止污染。这一过程与造纸工艺类似，因此只能使用很短的纤维。

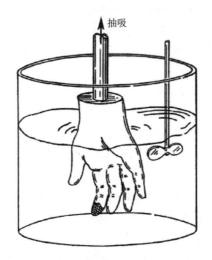

抽吸

图 8-18　手套的纤维涂层生产过程

Thomas（1975）发明了一种生产纤维增强塑料制品的机器，并申请了专利，目的是生产没有不平整接缝的产品，防止纤网连接在一起。如图 8-19 所示，最终产品会在穿了孔的模具内部形成，该模具可被模具夹带动旋转。短切纤维通过上方移动的喷嘴被吹入模具内表面，由模具外部的抽风机产生的空气压力将纤维固定在一定位置，当足够的纤维覆盖到模具上，会继续将树脂喷到纤网上，整个过程在模具表面逐步完成，然后通过纤网排出的热空气将树脂固化。通过此方法制造出的刚性三维壳体结构不存在不平整的接缝，此方法旨在生产具有简单几何形状的大型刚性壳型物体。Wiltshire（1972）和 Wiltshire 等（1971）也研究出了类似的方法。

Miura 和 Hosokawa（1979）使用电化学方法制备三维非织造织物。将有一定形状的阳极和阴极浸入含有短尼龙纤维（长度为 0.8mm）稀释的化学黏合剂溶液中，纤维会沉积在阳极表面，然后通过加热固化得到具有阳极形状的非织造织物。通过此方法生产的非织造织物树脂含量较高，树脂与纤维的比例为（3~4）:1。所用纤维的长度仅为 0.8mm，由于纺织纤维通常大于这个值，因此限制了该方法的应用。此种方法与第 13 章中描述的植绒过程类似，纤维往往会竖立在阳极表面上，以这种方式制成的非织造布的完整性较差。

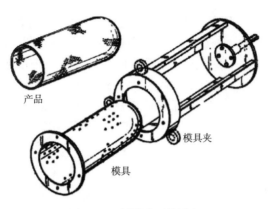

图 8-19 纤维成型的设备

Brucciani（1988）为热黏合纤维成型制品的方法申请了专利，如图 8-20 所示。包含气流的纤维被引入穿孔的模具，在模具的表面形成纤网，然后通过模具吸入热空气使纤网中的纤维热黏合，从而将纤网原位固化。该过程与 Thomas 的过程相似，但更适合生产柔性纺织外壳结构。由于很难控制纤维流动的方向，因此很难生产出对纤维分布有要求的结构。成型罐内冷热空气交替供应也使该过程的生产率和能源使用效率都非常低。

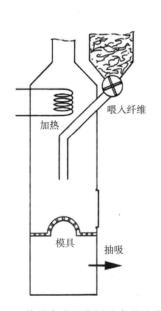
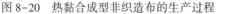

图 8-20 热黏合成型非织造布的生产过程

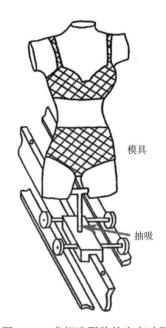

图 8-21 非织造服装的生产过程

Johnson（1993）申请的专利介绍了一种由短纤维直接制造非织造布的方法，

如图 8-21 所示。将具有所需衣服形状的模具移入包含纤维和液体混合物的成型仓中，模具上的孔洞部分应与所需衣服的形状相对应，通过模具上的孔洞施加吸力，使纤维沉积在模具的多孔部分上，然后将模具移入另一个成型仓进行黏合。这是一个高度理想化的过程，因为在实践中几乎不可能在一个巨大的成型室内保证纤维和液体混合均匀，即使是所需纤维较短及纤维与水体积比较小的造纸过程中，也需要不断搅拌来防止纤维絮结，因此对于长度更长的纺织纤维，则更难实现。再加上非织造布悬垂性、柔软性和强度较差，因此没有被广泛用作服装的主要材料。

自 20 世纪 90 年代末以来，曼彻斯特大学一直致力于研发一步法制备三维非织造产品的工艺（Gong et al，2000，2003；Gong et al，2001），该工艺基于气流成网原理，如图 8-22 所示。喂入的短纤维通过开松装置进行开松，然后被高速气流从圆筒上剥离，并带到位于模具仓中三维穿孔模具上。模具被放置在导轨上，逐渐穿过模具仓并移出，进入黏合加固阶段。

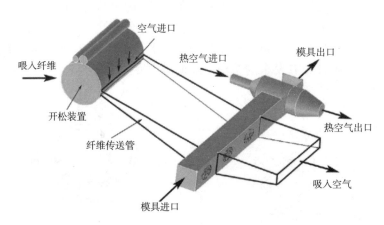

图 8-22　基于气流成网的三维非织造工艺

在成网阶段，空气传输系统的设计对于形成对纤维分布有固定要求的三维纤网至关重要。对于所有气流成网系统而言，与圆筒表面相邻的气流导管入口应较窄，才能提供速度足够快的气流，将纤维从圆筒上剥离。气流导管出口连接到模具仓，该模具仓的尺寸由最终产品的模具大小决定。因此，气流管道的几何形状、在竖直方向偏离的角度以及对气流的控制都需要优化，以最大限度地减少气流波动以及纤维的缠结。据报道，使用 CFD 建模进行理论分析是一种有效的手段（Gong et al，2000，2001，2003；Gong et al，2001）。为了形成二维纤网，纤维流和冷凝筛之间的角度是固定的，因此，从理论上讲，只要导管中的纤维均匀流动和纤维流均匀分布，所得的纤网也会比较均匀。对于三维织物，此角度在织物表面会显著变化，该变化取决于三维纤网的形状。为了成功制备纤维按要求分布的三维纺织外壳结构，必须对纤维分布进行控制，这可以通过在管道中使用空气导流装置（Gong et al, 2001）以及改变三维模具的孔隙率（Ravirala et al, 2003）等多种方式来实现。此外，通过旋转三维模具也可以改善纤网的均匀性。

在形成三维纤网后，需要一种适当的加固技术来赋予结构正确的纺织品属性。原则上可以使用广泛应用的非织造黏合方法，如化学黏合、机械黏合和热黏合。曼彻斯特大学采用的是热空气黏合，这要求纤网中需含有热塑性黏结剂，多数情况下，热塑性黏结剂是纤网中纤维组成的一部分。热空气通过纤网之后，纤网中的黏合剂熔融或部分熔融使其他纤维黏合，这一过程与形成非织造布相同，需要控制黏合部分中的气流以实现均匀黏合，由于温度分布和热交换的参与，黏合区中的气流更加复杂。采用空气热黏合时，纤布上的压力较小（仅限于一个大气压的最大值），因此无法像热压那样使非织造布具有高强度，但其最终产品表面较为柔软。此外，也可通过一对相配模具压制使最终的非织造布表面具有特殊的图案，图 8-23 为由该过程制成的样品，这种方法还可以生产具有复杂表面轮廓和较大深度的产品，通过对二维纤网进行模压很难实现这一结果。与常用的气流成网工艺相似，该工艺适用于各种类型和规格的纤维，一系列报告对使用该工艺生产的产品进行了更详细的评估（Wang et al, 2006a, b; Wang et al, 2006, 2007）。使用此工艺生产的预制体可以用于生产刚性三维复合材料（Alimuzzaman et al, 2013）。图 8-24 展示了由亚麻和聚乳酸（PLA）纤维制成的可完全生物降解的三维复合材料。

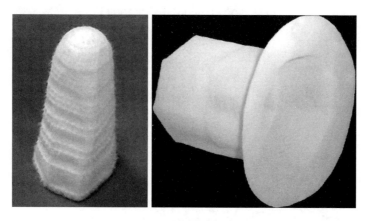

图 8-23　气流成网的三维非织造产品

另一有趣的方法是由北卡罗莱纳州立大学基于熔喷工艺开发的用于成型三维非织造布的智能纤维装配与控制系统（RFACS），如图 8-25 所示（Velu, 2003; Velu et al, 2003, 2004）。熔喷成网是一种较为成熟的非织造工艺，熔融的聚合物从模具的孔中喷出，高速流动的热空气带动熔融的聚合物拉伸，并成为短纤维，然后这些纤维被收集在一个移动的挡板上形成一个非织造纤网。由于拉伸动作不受人为控制，因此纤维的长短和粗细往往很难统一，但通常在几微米的范围内。

图 8-24　三维可生物降解的复合材料样品

图 8-25 所示的三维非织造布生产工艺中，熔融装置安装在可移动的机械臂上，熔喷形成的纤维被均匀喷洒到三维模具上，形成异形三维非织造产品，模具本身也能够移动，以生产形状复杂的产品。显然，控制模具的运动对于实现最终产品所需的纤维分布是至关重要的，这在某些方面与喷涂油漆类似，显然使纤维分布均匀非常难实现，一方面熔喷过程非常复杂，涉及许多相互作用的变量和大量的纤维，另一方面三维形状的曲率变化进一步也增加了难度。最终产品的性能将受到一系列参数的影响，包括聚合物的选择、空气流动的控制、纤维的参数和纤维的取向分布（Farer et al，2002，2003；Velu et al，2004）。该项技术将生产纤维与生产三维产品相结合，最终产品由非常细的纤维组成，而这种材料仅限于合成热塑性纤维，且每个产品都需要机械控制熔喷过程，因此生产速度有限，成本也很高。

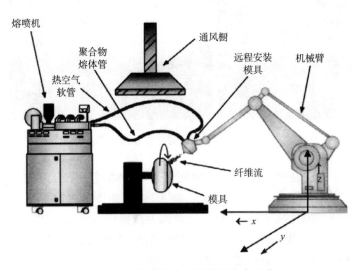

图 8-25　熔喷成网三维非织造布工艺

Torres 和 Luckham（2009）开发了一种在室温环境下通过使用从气溶胶罐喷射纤维、黏合剂和稀释剂混合物的方法生产非织造布的技术，通过将其喷到三维模具上，甚至直接喷到人体上，就可以制作出三维服装产品。为了避免在喷涂过程中出现堵塞，选用的纤维长度较短（小于 100mm），长宽比小于 10。在喷涂过程中，这些短纤维黏合在一起形成较长的纤维，然后形成非织造布。为了提供足够的纤维黏合，最终织物中含有大量的黏合剂，黏结剂与纤维的比例可高达 2∶1，各种纤维或混纺纤维均可使用。目前关于喷涂技术形成的非织造布性能的信息很少，由于喷涂的限制，这种织物基本不具备正常服装所需的强度和柔软度，这些问题阻碍了该织物的开发应用。这项技术未来可能应用在某些领域，例如在某物品表面上涂上该织物，可以为物品提供保护或使物品表面出现花纹以及作为伤口敷料。

8.4　三维非织造布的发展趋势

能够直接用纤维一次成型为服装，而不需要耗时且高成本的纺丝、织物织造（机织和编织）和包装过程，这可能是非织造布最初发展的主要动力。尽管非织造布的发展非常有限，但其已在其他非传统服装领域得到了广泛的应用，高厚三维非织造布，无论是实心结构还是间隔结构，都已成功被商用。相比之下，尽管早在 20 世纪 50 年代就开始尝试直接用纤维制造异形三维非织造产品，但目前用于商业的还是微乎其微，主要是因为无法有效控制纤维的分布以及最终产品的性能，商业可行性有待进一步研究。然而，随着纤维新技术的引入，对无接缝三维产品需求的增加，以及对生产效率的更高需求，都将进一步驱动直接从纤维生产异形三维非织造布的技术研发，用纤维一次成型为服装的梦想在未来的某一天也一定会实现。基于纳米纤维的三维非织造布的进一步发展，无论是高厚织物还是异形织物，未来都有可能被应用于医疗领域，如细胞支架。

参考文献

Adiletta, J. G. , 1987. Protective handcovering. GB2186183.

Albrecht, W. , Fuchs, H. , Kittelmann, W. (Eds.), 2003. Nonwoven Fabrics. Wiley-VCH, Weinheim/Cambridge.

Alimuzzaman, S. , Gong, R. H. , Akonda, M. , 2013. Three-dimensional nonwoven flax fiber reinforced polylactic acid biocomposites. Polym. Compos. 35(7), 1244-1252. http://dx. doi. org/10. 1002/pc. 22774.

Brucciani, R. L., 1988. Moulding thermally bonded fibrous articles. UK Patent 2204525.

Cooper, J. I., Roberts, E., 2008. Textile lapping machine. US2008155787.

Dumas, J. L., Schaffhauser, J. B., 2010. Process for the manufacture of a three−dimensional nonwoven, manufacturing line for implementing this process and resulting three−dimensional, nonwoven product. US2010/0064491.

Enloe, K. M., 1988. Controlled formation of light and heavy fluff zones. US4761258.

Fangueiro, R. M. E. S., Soutinho, H. F. C., 2013. Three − dimensional shaped nonwoven structures for acoustic insulation and production method thereof. US2013/0052426 A1.

Farer, R., Seyam, A. M., Ghosh, T. K., Grant, E., Batra, S. K., 2002. Meltblown structures formed by a robotic and meltblowing integrated system: impact of process parameters on fiber orientation and diameter distribution. Text. Res. J. 72, 1033−1040.

Farer, R., Seyam, A. M., Ghosh, T. K., Batra, S. K., Grant, E., Lee, G., 2003. Forming shaped/molded structures by integrating of meltblowing and robotic technologies. Text. Res. J. 73, 15−21.

Gong, R. H., Porat, I., 2001. Moulded fibre product. GB2361891.

Gong, R. H., Fang, C. Y., Porat, I., 2000. Single process production of 3D nonwoven shell structures: part 1 CFD modelling of the web forming system. Int. Nonwovens J. 9(4), 20−24.

Gong, R. H., Dong, Z., Porat, I., 2001. Single process production of 3D nonwoven shell structures: part 2 CFD modelling of thermal bonding process. Int. Nonwovens J. 10 (1), 24−28.

Gong, R. H., Dong, Z., Porat, I., 2003. Novel technology for 3D nonwovens. Text. Res. J. 73(2), 120−123.

Griesbach, H. L., et al., 1996. Method for making shaped nonwoven fabric. US5575874.

Jaroslav, H., Dalibor, R., 1985. Fibre layer, method of its production and equipment for application of fibre layer production method. CS235494.

Jirsák, O., Wadsworth, L. C., 1999. Nonwoven Textiles. Carolina Academic Press, Durham, NC.

Johnson, K. D. B., 1993. Rapid clothing manufacture. GB2265077.

Krcma, R., 1971. Manual of Nonwovens. Textile Trade Press, Manchester.

Krcma, R., Jaroslav, R., 1992. Device for producing nonwoven with vertical pile arrangement. EP0516964.

Krcma, R., Silhavy, O., 1989. Method for voluminous bonded textiles production. CS263075.

Le Roy, G., 1995. Method and device for producing composite laps and composites thereby obtained. US5475904.

Miura, Y. , Hosokawa, J. , 1979. The electrochemical process in the molding of nonwoven structures. Text. Res. J. 49, 685–690.

Poillet, P. , Le Roy, G. , 2003. Needle punched 3D nonwoven structures with technical functions. Asian Text. J. 6, 46–47.

Ravirala, N. , Gong, R. H. , 2003. Effects of mould porosity on fibre distribution in a 3D nonwoven process. Text. Res. J. 73(7), 588–592.

Russell, S. J. , 2007. Handbook of Nonwovens. Woodhead Publishing, Cambridge.

Schimanz, B. , Gulich, B. , Erth, H. , 2008. Needle–punched nonwoven–based 3D structures: characterization and basic developments. Kohan J. 2(17), 33–36.

Shearer, H. E. , 1952. Bust receiving and supporting member. US2609539.

Smith, M. K. , 1975. Method of manufacturing non–planar non–woven fibrous articles. GB1411438.

Thomas, C. H. , 1975. Apparatus for making fiber preforms. GB1380027.

Torres, M. , Luckham, P. , 2009. Non–woven fabric. US2009/0036014.

Turbak, A. F. , 1993. Nonwovens: Theory, Process, Performance, and Testing. TAPPI Press, Atlanta, GA.

Turbak, A. F. , Vigo, T. L. , 1989. Nonwovens: An Advanced Tutorial. TAPPI Press, Atlanta, GA.

Velu, Y. , 2003. 3D Structures formed by a robotic and meltblowing integrated system. Ph. D. thesis, North Carolina State University, Raleigh, USA.

Velu, Y. K. , Ghosh, T. K. , Seyam, A. M. , 2003. Meltblown structures formed by a robotic and meltblowing integrated system: impact of process parameters on the pore size. Text. Res. J. 73, 971–979.

Velu, Y. K. , Seyam, A. M. , Ghosh, T. K. , 2004. Meltblown structures formed by robotic and meltblowing integrated system: the influence of the curvature of collector on the structural properties of meltblown fiberwebs. Int. Nonwovens J. 13(3), 35–42.

Wang, X. Y. , Gong, R. H. , 2006a. Thermally bonded nonwoven filters composed of bicomponent PP/PET fibre: I. Statistical approach for minimizing the pore size. J. Appl. Polym. Sci. 101(4), 2689–2699.

Wang, X. Y. , Gong, R. H. , 2006b. Thermally bonded nonwoven filters prepared using bicomponent PP/PET fibre: II. Relationships between fabric area density, air permeability and pore size distribution. J. Appl. Polym. Sci. 102(3), 2264–2274.

Wang, X. Y. , Gong, R. H. , Dong, Z. , Porat, I. , 2006. Frictional properties of thermally bonded 3D nonwoven fabrics prepared from polypropylene/polyester bi–component staple fiber. Polym. Eng. Sci. 46(7),853–863.

Wang,X. Y. , Gong, R. H. , Dong, Z. , Porat, I. , 2007. Abrasion resistance of thermally bonded 3D nonwoven fabrics. Wear 262,424–431.

Ward,D. T. (Ed.),1976. Modern Nonwovens Technology. University of Manchester Institute of Science and Technology,Manchester,UK.

Wiltshire,A. J. ,1972. Apparatus for forming fiber preforms. US3687587.

Wiltshire,A. J. ,Ranallo,H. U. ,Czumber,F. E. ,1971. Tubular fiber preforms and methods and machines for making same. US1312019.

更多资料来源

http://www. edana. org/.

http://www. inda. org/.

http://www. struto. com/.

第9章　三维机织预制件

M. Amirul（Amir）Islam
Bally Ribbon Mills 公司 （BRM）

9.1　引言

　　三维织物、面板和预制件越来越多地用于航空航天、医疗、汽车、装甲车、航海、造船、建筑、风能、电子纺织品、智能纺织可穿戴设备以及其他工业应用中。

　　电子纺织品可定义为具有电子特性的纺织品，是建构在纺织品中的应用，其应用市场正在快速增长，广泛应用于智能可穿戴、体育、医疗、通信、军事、信息娱乐、时尚等领域。同时，导电胶带、织带、织物和三维预制件也都用于电子纺织品中。在不久的将来，电子纺织品市场会形成价值数十亿美元的产业。

　　航空航天领域和其他行业使用三维预制件来增强复合材料已有一段时间。最初的三维预制件成型方法是将几层织物叠在一起，切割成各种形状，然后缝合在一起，这属于劳动密集型技术，既耗时又昂贵。此外，纤维会因缝合而受损，且由于没有连续的纤维穿过交叉点，导致接头较为薄弱。

　　目前，三维预制件通常是通过机织（使用特制的织机或三维织机）、编织、针织、纤维缠绕、拉挤成型以及非织造布等方法制造的。在本章中仅讨论使用织机、织机机构和特制机器制造的三维预制件。

　　由于研究人员及科学家的观点不一，因此对三维织物和结构的定义也各不相同（Mohamed，1990；Islam，1999a；Chen et al，2008；Khokar，2008）。在本章中，任何具有三维形状的织物都被视为三维织物，具有较大厚度的机织预制件、正交预制件或使用标准织机或特殊织机机构制造的预制件以及三维形状的机织预制件被视为三维机织预制件。

　　纱线通常用来描述常规织物中的经纱和纬纱，在三维编织复合结构中，优先选择使用未加捻的纤维束。本章中，"纤维束"是指纤维，经纱也被称为0°纱、X方向纱线或纵向纱线，其数量以每英寸包含的经纱根数表示；纬纱也被称为Y方向纱线或90°纱，数量以每英寸包含的纬纱根数表示；贯穿整个厚度的纱线被称为Z向纱。

9.2 电子纺织品

许多公司都在纺织平台上研发可穿戴技术，可穿戴技术包括结合先进电子技术的纺织品和可穿戴配饰，其未来应用市场巨大。可穿戴技术可以用于以下领域（Courtesy of Bally Ribbon Mills；White et al，2014；Dalsgaard et al，2014；Hayward，2014）：健身与健康、个人防护、军事与国防、航空航天、远程医疗和运动健康、专业运动、医疗保健、娱乐、时尚、工业和商业等领域。

各种传感器可以与纺织品集成在一起测量生理信号，例如：心电图（心率、心率变异性、心脏活动）、脑电图（大脑活动）、肌电图（肌肉活动）、生物阻抗（身体成分、肺活动、脱水）、可控硅整流器（皮肤导电性、情绪、活动）、温度电感/电容（心率、肌肉活动）、加速度计（运动、姿势）、光学传感器（心率、血氧水平）、声学（关节疲劳、心率）。此外，还有诸如压力传感器、生物传感器、气体传感器和湿度传感器等其他传感器设备，这些传感器也可集成到纺织品中。

在纺织领域将电子技术与可穿戴技术相结合需要多学科的知识，包括材料、纺织、机械、电气、电子技术以及信息技术领域的专业知识。导电性可以通过多种方式集成到纺织品中（Courtesy of Bally Ribbon Mills；White et al，2014；Dalsgaard et al，2014；Slade，2014；Jur，2014；Castano et al，2014；NASA Tech Briefs，2008），例如：

（1）附着在服装、制服或纺织品衬底上的常规电子元件，如电阻器或集成电路芯片。

（2）导电纤维和纱线。将电子织物纱线在制造时直接用于纺织品基材中。

（3）可以通过手工缝制构建复杂的几何图案。

（4）电子纺织品的电路可通过刺绣引入导电纱线来构建。

（5）印刷电子产品，如丝网印刷、喷墨印刷、柔性板印刷、凹板印刷、其他印刷类型（纳米压印/压花、转移印刷）。

（6）用于可穿戴设备和医疗保健设备的柔性和可拉伸电子产品。

（7）导电涂层、导电薄膜和/或气相沉积。

（8）纺织电路。指纺织品上的电子电路。

9.2.1 导电纤维和纱线

导电纤维是由炭黑和热塑性聚合物制成的导电保护套和热塑性聚合物不导电芯丝通过纺丝制成的。Shakespeare 的专利（Shakespeare 导电纤维）表明可以通过碳潜蚀工艺利用化学方法将导电碳颗粒浸入锦纶或涤纶表面，使碳成为纤维结构的一部分，既保持了锦纶或涤纶的强度和柔韧性，同时保持了优异的导电性，这些特性使其成为机械、化学和热制造工艺的理想选择。该工艺生产的纤维具有耐用的导电护套，在弯曲或拉伸过程中不会破裂、剥落或失去其导电性。此外，碳潜蚀纤维有单丝、复丝、丝束、短纤维和支撑纱等形式。R.STAT 的镀银工艺使聚酰胺纤维具有导电性和抗菌性，银层使合成纤维能够保持其原始的纺织特性。聚酰胺（R.STAT/N）或涤纶（R.STAT/P）纤维是通过在聚合物中注入一层薄薄的金属盐（硫化铜）来导电的，这层薄薄的硫化铜不会改变聚合物原始的纺织特性。

Textronics 公司生产的 Textro-Yarns®纱线是一种弹性高导电纱，在较大的伸长率范围内都具有稳定的高导电性，该纱线可用于服装加热、可穿戴电子设备和照明、电力管道、电极、电磁干扰（EMI）屏蔽和纺织天线。Textronics 公司可以生产具有各种物理和电气性能的弹性导电纱线。

将导电纤维与非导电纤维合股或加捻也可形成导电纱线。将绝缘铜线包裹在棉/锦纶/涤纶芯纱上可以制备电子纺织纱线（Slade，2014），该纱线具有良好的电气和机械性能。传统的重型实心线或绞线太脆弱，在反复弯曲后容易断裂，正逐渐被导电纱线和纤维取代。导电纱线和纤维正迅速成为工程师和设计师在各种领域的明智选择，如航空航天、军事和国防、个人防护、健康和运动、EMI 屏蔽等。

有许多导电纤维和纱线可供选择，导电纤维制造委员会（CFMC）公布了制造商名单和产品目录（表 9-1 和表 9-2）。导电纤维制造商委员会（CFMC™）是导电纱、导电线和导电纤维生产公司的国际贸易和业务发展资源，CFMC 的使命是通过信息传播、宣传、研究和项目管理来提高人们对导电纤维和织物的认识和利用，为成员的利益和行业发展。

表 9-1　导电纤维及纱线制造一览表

制造商	品牌名称	基体纤维	可涂覆或包覆的金属	可用的功能（用 SS, SF, C, W * 表示）	销售方式：按长度（L），重量（W）
Micro-Coax, Inc., USA	Aracon®	凯夫拉纤维	镍（Ni）、铜（Cu）、银（Ag）	SF, W	L
I-Clad Technologies, LLC, USA	I-Clad™	PBO、凯夫拉、PEEK、尼龙、特氟龙、Nomex、碳纤维、玻璃纤维、光纤	铝、铬、钴、铜、金、铁、镁、镍、钯、铂、银、锡、钛、钒等	SS, SF, C, W	线轴（最小10000 英尺）特殊要求可联系供应商定价

续表

制造商	品牌名称	基体纤维	可涂覆或包覆的金属	可用的功能（用 SS，SF，C，W＊表示）	销售方式：按长度（L），重量（W）
Shakespeare Conductive Fibers，LLC USA	Resistat	尼龙、涤纶	单丝、复丝、丝束、短纤维和支撑纱结构	W	
R. STAT	Silver，R. STAT，R. STAT/N，R. STAT/P，R. STAT/S	尼龙、涤纶、不锈钢、钢纤维	单丝、复丝、短纤维	W	

＊SS—单丝（single filament）；SF—绞合纤维（stranded fiber）；C—切割（chopped）；W—编织（woven）

表 9-2　一些制造商的网址及说明

行业目录	此信息来自公共资源，并在有限的时间内作为公共服务发布
I-Clad Technologies，LLC（www.icladtechnologies.com）	美国——可提供多种纤维，并按订单要求进行金属化处理
Micro-Coax，Inc.（www.micro-coax.com）	美国——凯夫拉®基纤维上的 ARACON®导电光纤
Vesti Advanced Materials	美国——可提供多种纤维，并按订单要求进行金属化处理（更多信息请参见上文）
Seashell Technology，LLC（http://www.seashelltech.com/）	美国——银纳米线
R-Stat ［www.R-Stat.com，ppeninon@r-（stat.com）］	法国——非织造布用导电和抗菌、铜涂层聚酰胺纤维、地毯、刷子、传送带、防护服和床上用品用聚酰胺和涤纶
Sauquoit Industries，Inc.	美国——生产用于过滤、屏蔽、防静电和军事应用的导电短纤维。此外，还有银、聚合物薄片、连续长丝和织物
Life Srl	意大利——开发和制造镀银人造短纤维和长丝，用于工业、安全和医疗产品的纺织和非织造用途
New Fibers Textile Corp.	中国台湾——开发、制造和销售一系列特种银和铜涂层纤维和长丝，用于洁净室、防护、过滤、岩土、地毯和特种服装应用中的高性能技术、工业纺织品和非织造布

续表

行业目录	此信息来自公共资源， 并在有限的时间内作为公共服务发布
Shakespeare Conductive Fibers	美国——生产碳颗粒填充聚酰胺导电，短切纤维、短纤维，纤维束和长丝的制造商，用于纺织品、刷子、地毯、非织造布、腰带和散装袋的静电消散应用
Xinlun Technical Auxillaries Co.	中国——由涤纶和聚酰胺制成用于工业和高性能纺织品的有机导电纤维
Bekaert/Bekintex（www. bekaert. com，tom. lloyd@ bekaert. com）	比利时——不锈钢丝和纤维
Warmx Gmbh	德国
Magellan Systems Int.	美国——（杜邦）M-5 纤维（研发阶段）
Micro Metal Technologies Inc.	美国——发明和生产导电的不锈钢和灯丝（978）462-3600
Statex/Shieldex/Technical Textiles，Silverell	德国、美国——金属化面料、胶带等面料产品。Silverell，shielddex 和 Statex
Vermillion Incorporated	美国——Vermalloy®，一种高磁导率的金属型合金，标准绞合形式，特别适用于低频屏蔽
Syscom Advanced Materials	美国——涂层 Zylon® PBO 基纤维和 Vectran® Liberator™ 纤维
Quigdao Hengtong X-silver	中国——硅化纤维
Southwire & Glenair	美国——不锈钢编织物
EEONYX Corp	开发用于纺织品和导电泡沫、毛毡、织物和粉末的导电聚合物涂料，用于制造动态材料
Shijiazhuang Credit Metal Products Co.，Ltd.	不锈钢纤维（http://www. sjzcredit. com/ProductList. Asp? SortID = 9）
TexE srl—INNTEX Div	生产导电织物，根据要求的规格分销（www. inntex. com）美国制造的导电纤维
ECO Products/3S Solar Block	导电薄膜和纤维（www. ecoproductsllc. com）
MINATEC Entreprises—BHT	法国——制作导电纱 PRIMO1D，嵌入式 LED，第一个半导体纱
Toray Chemical Korea，Inc.	韩国——纱线、纤维和薄膜，包括 Awawin®（www. toray-tck. com，john. baek@ toray-tck. com）
Directed Vapor Technologies International	美国——定制的金属涂层（www. directedvapor. com）
Textronics	美国——Textro 纱线（http://www. textronicsinc. com/yarns/）
Nanocomp Technologies，Inc.	美国——碳纳米管纤维纱线、胶带、薄膜（http://www. nano-comptech. com/）

导电纤维是通信领域和纺织领域的交叉点，兼具两者的特征。导电纤维由不导电或不太导电的基底组成，然后涂覆或嵌入导电元件，基材纤维通常包括棉纤维、涤纶、锦纶和不锈钢纤维，以及高性能纤维，如芳纶、HDPE、PBI、PBO、PTFE、碳纳米管等。导电纤维按重量或长度出售，以旦尼尔或 AWG 计量。

导电纤维或纱线可以通过机织、针织、刺绣、编织、缝纫等方式成为导电纺织品。当被织入或缝在带子上，绞合、编织，或连接在两点之间时，导电纱线的作用就像电线一样，当织成网状时，纱线起到 EMI 屏蔽或接地板的作用。

导电纤维和导电纺织品的用途包括静电消散、杀菌剂、EMI 屏蔽、射频天线、低电阻型号的信号和功率传输，以及作为高电阻型号的加热元件。与实心或绞合金属丝相比，其优势在于导电纤维是柔软的、可使用现有纺织方法（机织、缝纫、编织等）进行织造。这种导电织物还可用来制作脑电图和其他医疗应用的电极，如应用于商业化睡眠监测设备中。

可将电子器件集成到多层或三维织物上，电子纺织品天线是多层交织的面板，每一层都相互依赖才能正常工作，节点和网络配置也是必需的。

9.2.2　导电模式（电子纺织品电路）

美国国家航空航天局约翰逊航天中心的科学家（NASA Tech Briefs，2008）展示了纺织品衬底上多种应用的柔性导电模式，包括高速数字电路、天线和射频电路。电子纺织品电路将导电线通过刺绣引入，但是该方法不能为大部分高速数字和射频应用提供足够的表面导电性。

电子纺织品电路（Courtesy of Bally Ribbon Mills；NASA Tech Briefs，2008）可以通过选择编织导电和非导电织物层来制作，织物的导电层应具有既定的表面导电性规格。介电常数、损耗角正切和厚度是非导电织物层需要考虑的一些参数（NASA Tech Briefs，2008）。导电织物层的电路设计通过缝纫、刺绣、黏合或三维织造固定在非导电织物层上，多层电路可以使用导电线在层间建立电连接。

一篇关于智能织物传感器和电子纺织品技术的综述（Castano et al，2014）总结了构建织物传感器时采用的基本原理和方法，以及电子纺织品中最常用的材料和技术。该文章确定了三类智能织物传感器：

（1）传感器：具有不同传感特性的织物，如电容、电阻、光学和太阳能。

（2）制动器：能够驱动或转移所处环境某些方面的织物，如电活性织物和辅助织物。

（3）电池和能量收集器：利用穿戴者或所处环境的动能或热能来产生电能的织物电池和织物。

9.2.3　电子纺织品应用中的胶带、织带和三维预制件

图 9-1 展示了一种导电胶带（Bally Ribbon Mills 提供），由导电线（含炭黑的

尼龙芯）与普通涤纶纱用作经纱，导电线与涤纶的混纺纱线用作纬纱。导电带的电阻率要求为 $2 \sim 100 k\Omega$/英寸❶。在两个基板表面产生静电并放电，最终产生火花，火花会产生不利的电击、导致电气设备的故障，还可能引起火灾或爆炸，导电胶带则可以很好地中和静电。

图 9-1　导电胶带（由 Bally Ribbon Mills 提供）

图 9-2 展示了一种在织机上一次性形成的带有电缆的弹性织带，应用于海底通信。

图 9-2　带电缆的弹性织带（由 Bally Ribbon Mills 提供）

图 9-3 展示了一种导电三维织带。结接经纱是带有尼龙芯的碳黑导电线，织带由涤纶单丝制成。当顶层和底层结合在一起时，它就像是一个开关。

图 9-3　带互连的导电织带（由 Bally Ribbon Mills 提供）

---

❶　1 英寸（in）= 2.54 厘米（cm）。

图 9-4 展示了一种光纤胶带，经纱为光导纤维，纬纱为涤纶，这种胶带被用作发光胶带。

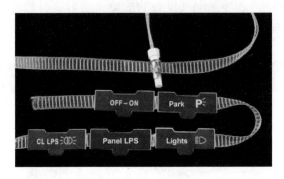

图 9-4　光纤胶带（由 Bally Ribbon Mills 提供）

图 9-5 展示了用于 EMI 屏蔽的 Aracon®金属包层胶带。

图 9-5　Aracon®胶带（由 Bally Ribbon Mills 提供）

三维编织电子纺织品天线的俯视图如图 9-6 所示，顶部为不锈钢导电贴片和 U 形槽。许多先进通信和导航应用所面临的挑战是通过单个天线实现宽带操作，其中，开槽贴片天线是一种能够实现所需带宽类型的天线结构，这种天线使用了厚衬底（约 1.5cm）和 U 形槽来增加带宽。

图 9-6　电子纺织品天线（一）（由 Bally Ribbon Mills 提供）

　　图 9-7 展示了电子纺织品天线下垫片表面的不锈钢导电层，这种电子纺织品天线由石英纤维衬垫、导电不锈钢、导电带状线和石英纤维导电贴片织造而成。

图 9-7　电子纺织品天线（二）（由 Bally Ribbon Mills 提供）

　　研究表明（由 Bally Ribbon Mills 提供），电子纺织品天线的性能与传统方法生产的天线相当，但成本和重量则显著降低。该技术使用纺织组件和方法，可用于微波和超高频天线。

　　这些天线可用于多种实现战场无线天线或将天线集成到机身或车辆中，电子纺织品天线可在制造过程中引入复合材料结构中，复合天线封装的使用使雷达和通信天线能够以前所未有的方式集成到机身和船体中，这种先进的基于电子纺织品的天线工艺可将天线和其他微波电路整合到无人机和车辆中。这项技术在政府和商业上的应用包括将这些无线天线整合到制服、卡车车身、帐篷和座椅中，可以缝在地毯、天花板、顶篷、挂毯以及我们日常生活中的其他纺织品上。

　　北卡罗来纳州立大学的研究人员（North Carolina State University，2014）开发了一种新的可伸缩天线，该天线可以整合到可穿戴技术中，如健康监测设备。北卡罗来纳州立大学机械和航空航天工程副教授朱勇博士曾发表相关论文描述该项技术，他说："包括我们实验室在内的许多研究人员已经为可穿戴健康系统开发了传感器原型，但当务之急我们需要开发一种能够轻松集成到上述系统的天线，以通过传输来自传感器的数据对患者进行监测或诊断。"由于可穿戴设备在患者走动时会受到各种压力，因此研究人员希望开发一种可拉伸、卷曲或扭曲并能恢复原状的天线。为制造出有适当弹性的天线，研究人员使用模板将银纳米线固定在特定的图案上，然后将一种液态聚合物倒在银纳米线上，当聚合物凝固时，会形成一种将纳米线嵌入所需图案中的弹性复合材料，这种图案化的材料形成了微带贴片天线的发射元件。通过控制发射元件的形状和尺寸，研究人员可以控制天线发送、接收信号的频率。然后，发射层被黏合到一个"接地"层上，该层由相同的复合材料制成，只是嵌入了一根连续的银纳米线。

研究人员（North Carolina State University News，2014）还发现，尽管天线的频率会随着拉伸变化（因为拉伸改变了它的尺寸），但频率依旧保持在固定带宽内。研究人员称，在伸展状态下，天线仍然可以有效地与远程设备通信，此外，即使在发生了明显的变形、弯曲、扭曲或卷曲后它还能恢复到原来的形状继续工作，由于频率几乎随应变线性变化，天线也可以用作无线应变传感器。朱博士（北卡罗来纳州立大学新闻，2014）认为："其他研究人员已经开发出使用液态金属的可拉伸传感器，而我们的技术相对简单，可以直接集成到传感器本身，并且很容易扩展"。这种新型的可拉伸天线的研究是建立在朱博士以前的研究基础上，该研究利用了银纳米线制造了弹性导体和多功能传感器。

图 9-8 展示了用于电流或信号集成到服装中或用作耳机、手机、USB 等外部电缆的三股导电织带，这种织带在保留了传统织物的柔软性、柔韧性、强度、表面质地、色牢度和耐洗性等特性基础上，增加了导电性。外层材料为涤纶，有三根绞合线导体，每根导体由 14 根单涂层铜线缠绕在尼龙芯上组成，电阻为 0.4Ω/m。织带可根据服装或应用的不同，通过热熔工艺连接到标准插孔连接器或可清洗连接器上。

图 9-9 展示了四股导电弹性织带，可将电流或信号集成到服装中或用作耳机、手机、USB 等的外部电缆，该织带主要以弹性为新的设计元素。织带内部的电线是氨纶绝缘的波浪形绞合线，便于伸长和收缩，外层材料是涤纶，有四根导体，每根导体由 14 根单涂层铜线缠绕在尼龙芯上组成，电阻为 0.4Ω/m。根据服装或应用的不同，织带可通过热熔工艺连接到标准插孔连接器或可清洗连接器上。

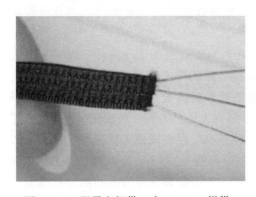

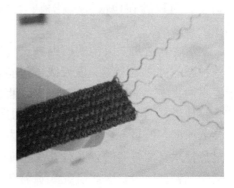

图 9-8　三股导电织带（由 Ohmatex 提供）　　图 9-9　四股导电弹性织带（由 Ohmatex 提供）

图 9-10 显示了用于睡眠呼吸暂停监测的可重复使用的 Embla XactTrace 胸腔带，图 9-11 显示了一个可重复使用的 Embla XactTrace 腹部腰带。这些织带不需要任何附加模块，可直接插入放大器中，织带与放大器直接连接且通过放大器向织带供电，减少了许多其他系统所需的庞大接口。它有多种尺寸：儿童型、小型、

中型和大型。

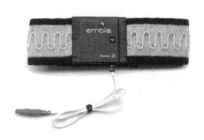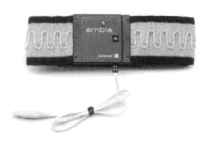

图 9-10　胸腔带　　　　　　　　　图 9-11　腹部腰带
（由 Natus Neurology Incorporated 提供）　　（由 Natus Neurology Incorporated 提供）

9.3　用于增强复合材料的三维织物和预制件

　　三维织物、预制件和结构有很多，本章展示其中一些结构。三维织物可分为：多层层合织物、轮廓织物、间隔织物、壳形织物、分叉管状织物（竖直、锥形或喇叭形）。

　　三维机织预制件和三维结构可分为：平板（层对层、正交、角联锁和组合编织）；承重接头，如 Π 形、锥型 Π、T 形、锥型 T、X 形、十字形、工字钢以及单叶片和双叶片接头；极性结构、螺旋结构、拱形结构；圆角；中空结构；间隔预制件，如桁架芯、双桁架芯；复杂结构。

　　图 9-12 展示了由碳纤维制成的三维织物，该织物由六层组成，层与层之间通过层联锁编织连接起来，这种织物具有悬垂性，且没有褶皱。

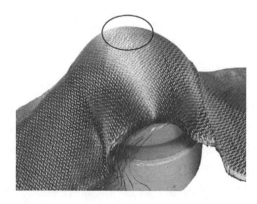

图 9-12　三维织物（由 Bally Ribbon Mills 提供）

轮廓织物如图 9-13 所示。这种织物由碳纤维在 Iwer（剑杆织机）上织造，制成复合材料后用于喷气发动机。轮廓织造技术可用于制造圆周框架。轮廓织物形状取决于其依据的轮廓形状，不仅能很好地贴合不同直径的圆柱表面，且适合法兰和复杂曲率，而普通织物在复杂轮廓表面上的贴合度不高，容易起皱。当注入树脂后，轮廓织物也可构成良好的复合材料部件。当使用这种方式时，经纱和纬纱以接近 0° 或 90° 的角度排列且角度变化不大是非常重要的。

图 9-13　轮廓织物（由 Bally Ribbon Mills 提供）

轮廓织物的织造原理与常规织物相同，但是要根据轮廓织物的结构调整收纬机构以适应经纱长度的不同。织造常规织物时，经纱的卷取率在整个宽度上保持不变，这就是为什么不通过裁剪，经纱就不符合曲率的原因。在织造轮廓织物时，根据指定的结构计算每根经纱的长度，并相应地调整卷取率，以达到合适的经纱长度和取向。因此，轮廓织物可以很容易地顺应曲率而不起皱。

轮廓织造技术可用于加强板和飞行器发动机风扇叶片的制备，后者通常使用芳纶纤维。轮廓织造技术的优势如下：

（1）纱线不需要裁剪，所以制造成本降低。

（2）消除褶皱。

（3）经纱和纬纱夹角接近 0° 或 90° 的位置对齐，角度变化不大。

（4）可生产连续且一致的零件。

（5）可以创建凸轮廓和凹轮廓。

（6）可以在织物结构没有全尺寸配置的情况下以小尺寸制造。

RTM（树脂传递模塑）、VARTM（真空辅助树脂传递模塑）和 RFI（树脂膜浸渍）等各种工艺都可用于制造复合材料零件。

图 9-14 展示了由碳纤维制成的 T 型结构。每个翼片由四层组成，这些层是在平纹织物的基础上制造，然后用层联锁连接起来的。使用 IM7-12K 碳纤维，并在三个侧面均织造 T 形锥。这种锥状是通过一次放置一层形成的，采用窄幅的梭织机来织造 T 形结构。

图 9-14　T 形结构（由 Bally Ribbon Mills 提供）

使用三维织机（由 Biteam 提供）来织造这种 T 形结构，机器的机理将在后面讨论（图 9-15）。

图 9-15　T 形梁（由 Biteam 提供）

图 9-16 和图 9-17 展示了无锥度的单叶片连接结构和双叶片连接结构，这两种织物都使用了 IM7-12K 碳纤维，层与层之间采用平纹组织的层间互锁组织连接，两种结构均采用窄幅有梭织机织造。

图 9-16　无锥度的单叶片连接结构（由 Bally Ribbon Mills 提供）

十字形结构如图 9-18 所示，每个翼片的所有纬纱均穿过交叉点，翼片由四层组成，在平纹织造基础上通过层间互锁织造连接。对于 6K 碳纤维，每层的典型结构为每英寸 16×16 个交织点，对于 6K 碳经纱和 12K 碳纬纱结构，每英寸为 16×8 个交织点。使用改进的窄织物有梭织机可以织造各个面都为锥形的双十字形。

图 9-17　无锥度的双叶片连接结构（由 Bally Ribbon Mills 提供）

图 9-18　十字形结构（由 Bally Ribbon Mills 提供）

　　工字梁结构如图 9-19 所示，该工字梁是用碳纤维和碳棒织造而成。工字梁可用作飞机机身的结构件。

图 9-19　工字梁结构（由 Bally Ribbon Mills 提供）

　　图 9-20 显示了一个典型的各个面都为锥形的 Π 形结构（Bally Ribbon Mills 提供），这种 Π 形结构由 6K 和 12K 的 IM7 碳纤维织造而成，底座和 U 形夹由八层组成，直立腿由四层组成，在平纹织造基础上通过层间互锁织造连接（Islam，1999a，b，2000）。IM7-6K 碳纤维用作经纱，底座纬纱采用 IM7-12K 碳纤维，直立腿的

经纱和纬纱均采用 IM7-12K 碳纤维。每层结构为每英寸 16×9 个交织点，通过每次减少一层来实现逐渐变细。

图 9-20　Ⅱ 形结构（由 Bally Ribbon Mills 提供）

Ⅱ 形结构可以由碳纤维、玻璃纤维、陶瓷纤维、碳化硅，甚至是 Bally Ribbon Mills（BRM）的金属丝织造而成。Schmidt 等（Schmidt et al，2004）已经获得了此 Ⅱ 形结构的专利，并且广泛用于航空航天工业中的结构连接。Ⅱ 形结构的底座、U 形夹和直立腿可根据性能要求由任意层组合而成。

BRM 设计的 Ⅱ 结构和双十字形结构被用于美国宇航局的复合乘员舱（NESC），与传统金属结构相比，使用三维机织连接的显著优势是，可以很容易且高效地形成复杂形状。

交叉 Ⅱ 形结构如图 9-21 所示，该预制件在改进的窄幅有梭织机上织成。每个翼片有四层，由 IM7-12K 碳纤维织造而成，使用平纹组织的层间互锁结构连接，交叉 Ⅱ 形结构的所有交叉处都是由机织形成的。

图 9-21　交叉 Ⅱ 形结构（由 Bally Ribbon Mills 提供）

9.3.1 圆角结构

图 9-22 展示了圆角结构的实体模型，碳圆角织带如图 9-23 所示，分叉碳圆角织带如图 9-24 所示。这些圆角用于连接处，避免树脂堆积。

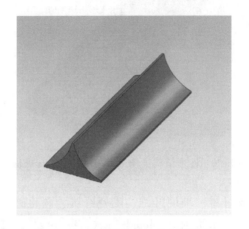

图 9-22 圆角结构的三维立体模型

图 9-23 碳圆角织带　　　　　　　　　图 9-24 分叉碳圆角织带
（由 Bally Ribbon Mills 提供）　　　　　（由 Bally Ribbon Mills 提供）

9.3.2 平板

图 9-25 展示了由 AS4-12K 碳纤维制成的 50mm 厚的三维机织平板，该平板采用三向正交机织结构制备。三向正交机织结构由互不交错的增强纤维组成，这些纤维通常在 X、Y 和 Z 方向上相互垂直或几乎垂直，注入树脂后形成的复合材料具有优异的力学性能和耐腐蚀性。该平板有 61 层经纱、62 层纬纱和 Z 向纱，其纤维体积含量约为 55%，X、Y 和 Z 方向纤维体积含量分别约为 40%、40% 和 20%。根据其最终用途的性能要求，Z 向纱的纤维体积含量可控制在 3%～33%。

图 9-25　50mm 厚的三向正交碳面板（由 Bally Ribbon Mills 提供）

平板可采用几种不同的纤维进行混合织造，混杂程度可以不同，主要取决于成品的实际应用需求。例如：平板可以在每个方向（X、Y 和 Z）上使用不同纤维，也可以每层经纱中的纤维不同，或者每层纱线中的单个纤维束不同，Z 向纱也可以由不同的纤维制成。每个方向上的纤维体积含量可以变化，以此可获得最终所需的纤维体积分数。50mm 厚的三向正交石英预制件如图 9-26 所示，其在三个方向上都使用了石英纤维，此外，75mm 厚的三向正交石英预制件也可以制备（Courtesy of Bally Ribbon Mills）。

图 9-26　50mm 厚的三向正交石英预制件（由 Bally Ribbon Mills 提供）

图 9-27 显示了一个 50mm 厚的三维正交沥青预制件。沥青基碳纤维的弯曲性能较差，所以仅使用沥青基碳纤维难以织造较厚的平板，因此，沥青基碳纤维通常与人造丝或聚乙烯醇纤维一起使用，这种纤维可以承受织造过程中的摩擦和磨损。"serving"（覆盖）一词描述用另一种纤维包裹芯纤维的过程，在这种情况下，沥青基碳纤维可以用人造丝包裹后织造较厚的织物。纤维体积和纤维体积分数由最终产品的性能要求决定。

图 9-27　50mm 厚的三向正交沥青基碳纤维预制件（由 Bally Ribbon Mills 提供）

9.3.3　桁架芯

图 9-28 展示了带有面板的交织三角形桁架芯，图 9-29 展示了带有面板的双交织桁架芯。整体织造是为了减少复合材料分层，使其能够承受多次冲击。

图 9-28　三角形桁架芯（由 Bally Ribbon Mills 提供）

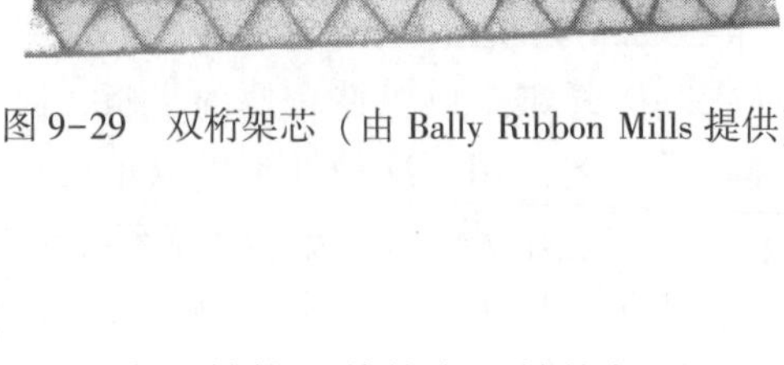

图 9-29　双桁架芯（由 Bally Ribbon Mills 提供）

9.3.4　中空结构

图 9-30 显示了六边形中空结构，其他中空结构如图 9-31（六角形和菱形中空

结构）和图 9-32（菱形中空结构）所示。使用改进型织机可以织造多种类型的中空结构，织物结构必须根据中空结构的形状确定。

图 9-30 六边形中空结构（由 Bally Ribbon Mills 提供）

图 9-31 六边形中空结构和菱形中空结构（由 Bally Ribbon Mills 提供）

图 9-32 菱形中空结构（由 Bally Ribbon Mills 提供）

9.3.5 极性/螺旋织造

极性织造是一种将二维平面织物制成三维形状的三维织造技术，典型的极性织造材料如图 9-33 所示。卷绕系统通常经过改造来织造极性材料，如极性织造工艺需要改变典型的正交（0°，90°）纤维取向，生产出沿圆周（环向）和径向取向的圆形织造材料。在织机上生产的材料经过改进后可用于极性织造，生产出具有固定内外直径的连续机织织物。当生产极性纺织材料时，它会像弹簧一样在自身顶部盘旋，形成一个厚壁圆筒，圆筒的厚度取决于每个极性织造层的厚度和组成圆筒的层数。纬纱沿径向取向，因此材料从内径（ID）到外径（OD）有一个梯度，且织物面积重量（AW）和厚度将从内径到外径减小。极性结构的三维模型如图9-34所示。一些制造商已开发出通过在宽度上插入部分纱线来减少这种梯度的技术，以创建几个更小的区域和梯度，Z向增强的多层织物可以进行极性织造。

图 9-33　极性结构预制件　　　图 9-34　极性结构的三维模型
（由 Bally Ribbon Mills 提供）　　（由 Bally Ribbon Mills 提供）

三维多层碳化硅极性材料如图9-35所示，其内径非常小，外径很大。目前已开发出几种极性织造的变体来制备更复杂形状的预制件。图9-36展示了一个弯曲T形极性预制件。

图 9-35　碳化硅极性预制件　　　图 9-36　弯曲 T 形极性预制件
（由 Bally Ribbon Mills 提供）　　（由 Bally Ribbon Mills 提供）

有一种变形是将传统的三向正交与极性织造相结合，生产出一种新的材料，其中一部分是三向正交织造，另一部分是极性织造，形成带有凸缘端的圆柱体。这种极性/螺旋织造材料将典型的0°/90°织造结构变成了纤维呈环向和径向排列的圆形结构。

图9-37展示了由碳纤维制成的可用于齿轮箱的极性/正交预制件，织物有四层，采用基于平纹组织的层层互锁组织将各层连接起来。改进的极性/螺旋织

造技术已用于制备飞机窗框，复合窗框如图 9-38 所示，窗框制备技术是为了克服轮廓织造的局限性而开发的，该技术可织出 L 形凸缘预制件，L 形预制件的直立部分始终保持正交结构，但 L 形预成型件的凸缘部分从极性结构变成正交结构，然后再变回到极性结构。这种技术也可制成具有角半径的矩形或方形带法兰的预制件。

图 9-37 极性/正交预制件   图 9-38 复合窗框
（由 Bally Ribbon Mills 提供）   （由 Bally Ribbon Mills 提供）

　　喷气发动机的出口导向叶片（图 9-39）采用组合编织，其厚度在宽度和长度方向上均有所改变。Snecma 和 Albany 复合材料公司已为喷气发动机开发了机织复合材料风扇叶片（Dambrine et al，2008），采用层层互锁结构生产的三维机织预制件通过 RTM 加工成复合材料。复合材料风扇叶片的优点包括：改进损伤容限以及由于风扇质量较低而增加推力与重量比。

图 9-39 复合编织的发动机叶片（由 Bally Ribbon Mills 提供）

　　制备的正弦波预制件如图 9-40 所示，复杂机织预制件如图 9-41 所示。电子器件可放入各种电子纺织品应用的插槽中。

图 9-40　正弦波预制件　　　图 9-41　复杂机织预制件
（由 Bally Ribbon Mills 提供）　（由 Bally Ribbon Mills 提供）

9.3.6　三维机织预制件的优势

三维机织预制件直接织成网状，其优势如下：

（1）不需要铺层、切割和缝合。

（2）可以一次成型。

（3）最小加工量即可获得所需的形状和尺寸。

（4）自动化流程。

（5）产品差异小。

（6）最小化制造时间。

（7）产量有效增加。

（8）消除分层，分层是层合复合材料的主要损伤机制。

（9）成本降低。

（10）更优异的性能。

制造预制件的成本是总成本的主要部分。复合材料具有重量轻、强度高、耐腐蚀等优点，取代金属材料可以有效减轻重量。Prichard（2008）认为，三维织物和结构的使用可以使飞机重量减轻30%，重量的减轻也降低了飞机燃油成本，每减轻一磅重量，在飞机的使用寿命内就可以节省100万美元。此外，三维机织复合材料的使用很好地解决了层合复合材料分层现象的发生。

9.4　电子纺织品和三维机织复合材料的应用

电子纺织品正被广泛应用于可穿戴技术、体育和健身市场、健康监测系统、睡眠呼吸暂停监测系统、天线应用以及空间、国防和军事领域。

导电胶带（由 Bally Ribbon Mills 提供）用于中和静电和 EMI 屏蔽，带电缆的弹性织带（由 Bally Ribbon Mills 提供）已应用于海底通信，生物传感器及其他传感器已被结合到纺织品中，以监控心率、皮肤温度、运动、呼吸、医疗和运动应用中的肌肉活动，呼吸感应体积描术（RIP）带（由 Natus Neurology Incorporated 提供）用于睡眠呼吸暂停监测，导电带用于生成脑电图和其他医疗应用的电极，三维导电织带（由 Bally Ribbon Mills 提供）也用作开关。

安装了医用心率传感器的纺织导电带可用于监测心率、加速度、减速度、速度和距离，这些传感器被嵌入职业体育运动员的衣物中，如阿迪达斯用于人体生理监测的"微型精英足球系统"。

国防和军队一直在使用电子纺织品（Slade，2014）进行生理监测，以减轻电子设备电池和导线的重量，电子纺织天线被用来减轻传统电子电路的重量和成本（Courtesy of Bally Ribbon Mills；Jur，2014；Castano et al，2014；NASA Tech Briefs，2008）。美国宇航局和欧洲航天局一直使用电子纺织品来监测肌肉活动，导电织带（Ohmatex 提供）可将电流或信号集成到衣物上，或用作耳机、手机、USB 等的外部电缆。

完全由复合材料制成的接头被用于航空航天领域，以减少对紧固件的需求，接缝处使用圆角以避免树脂富集，航空航天工业也在研究复合材料窗框的可能性。复合桁架芯用于机身区域，复合材料叶片和风扇叶片用于喷气发动机，极性织造碳材料用于碳/碳制动器。汽车行业正在使用碳纤维复合材料平板，建筑和船舶行业使用玻璃纤维复合材料面板。与此同时，美国宇航局正与 Bally Ribbon Mills 合作开发三维机织结构，用作未来火星及其他任务的热保护系统（NASA，2011）。

9.5 三维机织工艺

用于织造机织三维织物和预制件的工艺被认为是三维机织工艺。三维机织有许多类型，其选择是根据三维预制件的最终用途和性能标准来确定的。三维编织通常基于三种基本组织（平纹、斜纹和缎纹），并通过修改、改变或两者组合进行调整。

9.5.1 通过经纱或纬纱进行层层互锁机织结构

基于平纹组织的典型层间互锁组织如图 9-42 所示，基于斜纹组织连接的另一实例如图 9-43 所示，两幅图展示了连接四层纱线，可以使用相同的技术连接任意层数。图中，黑色圆圈表示经纱，曲线表示纬纱路径，经纱层通过纬纱连接，这些层也可由经纱连接，在这种情况下，黑色圆圈表示纬纱，曲线表示经纱路径。根据三维预制件的性能要求决定由经纱连接或纬纱连接。

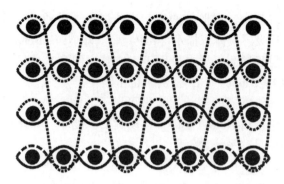

图 9-42　基于平纹组织的典型层间（层对层）互锁组织（Islam，1999a，b，2000）

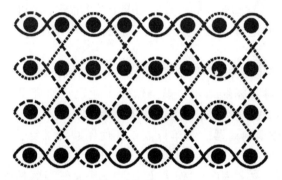

图 9-43　基于斜纹组织连接的典型层间互锁组织（Islam，1999a，b，2000）

9.5.2　Z向纱层间互锁机织结构

　　Z向纱层间互锁组织如图9-44所示，Z向纱被添加到层层互锁组织中。黑色圆圈表示经线，曲线表示纬纱路径。Z向纱贯穿整个织物厚度，图中Z向纱垂直于经纱，但Z向纱也可以从不同的角度插入，如30°、45°和60°。

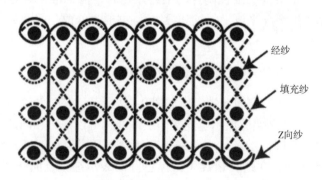

图 9-44　Z向纱层间互锁组织（Islam，1999a，b，2000）

9.5.3　基于缎纹组织的层间互锁机织结构

图 9-45 显示了典型的基于缎纹组织的层间互锁组织，曲线表示经纱，圆圈表示纬纱，五层经纱和六层纬纱通过经纱连接。使用此方法可将三维织物层连接在一起。

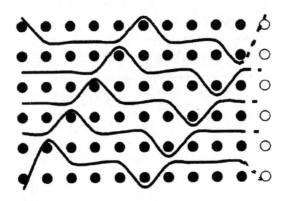

图 9-45　基于缎纹组织的层层互锁机织组织 （Islam，1999a，b，2000）

9.5.4　由经纱或纬纱织成的层间互锁机织结构

典型的层间角联锁组织如图 9-46 所示，无论是经纱还是纬纱都以一定角度穿过织物厚度，根据成品的性能要求选择经纱和纬纱在各层之间的连接方式。

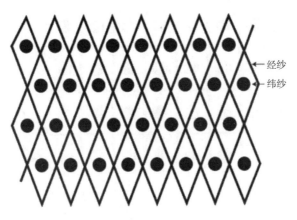

图 9-46　层间角联锁组织 （Islam，1999a，b，2000）

9.5.5　带填充纱的层间角联锁机织结构

填充纱可添加到层间角联锁结构中，以增加织物的厚度和抗拉强度，典型的带填充纱的角联锁如图 9-47 所示。

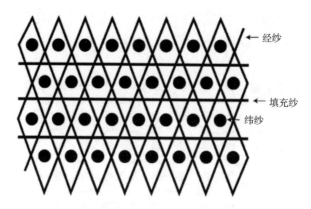

← 经纱

← 填充纱

← 纬纱

图 9-47　带填充纱的层间角联锁机织组织（Islam，1999a，b，2000）

9.5.6　正交机织

在这种结构中，经纱和纬纱是竖直的，Z 向纱将所有纱线连接成一个整体。在普通机织物中，经纱和纬纱因交织而弯曲，这对复合材料的机械性能是不利的，在整个织物厚度上使用 Z 向纱有效地消除了分层这一失效模式。图 9-48 展示了含 Z 向纱的三向正交组织，这种类型的结构也称为无弯曲织物。

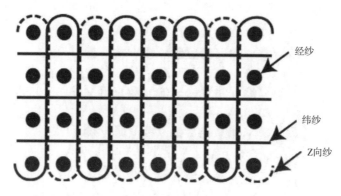

经纱

纬纱

Z 向纱

图 9-48　三向正交机织结构（Islam，1999a，b，2000）

复合材料行业更喜欢于这种正交组织，正交组织结构的好处是三个方向的纱线都是直的，使得正交结构具有刚性。在三个方向上的纱线都没有弯曲，因此这种结构可以获得更大的纤维体积。然而，这种结构的缺点是，如果 Z 向纱断裂，整个织物会因缺少连接而全部散掉。

9.5.7　复杂形状：不同位置设置不同层数

这类结构中，不同的位置使用不同的层数，以达到不同的厚度。典型的四层组织结构如图 9-49 所示，从四层到最后被减少为一层，圆圈表示经纱，线条表示纬纱路径。同样的技术也用于制造锥形结构，通过一次终止一层来实现厚度逐渐变细。如图 9-20 所示，Π 形结构底部有八层，每一层都从八层降为一层。

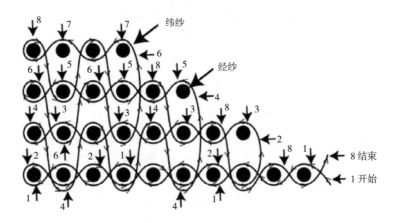

图 9-49　锥形或复杂形状的编织结构（Islam，1999a，b，2000）

9.5.8　复杂形状的组合机织

组合机织或改良机织可用于创建复杂的结构并实现特定的属性。由正交组织和平纹组织组成的组合织法如图 9-50 所示，顶层和底层是平纹组织，中间层是正交组织，顶层平纹组织和底层平纹组织之间有三层经纱层，所有层都由 Z 向纱连接。平纹组织柔韧性较好，但由于多次交织，拉伸强度较低，机织过程中纤维损伤也较大，而正交组织中纱线不交织，机织过程中纤维损伤较小，因此刚性较好，具有更高的拉伸强度。基于平纹、斜纹、缎纹和正交组织的层层互锁组织可以多种方式组合，顺序可以变化，例如：先 X 层之间逐层连接，然后 Y 层正交，或者先一层 X 层，然后一层 Y 层等，可以根据最终产品的性能要求选择最佳组合。

9.5.9　机织结构

在本章中，机织结构是指完整机织图案的示意图，它显示了经纱、纬纱和 Z 向纱之间的关系。

图 9-51 展示了基于平纹组织的层间互锁形成的四层 T 形预制件的典型组织结构（Islam，1999a，b，2000）。为了方便理解，T 两侧的经纱纤维显示为间隔开的，黑色圆圈表示经纱，曲线表示纬纱。在平纹组织的基础上，通过层与层之间

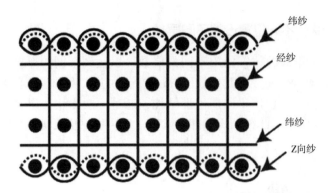

图 9-50　组合机织结构 （Islam, 1999a, b, 2000）

的互锁织造将四层连接在一起（Islam, 1999a, b, 2000），直立翼片通过纬纱与底部翼片连接。

　　图 9-52 展示了 Π 形结构四层底座、四层 U 形夹和两层直立支腿的典型纬纱路径，该路径适用于没有坡度的 Π 形结构。为了清楚起见，U 形夹的经纱分开显示。八层底座、八层 U 形夹和四层直立支腿的纬纱路径可用相同的方式实现。黑色圆圈表示经纱，曲线表示纬纱，这四层通过基于平纹组织的层层互锁组织连接（Islam, 1999a, b, 2000），直立腿通过纬纱与底座连接。

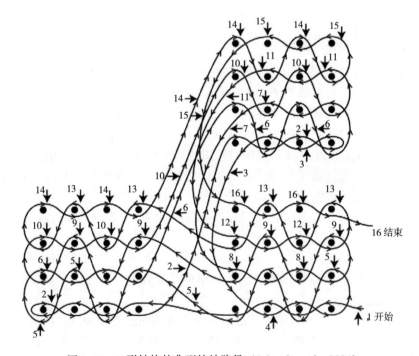

图 9-51　T 形结构的典型纬纱路径 （Schmidt et al, 2004）

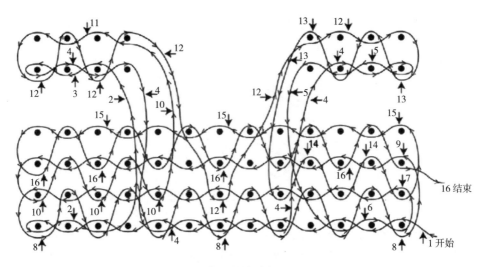

图 9-52　Π 形结构的典型纬纱路径（Schmidt et al，2004）

　　图 9-53 展示了锥形 Π 形结构预制件的组织图，其中所有的侧面都是锥形的，底座和 U 形夹由八层组成，直立腿由四层组成，通过一次去掉一层逐渐变细（Is-lam，1999a，b，2000）。所有层基于平纹组织，并通过层间互锁组织连接，直立腿通过纬纱连接到底座，为方便理解，U 形夹处的经纱分开显示，锥形 Π 形结构预制件的任何层的组合都可以用同样的方法制备。锥形 Π 形结构预制件的等距视图如图 9-54 所示（Schmidt et al，2004，2005），示踪纤维用箭头表示，该纤维包括彩色线和不透明 X 射线，用于锥度或厚度开始减小的位置，以对预制件进行精确的尺寸检查。

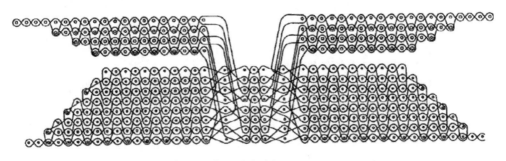

图 9-53　锥形 Π 形结构的典型纬纱路径（Schmidt et al，2004，2005）

9.5.10　三维机织物的特性

　　三维机织的选择非常重要，组织结构的选择取决于三维织物的最终用途及其所需的性能标准。

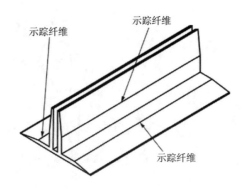

图 9-54　锥形 II 形结构预制件的等距视图（Schmidt et al，2004，2005）

9.5.10.1　基于缎纹组织的三维机织物

如果三维织物必须符合三维形状，这些层之间需要使用缎纹组织连接，如图 9-45 所示。多层缎纹织物是悬垂的，容易制备所需形状。多层厚板可以通过使用缎纹组织连接各层进行制备。

9.5.10.2　基于平纹组织的三维机织物

如图 9-42 所示，多层厚板或三维预制件可以在平纹组织的基础上采用层层互锁组织来制备，经纱或纬纱用于连接相邻层，如果连接纱断裂，只会有一层的一部分裂开，不会破坏整个结构，这是最大的优点之一，但也意味着纱线会由于交织而弯曲，造成拉伸强度降低。由于大量的纱线交织，增加了织造过程中纱线损伤的可能性。

9.5.10.3　基于正交机织结构的三维机织物

在正交组织结构中，三个方向（X、Y、Z）上的纱线都是直的，如图 9-48 所示，由于纱线不弯曲，便可以最大限度地发挥其性能。如图 9-25~图 9.27 所示，正交机织结构用于制造厚预制件，因为交织较少，所以纱线损伤较小，且可以插入最大数量的经纱（X 纤维）、纬纱（Y 纤维）和 Z 向纱，这意味着通过正交机织结构可以获得更高的纤维体积含量，但缺点是如果 Z 向纱断裂，整个结构就会破裂。

9.5.10.4　基于组合机织的机织物

通常根据最终产品的性能选择组合编织，正交组织可以用于制造厚平板并获得最好的织物性能，因此选择由层间互锁组织和正交组织组成的组合编织，以便在不会分层的情况下获得最优的产品性能。

9.6　三维机织预制件的织造工艺

9.6.1　织前准备

三维机织预制件的纱线准备规格与普通织物不同。

9.6.1.1　纱线或纤维

三维机织复合材料的首选是使用无任何扭曲的纤维束，这点有时很难实现，通常都会有非常少量的扭曲。如果顾客不想要任何捻度，则可使用较高上浆率的纤维束来方便织造。例如，碳纤维丝束通常只有不到 1% 的浆料。

沥青基碳纤维和碳化硅等纤维很难进行机织，沥青碳纤维弯曲度很差，很容易断裂。因此，为方便机织，将此种纤维通常与 PVA 纱线或人造丝一起使用，如使用一种称为"包覆机"的机器，将难以机织的纤维用人造丝或 PVA 包裹，人造丝或 PVA 纱线承受了织造过程的损伤，以确保芯纱不受损。最后人造丝通过加热去除，PVA 机织后通过将其溶解在温水中去除。

9.6.1.2　络筒机

纤维制造公司通常以大包装供应纤维，由于这些纤维价格较高，所以在适合的络筒机上将纤维从较大包装转移到较小包装是必要且经济的。

9.6.1.3　筒子架

与织造常规织物不同，经轴通常不用于织造三维预制件，相反，筒子架是输送经纱的首选方法。保持每个筒子上纱线张力均匀非常重要，好的筒子架是织造三维预制件和复杂形状的先决条件。往复式筒子架可消除织造过程中的松弛，用于织造更复杂形状的预制件。

织造一个又厚又宽的平板需要成千上万个端头，能容纳这么多端头的筒子架价格较高，而且需占用较大空间，在这种情况下，X 向纱或 0° 纱使用经轴，Z 向纱使用筒子架。经轴和筒子架可组合用于锥形和复杂结构的制备。

9.6.2　机织技术

传统二维织机、改进型二维织机、三维织机、特制织机或设备可用于生产三维机织物。

9.6.2.1　传统二维织机

开口机构是织机的重要部分，三维预制件的织造需采用提花开口机构，因为提花综丝可以独立控制单根经纱。三维预制件可以在二维传统剑杆织机上织造，但在使用任何传统二维织机时，织物厚度都是有限制的。

合理的织机设置对减少织造过程中的经纱断裂起着重要作用，因此是提高生产率的关键。在编织三维预制件时，为了最大限度地减少织造过程中的纤维损伤，获得最优的机械性能，织机的设置尤为重要。纤维或纱线性能对织物拉伸强度的最大转化率取决于（Islam，1987）纤维或纱线在机织过程中的损伤程度和织物结构。其中织物结构又包含纤维或纱线尺寸（线密度），纤维或纱线的绝对直径，每英寸经、纬纱根数，经纬纱弯曲程度，经纬纱交织角度，覆盖系数，织物结构和经纬纱交织点数目等参数。

织物拉伸强度主要取决于织造工艺，减少织造过程中纤维或纱线的损伤将提高织物的抗拉强度和可织造性。研究表明（Islam，1987），织造过程中纤维损伤可以通过以下方式减小：

（1）在椭圆路径上设置弹力线以保持相同的经纱张力。

（2）减少机织过程中纤维各接触点的摩擦和磨损。

（3）减小打纬力度。

（4）使用圆眼综丝来减小纤维和综丝之间的摩擦。

（5）减少经纱张力的变化。

（6）增加钢筘凹陷处的开放空间。

由图 9-55 可以看到，当经纱穿过综丝和钢筘时，经纱的损伤逐渐增加。综丝和织口之间的经纱损伤有一定程度的急剧增加，而织口前的区域和织物本身之间的经线损伤也很大。

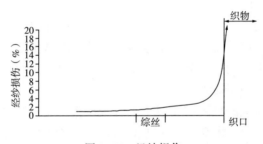

图 9-55　经纱损伤

织造过程中经纱的运动会产生各种应力和张力（Islam，1985，1993），送经和开口运动，以及后托辊和布料的运动都会影响经纱的总张力。开口是影响织机正常运转时总经纱张力的主要因素之一。

考虑到综眼两侧张力之间的数学关系：

$$\frac{T_{f}}{T_{b}} = e^{\mu\theta} \tag{9-1}$$

式中：e 为自然对数的底数；μ 为经纱和综眼之间的摩擦系数；θ 为综眼的搭接角度（rad）；T_{b} 为经纱穿过综眼前的张力；T_{f} 为纱线穿过综眼后的张力。

因为张力=应变×弹性模量，式（9-1）可以用应变比替代，假设应变完全是由于脱落引起的：

$$e^{\mu\theta} = \frac{W_{f}(前梭口经纱张力)}{W_{b}(后梭口经纱张力)} \tag{9-2}$$

设图 9-56 中的 $P_{f} = AD/AB$ 为梭口形成过程中从开口至综眼的标准化距离；$P_{b} = BD/AB$ 为梭口形成过程中从靠背架到综眼的标准化距离；$H = CD/AB$ 为梭口的标准高度；$F = AC/AB$ 为标准化前梭口长度；α 为前梭口张开角；β 为后梭口

张开角。

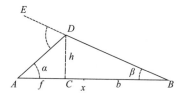

图 9-56　开口引起的经纱路径的几何形状（Islam，1985）

$$P_f = \sqrt{F^2 + H^2} \tag{9-3}$$

$$P_f = \frac{\sin\alpha}{\sin(\alpha + \beta)} \tag{9-4}$$

$$P_f = \sqrt{F^2 + (F\tan\alpha)^2} \tag{9-5}$$

同理：

$$P_b = \sqrt{(1 - F)^2 + H^2} \tag{9-6}$$

$$P_b = \frac{\sin\alpha}{\sin(\alpha + \beta)} \tag{9-7}$$

$$P_b = \sqrt{(1 - F)^2 + (F\tan\alpha)^2} \tag{9-8}$$

设 X 为闭合切线 AB 上的点，与综眼在 D 处相接。

$F_\mu = AX/AB$，开口时形成前梭口的纱线的标准化长度。

前梭口 $W_{f\mu}$ 和后梭口 $W_{f\mu}$ 的经纱张力增量由下式给出：

$$W_{f\mu} = \frac{P_f - F_\mu}{F_\mu} \tag{9-9}$$

$$W_{b\mu} = \frac{P_b - (1 - F_\mu)}{1 - F_\mu} \tag{9-10}$$

由式（9-2）可得：

$$\frac{P_f - F_\mu}{F_\mu} = e^{\mu\theta} \frac{(P_b - 1 + F_\mu)}{1 - F_\mu} \tag{9-11}$$

因此：

$$P_f - P_f F_\mu - F_\mu + F_\mu^2 = e^{\mu\theta} F_\mu (P_b - 1 + F_\mu)$$

或

$$F_\mu^2 (e^{\mu\theta} - 1) + F_\mu (e^{\mu\theta} P_b - e^{\mu\theta} + P_f + 1) - P_f = 0$$

$$F_\mu = \frac{-C + \sqrt{C^2 + 4(e^{\mu\theta} - 1)P_f}}{2(e^{\mu\theta} - 1)} \tag{9-12}$$

其中：$C = e^{\mu\theta} P_b - e^{\mu\theta} + P_f + 1$

使用式（9-9）和式（9-12）得到的弯曲应变增量如图 9-57 所示。

如果测量或计算出前梭口张开角度和从织口到综框的标准化距离，则可以从公式和图 9-57 中得到经纱应变，此图也是如何设置纱线使其保持相同的经纱张力或最小化经纱张力变化的指南。对于三维机织复合材料来说，将纤维损伤降到最低是非常重要的。

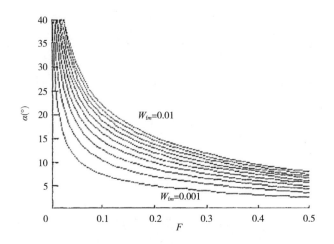

图 9-57　以 0.001 为间隔的恒定应变增量曲线（Islam，1985）

通过减少开口运动引起的应变，可以将对经纱的损坏降至最低。通过使用圆形综眼和减少由于所有接触点处的摩擦和磨损而产生的应变，也可以将损坏降至最低。织造过程中尽量减少纤维损伤，可以提高织物的抗拉强度和可织性。

如图 9-57 所示，当综眼处 $\mu = 0.30$ 时，前梭口中的经纱应变增量（$W_{f\mu}$）取决于 α 和 F ［式（9-9）和式（9-12）］。

在窄幅织物工业中，有梭织机和针织机的选择取决于成本、最终产品的性能要求和形状。美国窄幅织物协会将窄幅织物定义为宽度不超过 12 英寸（300mm）的任何织物。窄幅织物协会（NFI）是窄幅织物制造商的行业组织，是国际工业织物协会（IFAI）的一个分支机构。

窄幅织物有梭织机用于生产胶带、织带、管子等多种三维预制件，窄幅织物有梭织机有多种不同类型，如单层（水平和圆形）、双层（上和下）、两梭织机（两个梭子在两个梭口的同一位置一起运行）和多梭织机。两梭织机由多臂机或三个提花机组成两个梭口，用于织造撕胶带、间隔织物、分叉织物等。两个梭子同时穿过梭口，织成两层不同的织物，Z 向纱将两层织物连接在一起。在窄幅织物有梭织机上，与飞梭宽幅织机不同，梭子的运动是由齿条和小齿轮的板条控制的。窄织物有梭织机的速度是 100 纬/min；然而，它仅用于生产易断的和难以织造的纤维。这些织机正在被提供更高生产率的高速织机取代。窄幅织物有梭织机和针织机的主要区别见表 9-3。

表 9-3　窄幅织物有梭织机和针织机的主要区别

项目	有梭织机	针织机
速度	低	高
边线	机织边线	机织和针织边线
工位数（典型值）	高至 84	高至 20
梭口	单	双

　　一台窄幅有梭织机有多个工位。这意味着根据提花钩的容量和结构中每英寸的总纬纱数，在多工位的相同结构或不同结构的同一台织机上织造。在针织机上使用碳纤维或脆性纤维很难织出三维复杂形状。窄幅针织机也可以用来生产一些三维预制件（Hans Walter Kipp，1989），典型的窄幅针织机如图 9-58 所示，引入纬纱一侧的织边是机织布边，而舌针上的布边是针织布边。在针织系统中，织物总是采用双纬。窄幅有梭织机用于制造无接缝的管子、筛孔尺寸均匀的过滤网、医用纺织品、电子纺织品、三维预成型件、净尺寸成型的预制件和复杂形状的机织结构。带有电子提花头的窄幅有梭织机用于机织厚平板和复杂形状的三维预制件。电子提花头的出现使得改变机织设计更容易。

图 9-58　典型的窄幅针织机

　　传统二维织布机上的三维预制件以平面形式织造，在传统的二维织布机上织造三维预制件的第一步是弄清如何展平（Greenwood et al，1992）。一旦确定，接下来就是织机和机织结构的后续设置，基于三维预制件的性能要求，必须仔细选择纬纱路径。图 9-59 为碳锥 II 形结构在窄幅有梭织机上的织造情况。

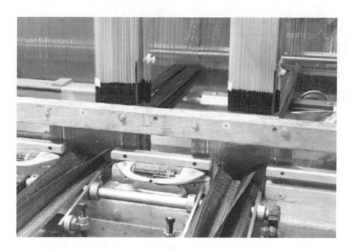

图 9-59 窄幅有梭织机织造 Π 形预制件

9.6.2.2 改进型二维织机

传统二维织机经过改进，可织造各种三维机织预制件。如何改进取决于要生产预制件的性质，除了安装其他工具之外，卷曲和开口运动也有多种改进。改进后的织机用于生产厚平板、轮廓材料、极性材料和复杂的三维预制件。在改装的电子织机上，可以织造无限多的三维预制件和复杂形状。图 9-60 展示了一台窄幅有梭织机正在织造 50mm 厚的碳板，织物结构为正交结构，X、Y 和 Z 方向三组纱线相互垂直。

图 9-60 改进的二维织机织造 50mm 厚的碳板

9.6.2.3 三维织机

一些公司开发出三维织机（Mohamed et al, 1992/1995；3Tex；Khokar, 2002；Uchida et al, 1999；Wilson et al, 1999），如 Mohamed（Mohamed, 1992/1995）等

和 3Tex 开发了从两侧引入纬纱的三维织机（图 9-61）。为方便引纬，经纱被分成几层，由位于筒子架上的筒子或经轴送入，这些经纱层开口后固定，形成无开口装置的梭口。

Mohamed（Mohamed，1992，1995）认为，经纱末端不需要穿过开口装置的综丝，以减少在织造过程中纤维的损伤，可根据横截面形状从两侧同时或交替将多根纬纱通过针或剑杆穿过梭口（层）送入。常规织机中纬纱是从一侧送入的（Hans Walter Kipp，1989）。

如图 9-61 所示，将几根含有纬纱的双边剑杆一次性水平穿过各层，纬纱由垂直的织边针暂时固定在相对侧，然后将剑杆撤回到原来位置，留下一组双纬纱。Z 向纱平行于经纱送入机器，并由综框运动控制分成两层。当底部 Z 向纱层移动到顶部并且通过综框交替运动使顶部 Z 向纱层移动到底部后，添加垂直纱，然后移动综框进行打纬。将织边针降低，并将已织造部分的织物根据纬纱间隔相应移动。之后钢筘向后移动，整体继续循环进行。

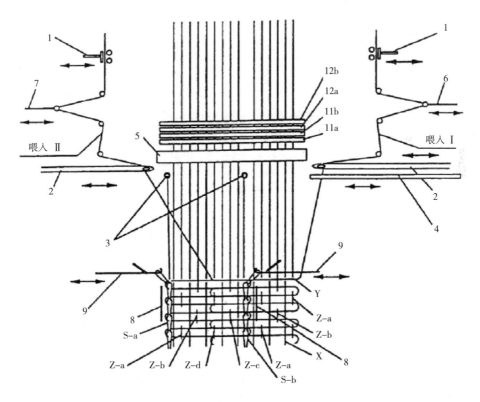

图 9-61　从两侧通过剑杆进行引纬（Mohamed et al，1992/1995）

1—纬纱张力器　2—剑杆　3—布边针　4—布边保持杆　5—打纬装置

6，7—纬纱张力 I 和 II　8—成圈棒　9—布边锁针　11，12—综框

Mohamed（Mohamed，1992，1995）等还开发了可以在其中插入经纱（0°）、纬纱（90°）、Z 向纱和偏轴纱的三维织机，偏轴纱只能位于三维预成型件的正面和背面。

3Tex（Dambrine et al，2008）开发了一台商用三维织机，层数限制在 14 层（NASA，2011）。BRM（由 Bally Ribbon Mills 提供）正在生产 61 层经纱的板材，它可以达到 81 层经纱。

Biteam（Khokar，2002，2008）开发了一种可以在水平和垂直位置形成开口的三维织机。在传统织机中，交织发生在经纱和纬纱两组正交的纱线之间，它不会产生三组正交纱线交织。Biteam 的织机提供了一种双向开口方法，在多层经纱的列方向和行方向形成开口，使多层经纱和两组正交纬纱交织在一起。图 9-62 展示了进行双向开口的综框中综丝的优选排列，织物结构如图 9-63 所示。

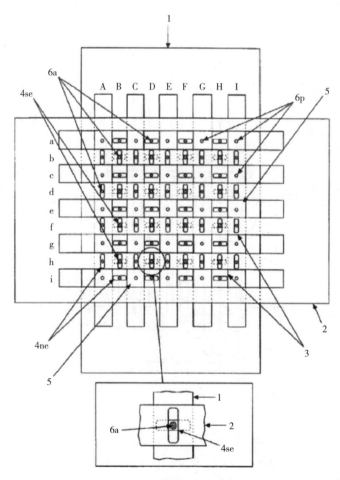

图 9-62　用于双向开口的综框中综丝的优选排列（Khokar，2002）

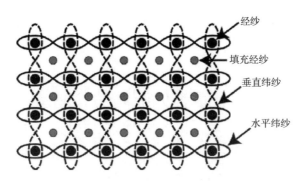

图 9-63 三维织物的组织结构

垂直纬纱和水平纬纱被引入创建的多层经纱中，经纱与两组纬纱交织，形成交织的三维织物。通过这种方法生产的三维织物可以切割成任何所需形状，而没有脱散风险，但最终的织物在三个方向上都有卷曲的纤维。由于双重梭口装置，纤维更容易损伤，因此非常需要复合增强材料将纤维损伤降至最低。

Uchida 等（Uchida，1999）开发了一种包括一个改进的斜纱喂入装置作为整体一部分的三维织机，图 9-64 为三维织机的侧视图，图 9-65 为其生产的三维织物的示意图。在图 9-64 中，经纱 X、偏轴纱 B1、B2 以及垂直纱 Z 分别从各自的织轴送入，并通过松紧调节辊和分离导向器 6 在织口区 7 中被引入机架 5 上。纬纱引入装置将纬纱送入经纱层之间，并位于两组偏轴纱线层的外侧。垂直纱 Z 由 9A 和 9B 从上至下送入，三维机织物通过织物保持器 11 缠绕在织物织轴 12 上。

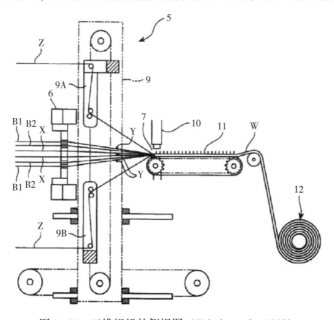

图 9-64 三维织机的侧视图（Uchida et al，1999）

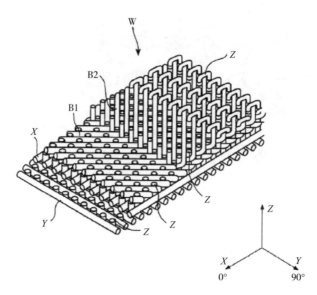

图 9-65　三维织机生产的三维织物（Uchida et al，1999）

　　北爱尔兰的 Short Brothers 公司是 Bombardier 宇航公司的一部分，该公司开发了一种窄幅织机（Wilson et al，1999），称为五轴编织机，用于生产空间增强复合材料（SpaRC）。这些空间增强复合材料被设计成具五个轴向的纤维束（0°、90°、±45°和 Z 向），在这台织布机上可以织造含一层±45°纱的预制件。Quinn（Quinn，2008）等表明，通过增加三维正交结构中 Z 向纱的量，可以减少冲击后的损伤面积，并且低卷曲、多轴、多层机织结构具有更高的损伤容限。

9.6.2.4　特制织机

　　BRM（Bally Ribbon Mills）开发了一种织机，并已获得专利（Bryn et al，2004，2005；Nayfeh，2006），其中纤维可以沿 X、Y、Z、+45°和-45°方向引入，该织机可以织造各种三维结构，如 Π 形结构、T 形结构和十字形等。测试表明，该机器生产的 Π 形结构优于不含+45°/-45°纱线层的机织 Π 形结构。

　　图 9-66 为 BRM 特制织机的前部，图 9-67 为后部。X 向（0°）纱由电子提花综丝控制，形成开口，Z 向纱也由电子提花综丝控制，引纬由伺服电动机驱动的专用梭子完成，+45°和-45°纱线也由伺服电动机控制，打纬由一个单独的钢筘进行，卷取由伺服电动机控制。偏轴纱有多个垂直列。每一纵列有九个位置，其中八个位置装满了纤维线轴，一个位置空置。每个垂直列中的纱筒可以垂直（上下）移动，也可以通过伺服电动机水平移动。偏轴纱可以放置在各层之间或结构外部的任何地方，最多八个位置。

　　利用五个方向上的纱线可以织造多种结构，例如 Π 形、T 形和十字形结构。BRM 还制造了其他速度更快的机器，可以生产各种三维预制件。

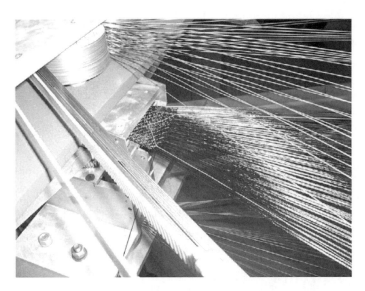

图 9-66 特制织机的前部

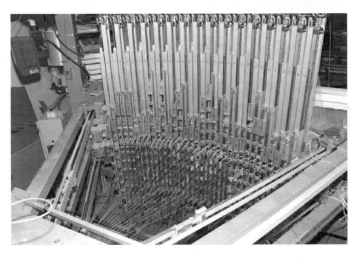

图 9-67 特制织机的后部

9.6.3 三维机织物计算

为复合材料行业设计三维纺织预制件时，纺织工程师需要多次根据复合材料制造商或用户提供的固化复合材料规格计算三维预制件结构，复合材料设计工程师通常向纺织工程师提供以下关于固化复合材料的信息：

（1）复合材料固化件厚度（CPT）。

（2）纤维体积含量（V_f）。

（3）各取向纤维体积含量（%X、%Y 和 %Z）。

（4）纤维类型/纤维密度（ρ_f）/纤维线密度（码/磅❶）。

很多时候用户不会规定所有条件，而是由纺织工程师通过复合材料的要求，推荐合适的预制件结构，其中纱线线密度是需要纺织工程师仔细审查的变量。对于高性能复合材料的应用，复合材料设计工程师可能会指定纤维，这些纤维可能超出织机的织物能力，甚至无法织造。如果客户提供的规格有问题，纺织工程师必须找到解决方案，往往要在性能和可制造性之间做出妥协。

根据固化复合材料的规格，计算织物的 AW，然后乘以指定的纤维百分比，得到总 AW 中的 X、Y 和 Z 组分纤维分别的重量。通过将 AW 成分与适当的纤维产量相乘，计算每个方向的三维预制件构造。根据图案和纤维卷曲，三维预制件的结构可能需要调整。

三维预制件结构可通过以下数据确定：

（1）CPT：固化件（或层）的厚度（英寸）。

（2）V_f：纤维体积含量（%）。

（3）%X：X 向的纤维百分比（%）。

（4）%Y：Y 向的纤维百分比（%）。

（5）%Z：Z 向的纤维百分比（%）。

（6）AW：单位面积重量（磅/平方英寸）。

①AW_x：X 向纤维的单位面积重量。

②AW_Y：Y 向纤维的单位面积重量。

③AW_z：Z 向纤维的单位面积重量。

（7）ρ_f：指定纤维（如碳纤维、玻璃纤维等）的密度（磅/立方英寸）。

（8）指定的纤维支数或产量（例如 6K 或 2220 码/磅）。

$$\text{CPT} = \frac{AW}{\rho_f \times V_f}$$

$$AW = \text{CPT} \times \rho_f \times V_f$$

$$AW_x = AW \times \%X$$

$$AW_Y = AW \times \%Y$$

$$AW_z = AW \times \%Z$$

每英寸总经纱数（EPI）= AW_x（磅/平方英寸）×经纱量（码/磅）×36（英寸/码）

每层每英寸经纱数 $\dfrac{\text{EPI}}{\text{层数}} = \dfrac{\text{总 EPI}}{\text{总层数}}$

每英寸总纬纱数（PPI）= AW_Y（磅/平方英寸）×纬纱量（码/磅）×36（英寸/码）

每层每英寸纬纱数 $\dfrac{\text{PPI}}{\text{层数}} = \dfrac{\text{总 PPI}}{\text{总层数}}$

---

❶ 1 码（yd）= 0.9144 米（m）；1 磅（lb）= 0.4536 千克（kg）。

最容易设计的三维机织结构之一是三向正交结构，因为所有纤维在 X、Y 或 Z 方向上都是直的；纤维卷曲最小，可以从计算中消除。为了计算三向正交预制件每平方英寸所需的 Z 向纱线总数必须考虑预制件的厚度。以下公式假设每根 Z 向纱穿过整个预制件厚度。

$$Z_s/平方英寸 = \frac{AW_Z(磅/平方英寸) \times Z 向纱总量(码/磅) \times 36(英寸/码)}{CPT}$$

例如，一个三维机织预制件要求厚度为 1.5 英寸，纤维体积含量为 57%，采用连续碳纤维长丝和环氧树脂制备。在复合材料设计工程师和纺织工程师就材料应用和使用进行讨论后，纺织工程师建议采用三向正交结构，其中 45% 的纤维沿经纱（0°）方向取向，40% 的纤维沿纬纱（90°）方向取向，15% 的纤维沿厚度（Z）方向取向。三个方向均采用 12K 标准模量碳纤维，纤维密度（ρ_f）为 0.065 磅/立方英寸，支数为 567 磅/英寸。以下计算方法可用于计算具有 30 层经纱和 31 层纬纱的三向正交预制件的 X、Y 和 Z 向纤维量。

$AW = 1.5-英寸 \times 0.065$ 磅/立方英寸 $\times 57\% = 0.0556$ 磅/平方英寸

$AW_X = 0.0556$ 磅/平方英寸 $\times 45\% = 0.0250$ 磅/平方英寸

$AW_Y = 0.0556$ 磅/平方英寸 $\times 40\% = 0.0222$ 磅/平方英寸

$AW_Z = 0.0556$ 磅/平方英寸 $\times 15\% = 0.0083$ 磅/平方英寸

$EPI = 0.0250$ 磅/平方英寸 $\times 567$ 码/英磅 $\times 36$ 英寸/码 $= 510$ 总 EPI

$\frac{EPI}{层数} = \frac{510 总 EPI}{30 经纱层数} = 17\left(\frac{EPI}{层数}\right)$

$PPI = 0.0222$ 磅/平方英寸 $\times 567$ 码/英磅 $\times 36$ 英寸/码 $= 453$ 总 EPI

$\frac{PPI}{层数} = \frac{453 总 EPI}{31 经纱层数} = 14.6\left(\frac{PPI}{层数}\right)$

$Z_s/平方英寸 = \frac{0.0083（磅/平方英寸）\times 567（码/磅）\times 36（英寸/码）}{1.5 英寸} = 113 Z_s/$平方英寸

9.7　三维机织预制件的发展趋势和应用

基于纺织平台的可穿戴技术为纺织、电子和软件企业带来了独特的机遇，电子纺织品的发展空间是巨大的，将传感器集成到纺织品中，不仅可用于监测心率，还可用于其他生理监测，如体温、运动和呼吸以及用于医疗和体育中的肌肉活动等。

美国军方和其他国家军方一直在探索各种减轻士兵使用导电纺织品电子设备电池和导线重量的方法。美国国防部、美国国家航空航天局和欧洲航天局一直在研究电子纺织品，纺织电路可用导电线构成，纺织品衬底上的柔性导电图案可用于包括高速数字电路、天线和射频电路等多种应用。电子技术与纺织品的成功结合需要材料、纺织、机械、电气和电子工程师以及信息技术专家的多学科结合。

电子纺织品前景广阔，大多数可穿戴设备的有效性取决于其能否随时随地保持连接的能力，随着互联网的发展，基于纺织平台的可穿戴技术将广泛应用于人们的日常生活。

随着三维机织物、预制件和复合材料的普及，以及价格的降低，将越来越多地用于诸如消费品、体育用品、汽车、桥梁、自行车和替代能源领域等一系列新应用中。

虽然对于三维结构有一些模拟方法，但目前可用的机织设计软件有限。因此，工程师不得不花费大量时间来弄清楚如何织造特定的预制件，并提出机织设计方案。随着软件和模拟范围改进，设计三维机织预制件花费的时间将显著减少，制造三维机织预制件的过程将变得更快、更经济。

三维预制件的性能取决于纤维性能、织物结构和织造过程中的纤维损伤，其中降低织造过程中的纤维损伤对于提高复合材料的性能是非常重要的。基于机织结构预测三维预制件特性的研究正在进行，为模拟机织复合材料的性能，除织物结构外，还须考虑织机设置和纤维损伤。然而，复合材料工程师通常缺乏纺织知识，纺织工程师缺乏复合材料知识，因此增进对彼此学科领域的了解能有效改善这一状况，对计算机机织设计和仿真领域的高级研发也大有裨益。

致谢

感谢 Bally Ribbon Mills 公司总裁 Raymond Harries 允许作者撰写本章内容，还要感谢 Mark Harries、Curt Wilkinson 和 Lorraine Hornig 在线条图方面所给予的帮助和照片。作者还要衷心感谢 Ruksana Rita Islam 的支持与合作。

参考文献

3Tex , Cary , NC , USA.

Bryn , L. , Islam , M. A. , Lowery , W. L. , Harries , H. D. , June 1, 2004. Three dimensional woven forms with integral bias fibers and bias weaving loom. US Patent # 6,742,547 B2.

Bryn , L. , Nayfeh , S. A. , Islam , M. A. , Lowery , W. L. , Harries , H. D. , May 17, 2005. Loom and method of weaving: three dimensional woven forms with integral bias fibers. US Patent # 6,892,766 B2.

Buckley, M., March 2011. A Report on 3D Preform Technologies for Advanced Aerospace Structures, Airbus, UK.

Castano, L. M., Flatau, A. B., 2014. Smart fabric sensors and e-textile technologies: a eview. Smart Mater. Struct. 23(5), 27 pages.

Conductive Fiber Manufacturers Council(CFMC). www. cfibermfg. com.

Chen, X., Hearle, J. W. S., 2008. Developments in design, manufacture and use of 3D woven fabrics. In: 9th International Conference on Textile Composites, Recent Advances in Textile Composites, University of Delaware, Newark, DE, USA, 13−15 October.

Courtesy of Bally Ribbon Mills, Bally, PA, USA. Courtesy of Biteam AB, Gothenburg, Sweden.

Courtesy of Natus Neurology Incorporated (www. Natus. com), Middleton, WI, USA. Courtesy of Ohmatex, Netherland.

Dalsgaard, C., Sterrett, R., 2014. White Paper on Smart Textile Garments and Devices: A Market Review of Smart Textile Wearable Technologies. Ohmatex, Denmark.

Dambrine, B., Mahieu, J. N., Goering, J., Ouellette, K., 2008. Development of 3D woven, resin transfer molded fan blades. In: 9th International Conference on Textile Composites, Recent Advances in Textile Composites, 13−15 October. University of Delaware, Newark, DE.

Greenwood, K., Islam, M. A., Downes, L., 1992. Research into narrow fabrics opportunities. Melliand Narrow Fabr. Braid. Ind. Mag. 29.

Hans Walter Kipp(Ed.), 1989. Narrow Fabric Weaving. Kurt Greenwood. Sauerländer, Aarau and Frankfurt am Ma.

Hayward, J., November 18, 2014. Wearable technology. In: IDTechEx Conference, Santa Clara, CA, USA.

Islam, M. A., 1985. Shed and shedding trap geometry (M. Sc. thesis). The University of Manchester, England.

Islam, M. A. 1987. The damage suffered by the warp yarn during weaving(Ph. D. thesis). The University of Manchester, England.

Islam, M. A., 1993. Designing of narrow woven high temperature fabrics. In: 25th International SAMPE Technical Conference, Philadelphia, PA, USA, 26−28 October.

Islam, M. A., 1999a. 3D woven near net shape structures. In: ASME International Congress & Exhibition, Nashville, TN, USA, 14−19 November.

Islam, M. A., 1999b. Designing of narrow woven fabrics: 3D woven near net shape structures. In: Narrow Fabrics Conference of Clemson University, Charlotte, North CA, USA, 10−11 November.

225

Islam, M. A., 2000. 3-D woven near net shape and multi-axial structures. In: The Textile Institute 80th World Conference, Manchester, UK, 16-19 April.

Jur, J. S., May 2014. Process for textile applications in photoluminescence and electronics. In: Techtextil North America Conference, Atlanta, GA, USA.

Khokar, N., January 15, 2002. Woven 3D material, US Patent # 6,338,367 B1.

Khokar, N., 2008. Second generation woven profiled 3D fabrics from 3D weaving. In: First World Conference on 3D Fabrics and Their Applications, Manchester, UK, 10-11 April.

Mohamed, M. H., 1990. Three-dimensional textiles. Am. Sci. 78.

Mohamed et al. North Carolina State University, NC, USA. US Patent # 5,085,252, 4 February 1992 and US Patent # 5,465,760, 14 November 1995.

NASA Office of Chief Technologist Press Release on "Development of New Game Changing Technologies" November, 2011.

NASA Tech Briefs, 2008. Making Complex Electrically Conductive Patterns on Cloth. NASA(www. techbriefs. com).

Nayfeh, S. A., et al., July 18, 2006. Bias Weaving Machine. US Patent # 7,077,167 B2. NASA Engineering and Safety Center(NESC) Web Site on Composite Crew Module.

North Carolina State University News, 18 March, 2014, North Carolina State University, Raleigh, NC.

Prichard, A. K., 2008. In: Presentation at First World Conference on 3D Fabrics and their Applications, Manchester, UK, 10-11 April.

Quinn, J. P., et al., 2008. 5 axis weaving technology for the next generations of aircraft-mechanical performance of multi-axis weave structures. In: 9th International Conference on Textile Composites, Recent Advances in Textile Composites. University of Delaware, Newark, DE.

R. STAT, France.

Reho, A., November 18, 2014. Clothing +, "Textile-Integrated Wearable Electronics". In: IDTechEx Conference, Santa Clara, CA, USA.

Schmidt, R., Bersuch, L., Benson, R., Islam, A., March 30, 2004. Three dimensional weave architecture. US Patent No. 6,712,099 B2.

Schmidt, R. P., et al., April 5, 2005. Woven preform for structural joints. US Patent # 6,874,543 B2.

Shakespeare Conductive Fibers, LLC(Part of Jarden Corporation), NC, USA.

Slade, J., May 2014. Infoscitex corporation: design and fabrication of electronic-textile clothing systems. In: Techtextil North America Conference, Atlanta, GA, USA.

Textronics(Part of Adidas Group), Chadds Ford, PA, USA.

Uchida, H. O., et al., December 21, 1999. Three Dimensional Weaving Machine. US Patent # 6,003,563.

White, K., Spray, R., Horn, Q., May 2014. Wearable devices: integrating textiles, electronics and portable power. In: Techtextil North America Conference, Atlanta, GA, USA.

Wilson, S., et al., 1999. SPARC 5 Axis, 3D Woven, Low Crimp Preforms, Bombardier Aerospace, Resin Transfer Molding SAMPE Monograph No. 3, Short Brothers Plc.

第 10 章　汽车工业中的三维织物

C. Dufour[1], P. Pineau[2], P. Wang[1], D. Soulat[1], F. Boussu[1]

[1]法国 ENSAIT-GEMTEX 实验室

[2]法国 MECACORP 中心技术汽车公司

10.1　引言

根据 2003~2007 年欧共体环境立法中有关废物管理立法第 4 节（欧洲共同体环境立法执行手册—第 4 部分—废物管理法—废物管理概述—2003~2007 年，2008 年）规定，鼓励清洁产品的生产和消费，以提高资源利用率，减少制造业排放，控制废物管理。为实现这一目标有两个主要方法：寿命周期评估和环境标签制度。由此消费者可以选择购买更环保的产品。

在汽车工业中，这种全寿命产品方法已通过欧洲议会最初的理事会指令 2000/53/EC 应用于车辆报废（欧洲议会和理事会 2000 年 9 月 18 日关于报废车辆的决议指令 2000/53/EC，2000）。

据 Frost & Sullivan 的一份报告显示，截至 2017 年，汽车用碳纤维复合材料正在以惊人的速度增长（2012 年 7 月 11 日），燃油利用率和低碳排放法规在提高轻型汽车复合材料部件取代金属部件的需求方面发挥了重要作用。研究表明，客车二氧化碳（CO_2）排放量的减少与车辆的整体重量减轻相关，根据美国企业平均燃油经济性（CAFE）法规要求，汽车制造商要在 2016 年前达到每加仑 35.0~39.0 英里/加仑的燃油效率目标。

因此，从总体上看，研发轻质材料对于降低成本、提高回收利用率、将其集成到车辆中，并最大限度地提高燃油效益至关重要（Lightweight Materials, n. d. ）。

据报告（DOE/GO-102010-3111—车辆技术计划—材料技术：目标—策略和最终成就—4 页，2010 年 8 月），这种减轻重量的策略可以在两个时间尺度上进行。

在短期内，用高强度钢、铝或玻璃纤维增强聚合物复合材料等材料替换重型钢部件可将部件重量减轻 10%~60%。

从长远来看，通过使用先进材料，如镁和碳纤维增强复合材料，甚至可实现更大的轻量化（某些部件重量减轻 50%~75%）。

据另一报告（美国能源部—能源效率和可再生能源—汽车技术办公室—材料

技术），预计用高强度钢、镁合金、铝合金、碳纤维和聚合物复合材料等轻质材料代替铸铁和传统钢部件，可以直接将车身和底盘的重量减轻 50%。据估计车辆重量减少 10%，可节省 6%~8% 的燃油。

同样，轻质复合材料通过提高燃油效率和减少有害污染物排放，也为减轻车辆重量提供了机会（Vaidya，2011）。

长期应用于汽车领域，欧盟汽车制造商必须按照 DOE/GO-102010-3164（车辆技术计划：材料技术-目标：策略和最终成就-4 页，2010 年 8 月）所述，在2015 年前实现客车车身和底盘系统减重 50%，以提升成本效益。

10.1.1　用于轻量化解决方案的复合材料

交通运输业愿意用复合材料取代金属材料，用于严重机械载荷但具有相同机械性能的结构部件（Allaoui et al，2012）。复合材料之所以被提出，是因为它们能够为大型且较厚的结构件的优化提供可靠的解决方案，其良好的强度、质量比，特别是它们的各向异性，可以适应结构的机械诱导。

Ghassemieh（Ghassemieh，2013）的研究表明，由于日益增长的环境问题，由合成纤维或或天然纤维制成的复合材料，占据了相对较新领域，具有巨大的增长潜力。然而，这些材料在使用中存在两个主要问题：成本（这是最重要的一个）和生产汽车复杂零部件的合适制造工艺。

同样的，Mangino 等（Mangino，2007）的研究也证明了复合材料具有轻质、抗疲劳和易于成型的特点。聚合物和复合材料已逐渐取代钢作为车身部件（保险杠、机翼、舱门、备胎箱）和许多客舱部件（雷诺文件—减重—31 页，2009）。

然而，用更轻的复合材料零件替换金属零件不仅是考虑减重问题，还需要考虑替代材料承受高应力或冲击的性能，所有通过变形吸收冲击能量的安全元件都是如此。如雷诺的文件—减重—31 页（2009 年）所述，虽然碳纤维、镁和钛重量较轻，但价格昂贵，需要精细加工，且仅限于特定产量，其成本问题也必须考虑。因此，减重不仅限于用一种原材料代替另一种原材料，还需注意机械应力、耐久性、腐蚀性、与车辆装配工艺的兼容性、表面处理和油漆兼容性。

对于车身和座舱，还必须考虑这些部位部件的视觉方面，因为它们是即时可见的。部件在振动下的行为必须给予关注，以避免对汽车驾驶员和乘坐人员造成声学干扰。如雷诺文件—减重—31 页（2009 年）所估计的，每减重一千克将减少超过三欧元的额外成本。

汽车工业中，已成功将许多金属汽车零部件替换为复合材料。例如，在 Turner等（Turner et al，2008）的研究中，采用技术成本建模程序计算成本，用两种复合材料制造工艺［半浸渍系统和新型定向纤维预成型树脂传递模塑（RTM）工艺］以及现有冲压钢部件对三种用于车身的全尺寸前翼子板组件进行了比较，以提高机械性能、减轻重量和成本。力学测试结果表明，与钢板等效的弯曲刚度下，使用碳纤维复合材料可减轻40%~50%的重量。

同样，Feraboli等（Feraboli et al, 2007a，b）的文章强调了先进复合材料在赛车车身面板和集成底盘部件生产中的重要贡献，值得注意的是碳纤维复合材料在高性能车辆的设计中可以显著减轻重量，同时具有制造灵活性。

10.1.2 复合材料的抗撞击性能

考虑到这些新型复合材料的抗撞击性能，一些文章强调了它们作为轻量化解决方案的优势。据报道（Feraboli et al, 2007a，b），薄壁碳纤维增强聚合物（CFRP）能量吸收装置已成功应用于顶级赛车联盟，以大幅提高车辆的耐撞性。后部碰撞（RIMP）衰减器的能量吸收特性和失效行为非常一致；准静态试验结果往往高估了有效的动态能量吸收特性。

此外，研究者还注意到，与应用于复合底盘的EuroNCAP侧面柱碰撞试验中的试验结果相比，使用纺织复合材料的数值模拟使用具有一定的可信度（Carrera et al, 2007）。采用碳纤维进行底盘结构的工程设计，满足了对参考钢底板抗扭刚度和抗弯刚度的相同要求，并使其质量减轻50%，零部件数量减少70%。

另一项研究（Wambua et al, 2003）中，通过对不同天然纤维复合材料的力学性能进行测试，并与玻璃纤维毡增强聚丙烯复合材料进行比较，显示结果趋于相似。需要强调的是，麻的抗冲击性能似乎优于洋麻纤维。

复合材料良好的比吸能使其具有良好的耐撞性（Vaidya, 2011）。与热固性树脂（如环氧树脂）的比吸能（120kJ/kg）相比，CFRP撞击锥和类似结构使用的热塑性树脂比吸能为250kJ/kg，而钢的比吸能为20kJ/kg。还可通过将碳与其他纤维混合来优化抗撞击性能（Herrman et al, 2002）。

10.1.3 热塑性与热固性复合材料

RTM是液体复合材料成型系列工艺中最重要的加工方法之一（Advani, 1994；Rudd et al, 1997），与传统手工铺层或高压相比，它成本适中，适合大规模生产复合材料构件，且有可能达到60%的纤维体积含量。然而，RTM技术在不同的研究中也暴露出一些问题，如研究成型过程中的意外气体排放和模具内成型阶段纤维增强体的形状变形，多篇文章（Lee et al, 2010；Brouwer et al, 2003）表明，在浸渍过程中检测到有害苯乙烯的排放，并将其堵在模具内。在一些研究中（Ouagne et al, 2013a，b；Gereke et al, 2013；Allaoui et al, 2011），由于织物增强几何结构局部变化，最终导致产品在非常复杂的成型步骤中发生了显著变形。其他论文（Arbter et al, 2011；Heardmann et al, 2001；Ouagne et al, 2010）指出，这些纤维增强的改性（均匀性、纤维体积分数、变形状态）通过改变渗透成分（纵向和横向）强烈影响树脂流动浸渍。如两篇论文（Prodromou et al，1997）所述，实际上这些变形会影响最终复合材料零件的机械性能。

热塑性复合材料比热固性塑料、片状模塑料和金属具有更优异的电阻（Vaidya，2011）。

与预浸渍丝束或粉末浸渍纤维束等其他中间产品形式相比，混合纱线具有较高的柔韧性，可以加工成复杂的形状，因此吸引了学者的广泛注意（Svensson et al，1998）。

10.2　用于汽车工业的纺织复合材料

在几种复合材料中，以碳纤维为代表的高性能纤维在 CFRP 材料中更有吸引力，它们的典型特征是高强度/刚性，低密度，具有较大的阻尼效应，并具有很强的抗冲击能力，还显示出优良的电导率和导热性。

热塑性复合材料最初是由结构聚合物复合材料发展而来的，与传统的热固性基体复合材料相比，热塑性复合材料展示出包括低成本和可快速生产等诸多优势（Long et al，2001；Hufenbach et al，2009；Schade et al，2009）。

热塑性塑料，如 CFRP，可以多次加热、重塑和冷却而不降解，考虑到汽车行业的要求，它们不像热固性复合材料只能一次固化，而是可回收的。使用混合纱线时有明显优势（Hufenbach et al，2011），主要是由于增强纱的均匀分布有助于减少熔融后热塑性塑料的流动长度（Mäder et al，2008；Lauke et al，1998）。

利用玻璃纤维与聚丙烯的复合材料，可为汽车工业提供一种经济有效的解决方案（Thanomsilp et al，2005；Thanomsilp et al，2003）。

因此，在汽车工业中，长纤维热塑性（LFT）复合材料用于生产车身底板、仪表板托架、前端模块、蓄电池托盘、天窗横梁、后视镜支架、燃油轨、车门模块、座椅结构、敞篷头弓、门板托架、车顶和行李箱盖、外部覆层、防滑板、踏脚板、台阶辅助、前端支架、保险杠梁、升降门、备胎槽等结构件（Vaidya，2011）。

与热塑性塑料相比，长纤维热塑性复合材料的主要优点是其力学性能优越和不易蠕变（Bartus et al，2006）。与金属相比，长纤维热塑性复合材料具有填充复杂几何形状、耐腐蚀性和低重量的优点。

10.3　三维织物成型制造技术

LMARC 实验室（Laboratoire de Mécanique Appliquee Raymond Chaléat；Gelin et al，1996）、萨里大学（Mohammed et al，2000）、Institut fur VerbundWerkstoe GmbH （IVW；Molnar et al，2007）、首尔大学（Lee et al，2007）、诺丁汉大学（Lin et al，2007）和 LaMCoS 实验室（Laboratoire de Me'canique des Contacts et des Solides；Boisse et al，2011）已经用不同的冲压试验，使用半球形冲头对对称双曲率下织物的成形行为进行了研究。然而，在对称双曲率下织物的成形行为也已在特拉华大学（Bickerton et al，1997）使用锥形冲头完成，并且在不对称双曲率下使用香港大学的离轴锥形冲头（Zhu et al，2011）。鲁汶大学的双圆顶冲床（Vanclooster et al，2009a，b）和奥尔良大学 PRISME 实验室（Institut Pluridisciplinaire de Recherche en Ingé nierie des Systémes，Mécanique et Energétique）使用的四面体冲床（Allaui et al，2011）允许将不对称变形的二维织物最终形成三维形状，接近真实的工业纺织复合现有的解决方案。

根据成型工艺参数的不同，得到的三维结构可能与最终的几何形状和织物的悬垂能力不同。

对独立研究的环境温度（Skordos et al，2007）和热成型过程中加热温度（Lin et al，2007）的影响（Molnar et al，2007），以及从开始的 2mm/s（Skordos et al，2007）升到 720mm/s 的冲压速度进行了比较（Molnar et al，2007）。

研究者对不同层面纺织复合材料也进行了研究。宏观层面，研究的是干织物（Molnar et al，2007；Gelin et al，1996）、预浸渍织物（Lin et al，2007；Skordos et al，2007）和非卷曲织物（Lee et al，2007）的结构类型。介观层面，有研究人员对织物的单位细胞进行了研究，如平纹组织图（Mohammed et al，2000）、斜纹组织图（Mohammed et al，2000；Molnar et al，2007；Lin et al，2007；Skordos et al，2007）和缎纹组织图（Mohammed et al，2000；Lin et al，2007）。微观层面，有研究人员对复丝的原材料，玻璃纤维（Gelin et al，1996；Mohammed et al，2000；Lee et al，2007）以及碳纤维（Lin et al，2007；Skordos et al，2007）进行了研究。

除了这些关于纺织复合材料结构对成型行为影响的多尺度研究之外，如 Gelin 等（Gelin，1996）所述，织物在冲压步骤之前的经纱和纬纱的初始取向对最终得到的三维形状轮廓至关重要，这主要是由于二维织物的各向异性状态。

在机织预制件形成复杂形状的过程中，纤维的重新排列会导致织物组织单元内部的局部变形，进而影响整个织物结构。如果织物继续变形，则会产生局部剪切力和面内压缩力，直接影响经纱和纬纱之间的角度变化（Vanclooster et al，2009a，b），这可以通过屈曲或平面外变形进行补偿（Hofstee et al，2000；Feltman et al，1994）。

起皱是复合材料零件成型过程中最常见的缺陷之一。许多织物参数（摩擦、丝束尺寸和间距）与锁定角有关，一旦达到锁定角，纱线就会相互干扰，开始在平面外起皱（Vaidya，2011）。

在成型过程中还观察到了其他现象 (Lin et al, 2007；Boisse et al, 2011；Mo-hammed et al, 2000)，如纤维体积含量的变化对织物结构渗透率的影响，复丝纱线局部取向对织物整体刚度的影响以及合股纱在织物表面的位置。

这些在三维冲压织物上造成的局部缺陷很可能会影响浸渍过程，扰乱树脂在模具内的流动速度，从而直接影响最终复合材料的力学性能。

综合上述成型工艺研究成果，Najjar 的实验室 (Najjar et al, 2013) 用于从汽车生产要求的三维经纱互锁织物中获得最终预制件的成型台架已经适应了快速、安全和常温冲压工艺，如图 10-1 所示。

图 10-1 实验室的非加热成型台

成型台 (图 10-2) 包括一个静态压边器和一个开放式模具，由四个千斤顶提供的压力分配到预制件的边缘，以及一个非加热冲压头，通过气动千斤顶提供的垂直和受控运动得到所需的形状。

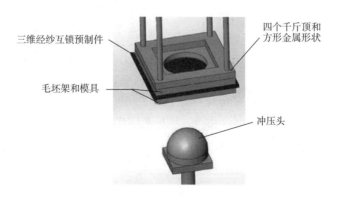

图 10-2 非加热成型平台的静态和动态零件

在成型过程中，要确定的不同参数包括压边压力和冲压头的速度。冲压过程中，压边压力必须足以在冲压过程中维持预成型，避免褶皱和压力过大造成断纱，冲压头的位置由位置传感器控制，还配备了一个应力传感器，用于测量成型过程中冲头对预制件施加的力。在成形台的顶部有一个摄像头，可以观察样品在预成形过程中的成型行为。

对不同形状的冲压头进行的测试显示，半球形冲压头能确保成型过程的对称双曲率变形；冲压头为更复杂的形状，如类似于"角撑板"形状，可获得不对称变形的织物（图10-3）。

图 10-3　对称和非对称冲压头

研究者首先利用半球形冲压头分析了三维经纱互锁织物在经纬两个方向上的成型行为，然后对各向异性进行了检验。"长方体"形状用于更精确地分析形状上的成型行为，其关注点与最终零件相同。

将相同的三维经纱互锁织物用于两种不同形状的冲床，可以按照结构内纱线的不同路径检查两种预制样品的局部和整体变形，并检查织物表面标记的初始等距红点的最终位置（图10-4）。

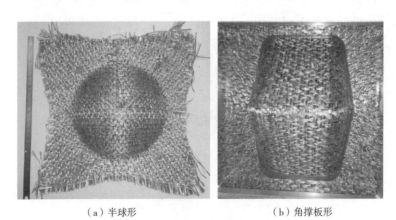

（a）半球形　　　　　　　（b）角撑板形

图 10-4　三维预成型经纱互锁织物

10. 4　三维织物成型模拟

生产大型、有厚度、复杂结构的复合材料零件是汽车工业的重要发展方向。成型阶段在高性能复合材料的整个制造过程中起着重要作用，尤其是 RTM 工艺（Rudd et al，1997；Potter，1999；Parnas，2000）和 CFRTP 树脂（连续纤维增强和热塑性树脂；Maison et al，1998；Soulatet et al，2006；De Luca et al，1998；Brouwer et al，2003；Wang et al，2013；Dufour et al，2013）。为确定可行的成型条件和优化重要的成型参数，必须对成型过程进行数值分析。三维经纱互锁织物成型过程的数值模拟能预测获得厚型复合材料零件的成功条件，更重要的是，能预测三维变形织物最终形状和所有纱线的准确位置。

纺织复合材料成型的数值模拟已广泛应用于薄型织物（如二维织物）。由于力学行为在宏观层面（层的水平）、介观层面（基本单元的水平）和微观层面（纤维的水平）都非常具体，因此其数值模拟可在几个层面上实现（图 10-5）。大多数成型模拟是在宏观层面进行，并提出了几种力学模型（Rogers，1989；Spencer，2000；Yu et al，2002；Boisse et al，2005；Peng et al，2005；Ten Thije et al，2007）。在介观层面，几篇论文对所有纱线及其接触点进行了建模研究（Charmetant et al，2011；Badel et al，2008；Hivet et al，2008）。微观方法考虑到描述纤维之间可能运动的困难，因为每个纤维在成型模拟中是独立表示的（Durville，2010）。此外，研究者（Hamila et al，2009；Boisse et al，2011）提出了一种半离散方法作为宏观和介观方法的替代，这种半离散壳单元是由无旋转的单位机织单元组成，仅呈现节点变量的位移，所述织物的经纱和纬纱方向可以是相对于元件侧的方向的任意方向。

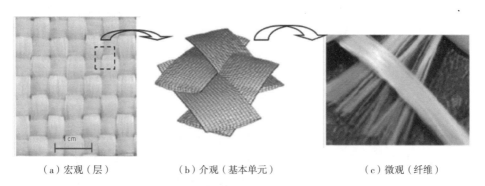

（a）宏观（层）　　　　　　（b）介观（基本单元）　　　　　　（c）微观（纤维）

图 10-5　复合成型多尺度数值模拟（Khan et al，2010；Hamila et al，2009）

与二维织物相比，三维互锁织物的力学行为更难描述。由于链接方式的不同，每种三维连锁体系结构都具有不同的特性（El Hage et al，2009）。例如，使用三维正交互锁机织复合材料可获得更高的全厚度弹性和强度性能（Naik et al，2001；Unal，2012）。角联锁结构中纱线相对较直，经纱以一定角度倾斜（Potluri et al，2012），经纱伸长量大于纬纱伸长量。在角联锁结构中，层数的增加使结构更难弯曲，但层数增加对剪切刚度几乎没有影响（Chen et al，1999，2011）。层间经纱互锁结构在压缩时刚性更强，具有良好的成型性（Zhang et al，2013）。在成型过程中，与二维织物相比，三维经纱互锁增强结构更为复杂，面外黏结纱线引起面外和面内变形耦合（El Said et al，2014），且由于黏结纱的存在，原本可能的层间滑动无法进行。

到目前为止，用于三维经纱互锁织物成型的模型还很少。De Luycker 等（De Luycker et al，2009）开发了半离散六面体有限元，该有限元由浸入连续介质中的节段纱线构成，该模型适用于大多数层间互锁织物成形模拟，但在弯曲试验运动学模拟中存在困难。由于三维经纱互锁织物的变形模式非常具体，Charmetant 等（Charmetant et al，2011）提出了一种横向各向同性超弹性模型，对六种变形模式进行了建模：经纬方向的拉伸、横向压缩、经纬方向的面内剪切和横向剪切。基于该数值模型，考虑到经纱互锁结构在大弯曲效应下变形时的模式，可以对层间三维经纱互锁织物进行成型模拟（Charmetant et al，2012）。

如前所述，三维经纱互锁体系结构非常复杂。一些三维经纱互锁成形的数值模拟使用了理想的几何模型来描述经纱互锁结构（Lee et al，2005；Wang et al，2007；Crookston et al，2007），例如，在成形过程中经纱和纬纱是直的，并且纱线横截面的形状是恒定的。但由于纱线的挤压，其截面形状有重要改变，对确定三维经纱互锁复合材料的性能，特别是损伤和失效有重要作用，会导致拉伸时的应变硬化和压缩时的扭结带形成（Green et al，2014；Cox et al，1996；Mahadik et al，2011）。最近 Green 等（Green et al，2014）开发了基于多链数字单元的有限元模型，来模拟三向正交经纱互锁织物的织造和压实。该模型准确描述了织物的所有关键特征，包括纱线的波纹度和横截面形状以及随压实度的变化。基于真实的经纱互锁几何结构，一种多尺度方法被用来模拟三维织物成形过程（El Said et al，2014）。首先用细观尺度的单元胞数字单元模型预测织物的几何形状，然后用宏观尺度的壳单元模型模拟织物的变形。

综上所述，应通过数值模型对三维经纱互锁织物的实际机织几何结构进行模拟，同时需考虑纱线截面形状的变化。通常很难识别三维经纱互锁结构材料的力学行为规律，需要强调的是，与二维织物相比，厚的经纱互锁预制件成形模拟的成本计算更为重要，因此，成形仿真精度与计算效率之间需保持良好的平衡。

10.5　用于汽车油底壳三维织物的结构与性能

由混合纱线构成的三维经纱互锁织物可以在室温下预成形，这种常温成形通常更好控制，也更经济（Vanclooster et al，2009a，b；Padvaki et al，2010；Thomanny et al，2004；Zhu et al，2011）。由于采用了封闭式模具，在等温条件下可实现成型后的温度升高和树脂固化，通过这种方法更易避免非等温热成形过程中的缺陷，特别是厚预制件。

图 10-6 所示是用于各种普通汽车的油底壳。考虑到成型问题，这种油底壳形状可以被视为一个盒子，然后用角撑板压印。需注意的是，其问题最大的区域是最终预制件的角部和边缘。

然而，使用如图 10-6 所示的如此复杂的最终预制件，为检查由混合纱线制成的三维经纱互锁的成型性能，第一种方法应用于不同织物参数和成型形状，以找到适合冲压工艺的最佳结构。

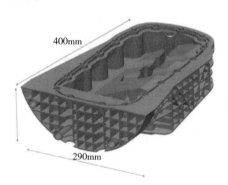

图 10-6　普通汽车的油底壳形状

三维经纱互锁组织图中的三种主要类型选择了不同的结构，如层间、正交和贯穿厚度（图 10-7）。

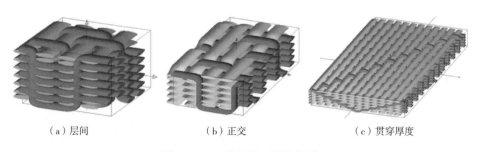

（a）层间　　　　　　　　（b）正交　　　　　　　　（c）贯穿厚度

图 10-7　三维经纱互锁机织图

这三种组织图的主要区别在于黏合纱在三维经纱厚度中的位置的不同，即导致了不同机械性能和延伸性的成型行为。贯穿厚度的组织的泊松系数较高，其中三维织物在经纱方向的变形倾向于拉长黏合纱，从而减小三维织物的厚度。相反，由于三维织物每层中接纬纱的密度较高，层间组织厚度减小较少，往往会限制三维结构织物在经纱方向的整体伸长率。正交组织似乎是另外两种织物在厚度减薄和三维织物在经纱方向的整体伸长之间的折中。

选用360tex线密度的E玻璃纤维和聚丙烯纤维的混纺纱制备了三个组织的织物，这三种选定结构的初始厚度与织机外平板织物的测量值相对应，见表10-1。

表 10-1　360tex 混纺纱的特性及试样初始平均厚度

纤维	聚丙烯纤维	玻璃纤维
纤维直径（μm）	47	17
纤维含量（%）	17.1	82.9
结构	初始平均厚度（mm）	
层间	3.7	
正交	3.1	
贯穿厚度	3.5	

为比较不同结构的成型行为，研究者选择了厚度变化、外层的层间滑动、表面剪切角和材料吸入等特征（Prodromou et al，1997），在最终预制件上定位不同的点，前三个点位于预制件正中平面的经线方向上，第四个点对应于与半球中心相匹配的预制件的中点，后三个点位于预制件中心平面的纬纱方向。

10.5.1　厚度变化

采用预制件不同部分的破坏性切割过程来测量厚度的变化。如图10-8所示，成型结束后，在最终预制件上的七个不同点上测量经纬向的厚度变化。与预成型体的初始厚度相比，三种经纱互锁织物的最终预成型体厚度值减小，如图10-9所示。表10-2总结了三种三维经纱互锁织物七个选定点（图10-8）上测得的所有厚度变化值。

10.5.2　表面剪切角

表面剪切角和材料吸进可以用光学相机测量。面内剪切效应是纺织复合材料最重要的变形方式之一，可以用面内剪切角来衡量。

三种不同类型冲压预制件上层面内剪切角值的测量精度为±0.5°，不同测量值分布在成形织物表面的各个区域，如图10-10所示。

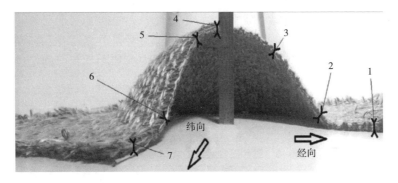

图 10-8　三维经纱互锁的半球形状预制件厚度测量

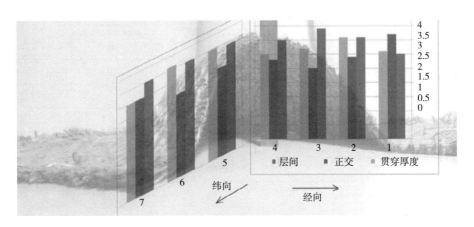

图 10-9　三种三维经纱互锁织物结构成型后的厚度变化

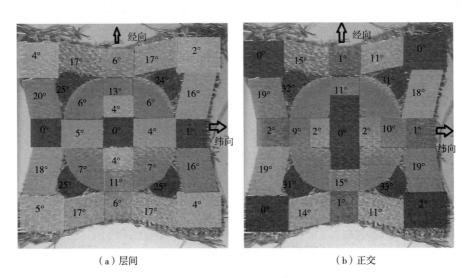

（a）层间

（b）正交

图 10-10　层间和正交经纱互锁织物的面内剪切角值

实验数据显示，从半球形预制件顶部开始，经、纬向呈现准对称。在有效区域边缘的对角线方向上可以观察到最大剪切带。层间和正交经纱互锁预制件的最大面内剪切角分别为25°和33°。与有效区域的面内剪切相比，层间经纱互锁织物由于层间联系较多，比正交经纱互锁织物的刚性要大。

表10-2总结了在层间和正交经纱互锁织物的七个选定点（图10-10）测得的所有表面剪切角值。

表10-2 三种三维经线的成型参数互锁面料

成型参数		点数						
		1	2	3	4	5	6	7
层间	厚度变化（mm）	3.0	3.6	3.9	3.5	3.9	4.0	4.0
	外层层间滑动（mm）	6.8	3.3	3.1	0.0	10.0	7.6	4.0
	表面剪切角（°）	6	13	4	0	4	4	1
	材料内缩（mm）	23.7	未测量					23.7
正交	厚度变化（mm）	3.7	2.9	2.5	2.8	3.2	3.0	3.5
	外层层间滑动（mm）	1.9	6.3	4.7	0.0	5.6	9.7	4.5
	表面剪切角（°）	1	11	0	0	2	10	1
	材料内缩（mm）	24.2	未测量					27.6
贯穿厚度	厚度变化（mm）	3.1	3.6	3.2	3.0	4.0	4.1	3.5
	外层层间滑动（mm）	11.7	10.2	4.4	0.0	7.9	5.5	4.0
	表面剪切角（°）	未测量						
	材料内缩（mm）	21.4	未测量					24.9

10.5.3 材料内缩

三种经纱互锁织物的经纱和纬纱方向的材料内缩，通过从垂直于预制件表面的中心点拍摄照片进行测量，并保持足够距离以减小拍摄误差。

每个经纱互锁结构的冲压试验重复三次。如图10-11所示，通过与材料内缩平均值对应的每条曲线很好地再现了试验。

经纱和纬纱方向的材料的内缩是准对称的。对于层间和正交经纱互锁结构，最大值在纬纱方向略高，这可用经纱在这种结构中的演变来解释。正交经纱互锁结构的经纱从一个表面弯曲到另一个表面，防止纱线在这种结构中的滑移，而纬纱的演变则更为平稳。层间结构中，所有的弯曲经纱只连接两个连续的层，这一事实解释了这种差异。

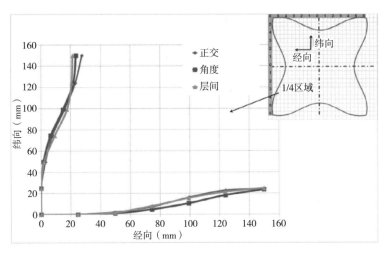

图 10-11　三种三维经纱互锁织物在经向和纬向的材料吸收测量值

三种三维经纱互锁织物在选定点 1 和 7 处（图 10-11）测量的所有材料内缩值参见表 10-2。

10.5.4　外层的层间滑动

由于三维经线互锁的厚度值较大，成型过程中必须分别检查位于三维织物顶部和底部的经纱和纬纱的确切位置。为了测量外层之间的滑动，已在三维经纱互锁织物的两个外表面上编织了彩色纱线，以创建对称且规则的网格（图 10-12）。取 50 个位置，并在上、下表面上进行了标记。

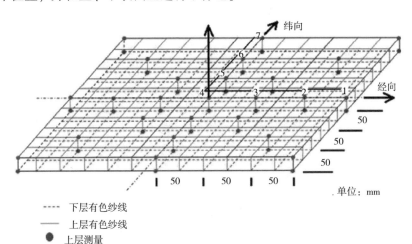

图 10-12　网格结构的彩色纱线插入三维经纱互锁织物的顶部和底部

一旦成型步骤完成，这些纱线的交叉就会产生不同的点，在这些点上的空间位置进行比较，然后根据中间平面上两个外部点的正交投影之间的距离确定层间滑动（Bel et al, 2012）。例如，位于外部两层三维经纱互锁织物层中的点3的层间滑动的测量如图10-13所示。

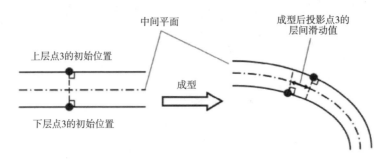

图 10-13　三维经纱互锁织物的层间滑动平均值的测量

对于三种不同类型的结构，分别在经、纬两个方向上对层间滑动值进行了多次测量，如图10-14所示。

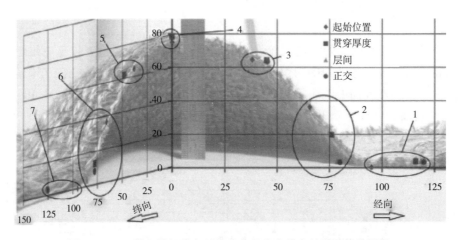

图 10.14　三种三维经线互锁织物在经向和纬向的滑动值的测量

在半球形状较高的位置，由于主要施加荷载在厚度方向，层间滑动值可忽略不计。

表 10-2 给出了三种三维经纱互锁织物的七个选定点（图10-14）测得的所有表面层间滑动值。

10.5.5　三种三维经纱互锁织物比较

表 10-2 汇总了三种三维经纱互锁织物的所有测量值，以便对厚度变化、外层的层间滑动、表面剪切角和材料内缩等四项不同成型参数进行比较。

利用四项测量参数对三种不同类型三维经纱互锁织物进行首次比较，有助于突显使用半球形冲头成型后，组织图对最终预制件在经、纬两个方向整体行为的影响。

三种经纱互锁织物使用半球形预制件时，经纱方向（点 1~3）与纬纱方向（点 5~7）的厚度变化略有不同。在纬纱方向（点 5~7），层间和贯穿厚度经纱互锁织物的厚度变化值高于经纱方向，而正交经纱互锁织物的厚度变化值不明显。这是由于正交的经纱弯曲导致六层纬纱叠加而没有任何面内运动，从而导致正交的经纱互锁组织的压缩能力较低。层间经纱互锁织物的平均厚度变化标准差最低，织物成型后的结构更加均匀。

在经纱方向上（点 1~3），层间经纱互锁织物的外部层间滑动值与正交和贯穿厚度的织物相比最低。这主要是由于弯曲的经纱连接了两层，从而在成型过程中更好地保持了整个结构的厚度。相反，层叠经纱互锁织物在纬纱方向（点 5~7）则可以观察到相反的效果，这是由于其层间的滑动能力较强所致。正交互锁织物的层间滑移平均值的标准差最小，三维织物成型后的外层恢复效果更好。

正交经纱互锁织物在经、纬两个方向的表面剪切角的值非常相似。而层间经纱互锁织物的表面剪切角值在经纱方向（点 1~3）高于纬纱方向（点 5~7）。

利用半球形冲头，层间经纱互锁织物的材料内缩值在两个经纱和纬纱方向似乎达到平衡，与此相反，贯穿厚度互锁织物和正交互锁织物的材料在纬向上的材料内缩值较高。这主要是由于这些结构内部的纬纱更容易打滑，有助于纱线的消耗和纬纱收缩。层间互锁织物的平均材料内缩标准偏差值最低，这点解释了成型过程中织物结构的消耗是均等的。

三种三维经纱互锁织物的第二个比较，可以揭示由于其不同的组织在最终预制件的每个点的局部行为。

对于层间互锁织物，考虑到最终预制件经纱方向的点 1~3，层间滑动值越高，厚度变化值越小。此外，沿着从点 4（半球形预制件的顶部）到点 1（底部）的经纱方向，层间滑动值是递减的。反之，位于最终预制件纬纱方向的点 5~7，虽然层间滑动值减小，但厚度变化值略有增加。

对于正交互锁织物，点 2 位于经纱方向，层间滑移和表面剪切角的耦合值越大，导致厚度变化值越小，位于纬纱方向的点 6 也出现同样的情况。

对于贯穿厚度互锁织物，可以注意到位于最终预制件经纱方向上的点 1 层间滑动值较高，而厚度变化值较小。此外，沿着从点 4（半球形预制件的顶部）到点 1（底部）的经纱方向，层间滑动值不断增加。相反，沿纬纱方向从点 5~7，层间滑动值逐渐减小。

尽管测量点数量较少，考虑到这些整体和局部结果，可以广泛地观察到贯穿厚度互锁织物的整体变形行为、正交互锁织物较多局部变形行为以及层间互锁织物的整体和局部变形行为的混合。因此，考虑到在经向和纬向分别具有这些不同曲率值的角撑板冲头，由于层间变形的联锁织物在保持良好织物定向的同时兼顾了良好的变形性能，在冲压之前似乎更适合成型过程。

10.5.6　使用角撑板冲头优化层间互锁织物的成型性能

在前人研究的基础上，通过选择层间组织图，对初选的二上二下斜纹层间经纱互锁织物进行了优化，以改善角撑板冲头的成型性能。根据汽车制造商对现有纱线的要求，选择了一种新的混纺纱进行优化。因此，采用 1100 Tex Twintex©纱线（E-glass 和聚丙烯混合纱线）制成了三维层间经纱互锁织物。

以往选用的是层间经纱互锁织物，它具有厚度变化均匀性好和引纬方向相等的特点。通过减少经纬纱之间的交叉连接数，将厚度变化值的减小与层间滑动值的减小结合起来，可以使纱线在织物结构内的运动更小。因此，提出了一种四上四下斜纹层间经纱互锁织物，并与先前的二上二下斜纹层间经纱互锁织物进行了比较，如图 10-15 所示。

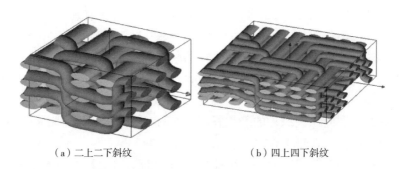

（a）二上二下斜纹　　　　　　　　　　　（b）四上四下斜纹

图 10-15　不同斜纹层间经纱互锁组织图

采用相同的成型工艺，对两种层间经纱互锁织物进行了冲压，如图 10-16 所示。

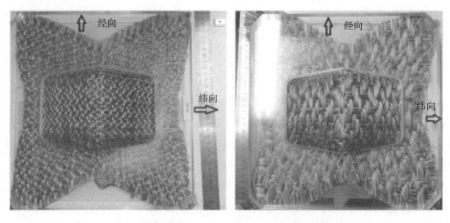

图 10-16　使用斜纹层间经纱互锁织物角撑定型

使用与之前半球形冲压机相同的方法，两种三维层间经纱互锁织物的七个选定点（图 10-8）的位置如图 10-17 所示。

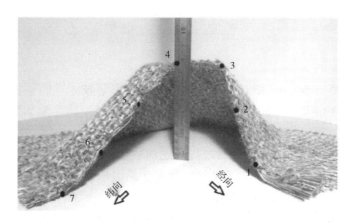

图 10-17　使用角撑板冲头在三维经纱互锁织物上确定七个测量点的位置

为了比较每种结构的成型性能，表 10-3 汇总了厚度变化、外层的层间滑动、表面剪切角和材料内缩等特性。正如预期的那样，四上四下斜纹层间经纱互锁织物的层间滑动值低于二上二下斜纹层间经纱互锁织物。因此，为确保三维经纱互锁成型后最终预成型坯的整体均匀性，可首选四上四下斜纹层间经纱互锁织物。但在成型过程中，使用新的混纺纱和新的角撑板形状会导致三维经纱互锁织物的消耗量增加且不均衡。

表 10-3　两种类型的层间经纱互锁织物的成形参数

成型参数		点数						
		1	2	3	4	5	6	7
二上二下斜纹层间	厚度变化（mm）	4.9	4.7	4.5	5.3	3.1	5	5
	外层的层间滑动（mm）	10.7	18.9	17.9	0	14.2	21.8	16
	表面剪切角（°）	2	2	1	1	3	12	3
	材料内缩（mm）	43.6	未测量					15.5
四上四下斜纹层间	厚度变化（mm）	5.5	4.3	4.1	4.8	4.7	4.9	5.5
	外层的层间滑动（mm）	7.2	9.7	9.1	0.0	14.0	17.2	13.7
	表面剪切角（°）	1	2	0	3	3	20	2
	材料内缩（mm）	50.0	未测量					22.4

由于缺乏时间和预算来制造冲压模具，最终的油盘预成型件无法使用由 1100

Tex Twintex©纱线制成的四上四下斜纹层间经纱互锁织物。然而，人们对三维经纱互锁织物的成型行为已有了更深入的了解，并将很快用于模拟。

10.6　小结

根据欧盟委员会（DOE/GO-102010-3111—车辆技术项目—材料技术：目标—策略和主要成就—4 页，2010 年 8 月）和美国能源部（美国能源部—能源效率和可再生能源—车辆技术办公室—材料技术，北达科他州）对汽车零部件的不同减重策略，轻质复合材料通过提高燃油效率和减少有害污染物排放为降低车辆重量提供了机会（Vaidya，2011）。与基于热固性基体的传统复合材料相比，热塑性复合材料为低成本和快速生产带来了新机遇。因此，对汽车行业来说，具有成本效益的解决方案是使用由混合纱线结构制成的一次性成型三维热塑性复合材料。采用混合纱线制成的三维经纱互锁织物作为纺织复合解决方案是三维成型很好的选择，可以通过油底壳这一汽车零部件来验证所提出的热塑性生产工艺。通过对织物参数进行优化，以保证三维经纬互锁织物在保持各局部变形部位均匀性的同时，保证织物整体结构的充分变形。结果表明，层间互锁组织能很好地协调整体变形和整体均匀性，并具有适应不同曲率形状的局部变形能力。虽然实验数量有限，无法对三维互锁织物的形成过程进行统计，但已发现可以通过使用厚织物，特别是三维经纱互锁织物来解决热塑性复合材料的三维成型问题。

未来将在适合的三维厚织物模型上进行数值模拟，以检验三维经纱互锁织物的成型性能，并与实验结果进行比较。

汽车工业必须大幅降低汽车的总重量，因此复合材料作为一种轻量化解决方案，可以集成更易于成形的纤维增强材料，避免耗时的冲压步骤和劳动力成本。为实现快速生产和高速热成型工艺，必须开发能够轻松处理混合热塑性纱线的专用织机。

由热塑性纤维增强材料制成的复合材料，尤其是与金属部件的集成，还有待进一步研究。特定低温和高速焊接工艺往往是金属部件复合材料组装的一部分。

致谢

本研究通过大型集成协作项目 MAPPIC（编号 263159-1）得到了欧盟委员会三维的支持，项目题目是：轻质热塑性纺织复合材料结构的大规模三维升级平板和增强板的一次性制造。

参考文献

Advani, S. , 1994. Flow and Rheology in Polymeric Composites Manufacturing. Elsevier, Amsterdam.

Allaoui, S. , et al. , 2011. Experimental and numerical analyses of textile reinforcement forming of a tetrahedral shape. Compos. Part A 42, 612-622.

Allaoui, S. , et al. , 2012. Experimental preforming of highly double curved shapes with a case corner using an interlock reinforcement. Int. J. Mater. Form. 7, 155-165.

Arbter, R. , et al. , 2011. Experimental determination of the permeability of textiles: a benchmark exercise. Compos. Part A 42(9), 1157-1168.

Badel, P. , Vidal-Salle, E. , Boisse, P. , 2008. Large deformation analysis of fibrous materials using rate constitutive equations. Comput. Struct. 86(11), 1164-1175.

Bartus, S. , Ulven, C. , Vaidya, U. , 2006. Design and development of long fiber thermoplastic bus seat. J. Thermoplast. Compos. Mater. 9(2), 131-154.

Bel, S. , Hamila, N. , Boisse, P. , Dumont, F. , 2012. Finite element model for NCF composite reinforcement preforming: importance of interply sliding. Compos. Part A 43, 2269-2277.

Bickerton, S. , Limfiacek, P. , Guglielmi, S. , Advani, S. , 1997. Investigation of draping and its effects on the molding process during manufacturing of a compound curved composite part. Compos. A: Appl. Sci. Manuf. 28(9-10), 801-816.

Boisse, P. , Gasser, A. , Hagège, B. , Billoet, J. , 2005. Analysis of the mechanical behavior of woven fibrous material using virtual tests at the unit cell level. J. Mater. Sci. 40, 5955-5962.

Boisse, P. , Hamila, N. , Vidal-Sallé, E. , Dumont, F. , 2011. Simulation of wrinkling during textile composite reinforcement forming. Influence of tensile, in-plane shear and bending stiffnesses. Compos. Sci. Technol. 71(5), 683-692.

Brouwer, W. , Van Herpt, E. , Labordus, M. , 2003. Vacuum injection moulding for large structural applications. Compos. Part A 34, 551-558.

Carrera, M. , Cuartero, J. , Miravete, A. , Jergeus, J. , 2007. Crash behaviour of a carbon fibre floor panel. Int. J. Veh. Des. 44(3/4), 268-281.

Charmetant, A. , Vidal-Sallé, E. , Boisse, P. , 2011. Hyperelastic modelling for mesoscopic analyses of composite reinforcements. Compos. Sci. Technol. 71(14), 1623-1631.

Charmetant, A. , Orliac, J. , Vidal-Sallé, E. , Boisse, P. , 2012. Hyperelastic model for large deformation analyses of 3D interlock composite preforms. Compos. Sci. Technol. 72,

1352–1360.

Chen, X., Spola, M., Paya, J., Sellabona, P., 1999. Experimental studies on the structure and mechanical properties of multi–layer and angle–interlock woven structures. J. Text. Inst. 90(1),91–99.

Chen, X., Taylor, L., Tsai, L., 2011. An overview on fabrication of three–dimensional woven textile preforms for composites. Text. Res. J. 81(9),932–944.

Cox, B., Dadkhah, M., Morris, W., 1996. On the tensile failure of 3D woven composites. Compos. A: Appl. Sci. Manuf. 27,447–458.

Crookston, J., Kari, S., Warrior, N., Jones, I., 2007. 3D textile composite mechanical properties prediction using automated FEA of the unit cell. In: 16th International Conference on Composite Materials(ICCM–16), Kyoto.

De Luca, P., Pickett, A., 1998. Numerical and experimental investigation of some press forming parameters of two fibre reinforced thermoplastics: APC2–AS4 and PEI–CE-TEX. Compos. Part A 29,101–110.

De Luycker, E., Morestin, F., Boisse, P., Marsal, D., 2009. Simulation of 3D interlock composite performing. Compos. Struct. 88,615–623.

Directive 2000/53/EC of the European Parliament and of the Council of 18 September 2000 on End–of Life Vehicles, 2000. Available from: http://eur–lex. europa. eu/LexUriServ/LexUriServ. do? uri = CONSLEG: 2000L0053: 20050701: EN: PDF(accessed Sept–2013)[Online].

DOE/GO–102010–3111–Vehicle Technologies Program–Materials Technologies: Goals–Strategies and Top Accomplishments–4 pages, August 2010. Available from: http://www1. eere. energy. gov/vehiclesandfuels/pdfs/materials_tech_goals. pdf(accessed Sept–2013)[Online].

DOE/GO–102010–3164–Vehicle Technologies Program: Goals–Strategies and Top Accomplishments, December 2010. Available from: http://www1. eere. energy. gov/vehiclesandfuels/pdfs/pir/vtp_goals–strategies–accomp. pdf(accessed Sept–2013)[Online].

Dufour, C., Wang, P., Boussu, F., Soulat, D., 2013. Experimental investigation about stamping behaviour of 3D warp interlock composite performs. Appl. Compos. Mater. 21,725–738.

Durville, D.,2010. Simulation of the mechanical behaviour of woven fabrics at the scale of fibers. Int. J. Mater. Form. 3,1241–1251.

El Said, B., Green, S., Hallett, S.,2014. Kinematic modelling of 3D woven fabric deformation for structural scale features. Compos. Part A 57,95–107.

El Hage, C. , Aboura, Z. , Younès, R. , Benzeggagh, M. , 2009. Analytical and numerical modeling of mechanical properties of orthogonal 3D CFRP. Compos. Sci. Technol. 69, 111–116.

Feltman, R. , Santare, M. , 1994. Evolution of fiber waviness during the forming of aligned fiber/thermoplastic composite. Compos. Manuf. 5(4), 203–215.

Feraboli, P. , Masini, A. , Bonfatti, A. , 2007a. Advanced composites for the body and chassis of a production high performance car. Int. J. Veh. Des. 44(3–4), 233–246.

Feraboli, P. , Norris, C. , McLarty, D. , 2007b. Design and certification of a composite thin-walled structure for energy absorption. Int. J. Veh. Des. 44(3–4), 247–267.

Frost & Sullivan–Automotive Carbon Fiber Composites to Grow at a Staggering Growth Rate until 2017, 11 July 2012. Available from: http://www. frost. com/prod/servlet/press–release–print. pag? docid 263(accessed Sept–2013)[Online].

Gelin, J. , Cherouat, A. , Boisse, P. , Sabhi, H. , 1996. Manufacture of thin composite structures by the RTM process: numerical simulation of the shaping operation. Compos. Sci. Technol. 56(7), 711–718.

Gereke, T. , D öbrich, O. , H übner, M. , Cherif, C. , 2013. Experimental and computational com–posite textile reinforcement forming: a review. Compos. Part A 46, 1–10.

Ghassemieh, E. , 2013. Availablefrom: http://cdn. intechopen. com/pdfs/13343/InTech–Materials in automotive application–state–of–the–art and prospects. pdf(accessed Sept–2013)[Online].

Green, S. , Long, A. , El Said, B. , Hallett, S. , 2014. Numerical modelling of 3D woven perform deformations. Compos. Struct. 108, 747–756.

Hamila, N. , Boisse, P. , Sabourin, F. , Brunet, M. , 2009. A semi–discrete shell finite element for textile composite reinforcement forming simulation. Int. J. Numer. Methods Eng. 79, 1443–1466.

Handbook on the Implementation of EC Environmental Legislation–Section 4–Waste Management Legislation–Waste Management Overview–Period 2003–2007, 2008. Available from: http://ec. europa. eu/environment/enlarg/handbook/intro. pdf(accessed Sept–2013)[Online].

Heardmann, E. , Lekakou, C. , Bader, M. , 2001. In plane permeability of sheared fabrics. Compos. Part A 32, 933–940.

Herrman, H. , Mohrdeck, C. , Bjeovic, R. , 27–28 November 2002. Materials for the Automotive Lightweight Design, EUROMOTOR: New Advances in Body Engineering: Lightweight Material Applications, Passive Safe. Institut fur Kraftfahrzeuge, Aachen.

Hivet, G. , Boisse, P. , 2008. Consistent mesoscopic mechanical behaviour model for woven composite reinforcements in biaxial tension. Compos. Part B 39(2),345-361.

Hofstee,J. , De Boer,H. , Van Keulen,F. , 2000. Elastic stiffness analysis of a thermo-formed plain weave fabric composite, Part I. Compos. Sci. Technol. 60 (7), 1041-1053.

Hufenbach, W. , Adam, F. , Beyer, J. , Zichner, M. , Krahl, M. , Lin, S. , et al. , 2009. Development of an adapted process technology for complex thermoplastic light-weight structures based on hybrid yarns. In: Proceedings of ICCM-17 Conference, Edinburgh,27-31 July.

Hufenbach, W. , B6ohm, R. , Thieme, M. , Winkler, A. , 2011. Polypropylene/glass fibre 3D-textile reinforced composites for automotive applications. Mater. Des. 32, 1468-1476.

Khan,M. , Mabrouki,T. , Vidal-Sallé, E. , Boisse,P. , 2010. Numerical and experimental analyses of woven composite reinforcement forming a hypoelastic behaviour. Application to the double dome benchmark. J. Mater. Process. Technol. 2,378-388.

Lauke,B. , Bunzel,U. , Schneider,K. , 1998. Effect of hybrid yarn structure on the delami-nation behaviour of thermoplastic composites. Compos. Part A 29(1),397-409.

Lee,C. , Chung,S. , Shin,H. , Kim,S. , 2005. Virtual material characterization of 3D or-thogonal woven composite materials by large-scale computing. J. Compos. Mater. 39, 851-863.

Lee,J. S. , Hong Seok,J. , Yu,W. -R. , Kang Tae,J. , 2007. The effect of blank holder force on the stamp forming behavior of non-crimp fabric with a chain stitch. Compos. Sci. Technol. 67(3),357-366.

Lee,S. ,et al. , 2010. Compression and relaxation behavior of dry fiber preforms for resin transfer molding. J. Compos. Mater. 44(15),1801-1820.

Lightweight Materials,n. d. Available from: http://www1. eere. energy. gov/vehiclesandfu-els/technologies/materials/printable_versions/lightweight_materials. html (accessed Sept-2013)[Online].

Lin, H. , et al. , 2007. Predictive modelling for optimization of textile composite forming. Compos. Sci. Technol. 67(15),3242-3252.

Long,A. , Wilks,C. , Rudd,C. , 2001. Experimental characterisation of the consolidation of a commingled glass/polypropylene composite. Compos. Sci. Technol. 61 (1), 591-603.

Mäder,E. , Rausch,J. , Schmidt,N. , 2008. Commingled yarns-processing aspects and tai-lored surfaces of polypropylene/glass composites. Compos. Part A 39,612-623.

Mahadik,Y. , Hallett,S. , 2011. Effect of fabric compaction and yarn waviness on 3D woven composite compressive properties. Compos. Part A 42,1592−1600.

Maison, S. , et al. , 1998. Technical developments in thermoplastic composites fuselages. SAMPE J. 5,33−39.

Mangino, E. , Carruthers, J. , Pitarres, G. , 2007. The future use of structural composite materials in the automotive industry. Int. J. Veh. Des. 44(3/4) ,211−232.

Mohammed, U. , Lekakou, C. , Bader, M. , 2000. Experimental studies and analysis of the draping of woven fabrics. Compos. A:Appl. Sci. Manuf. 31(12) ,1409−1420.

Molnar, P. , Ogale, A. , Lahr, R. , Mitschang, P. , 2007. Influence of drapability by using stitching technology to reduce fabric deformation and shear during thermoforming. Compos. Sci. Technol. 67(15) ,3386−3393.

Naik, N. , Azad, S. , Durga Prasad, N. , Thur, P. , 2001. Stress and failure analysis of 3D orthogonal interlock woven composites. J. Reinf. Plast. Compos. 20 (17) , 1485 − 1523.

Najjar, W. , et al. , 2013. Analysis of the blank holder force effect on the preforming process using a simple discrete approach. Key Eng. Mater. 554−557,441−446.

Ouagne, P. , Bréard, J. , 2010. Continuous transverse permeability of fibrous media. Compos. Part A 41(1) ,22−28.

Ouagne, P. , Soulat, D. , Moothoo, J. , Capelle, E. , 2013a. Complex shape forming of a flax woven fabric;analysis of the tow buckling and misalignment defect. Compos. Part A 51,1−10.

Ouagne, P. , et al. , 2013b. Mechanical characterisation of flax−based woven fabrics and in situ measurements of tow tensile strain during the shape forming. J. Compos. Mater. 47,3501−3515.

Padvaki, N. , Alagirusamy, R. , Deopura, B. , Fanqueiro, R. , 2010. Studies on preform properties of multilayer interlocked woven structures using fabric geometrical factors. J. Ind. Text. 39(4) ,327−346.

Parnas, R. , 2000. Liquid Composite Molding. Hanser Garner Publications, New York, NY.

Peng, X. , Cao, J. , 2005. A continuum mechanics−based non orthogonal constitutive model for woven composite fabrics. Compos. Part A 36,859−874.

Potluri, P. , Hogg, P. , Arshad, M. , Jetavat, D. , 2012. Influence of fibre architecture on impact damage tolerance in 3D woven composites. Appl. Compos. Mater. 19,799−812.

Potter, K. , 1999. History of the resin transfer moulding for aerospace applications. Compos. Part A 30,757−765.

Prodromou, A. , Chen, J. , 1997. On the relationship between shear angle and wrinkling of textile composite preforms. Compos. Part A 28,491−503.

Renault document – Shedding weight – Sheet 31, 2009. Available from: http://www. renault. com/en/innovation/eco – technologies/documents _ without _ moderation/pdf_env_gb/light weight_vehicle_design. pdf(accessed Sept–2013) [Online].

Rogers, T. ,1989. Rheological characterisation of anisotropic materials. Composites 20,21–27. Rudd, C. , Long, A. , 1997. Liquid Molding Technologies. Woodhead Publishing Limited, Cambridge.

Schade, M. , et al. , 2009. Development and technological realization of complex shaped textile reinforced thermoplastic composites. In: Composites in Automotive and Aerospace(5th International Congress on Composites) , Munich, 14–15 October.

Skordos, A. , Aceves, C. , Sutcliffe, M. ,2007. A simplified rate dependent model of forming and wrinkling of preimpregnated woven composites. Compos. Part A 38, 1318 – 1330.

Soulat, D. , Cheruet, A. , Boisse, P. , 2006. Simulation of continuous fibre reinforced thermoplasticforming using a shell finite element with transverse stress. Comput. Struct. 84, 888 – 903. Spencer, A. , 2000. Theory of fabric – reinforced viscous fluids. Compos. Part A 31,1311–1321.

Svensson, N. , Shishoo, N. , Gilchrist, M. , 1998. Manufacturing of thermoplastic composites from commingled yarns–a review. J. Thermoplast. Compos. Mater. 11(1) ,22–56.

Ten Thije, R. , Akkerman, R. , Huétink, J. , 2007. Large deformation simulation of anisotropic material using an updated Lagrangian finite element method. Comput. Methods Appl. Mech. Eng. 196,3141–3150.

Thanomsilp, C. ,Hogg, P. ,2003. Penetration impact resistance of hybrid composites based on commingled yarn fabrics. Compos. Sci. Technol. 63,467–482.

Thanomsilp, C. , Hogg, P. , 2005. Interlaminar fracture toughness of hybrid composites based on commingled yarn fabrics. Compos. Sci. Technol. 65,1547–1563.

Thomanny, U. , Ermanni, P. ,2004. The influence of yarn structure and processing conditions on the laminate quality of stampformed carbon and thermoplastic polymer fiber commingled yarns. J. Thermoform. Compos. Mater. 17(3) ,259–283.

Turner, T. A. , Harper, L. T. , Warrior, N. A. , Rudd, C. D. , 2008. Low–cost carbon–fibre–based automotive body panel systems: a performance and manufacturing cost comparison. J. Automob. Eng. 222,53–63.

U. S. Department of Energy–Energy Efficiency and Renewable Energy–Vehicle Technologies Office – Materials Technologies, n. d. Available from: http://www1. eere. energy. gov/vehiclesandfuels/technologies/materials/index. html(accessed Sept – 2012) [Online].

Unal,P. G. ,2012. 3D-woven fabrics. In:Jeon,H. -Y. (Ed.) ,Woven Fabrics. InTech, pp. 91-120(Chapter 4). http://dx. doi. org/10. 5772/37492.

Vaidya,U. ,2011. Composites for Automotive,Truck and Mass Transit-Materials,Design, Manufacturing. DEStech Publications,Inc. ,Lancaster,PA.

Vanclooster,K. ,Lomov,S. ,Verpoest,I. ,2009a. Experimental validation of forming simulations of fabric reinforced polymers using an unsymmetrical mould configuration. Compos. A:Appl. Sci. Manuf. 40(4) ,530-539.

Vanclooster,K. ,Lomov,S. ,Verpoest,I. ,2009b. On the formability of multi-layered fabric composites. In:ICCM-17th International Conference on Composite Materials,Edinburgh,UK.

Wambua,P. ,Ivens,J. ,Verpoest,I. ,2003. Natural fibres:can they replace glass in fibre reinforced plastics? Compos. Sci. Technol. 63(9) ,1259-1264.

Wang,X. ,Wang,X. ,Zhou,G. ,Zhou,C. ,2007. Multi-scale analyses of 3D woven composite based on periodicity boundary conditions. J. Compos. Mater. 41,1773-1788.

Wang,P. ,Hamila,N. ,Boisse,P. ,2013. Thermoforming simulation of multilayer composites with continuous fibres and thermoplastic matrix. Compos. Part B 52,127-136.

Yu,W. ,et al. ,2002. Nonorthogonal constitutive equation for woven fabric reinforced thermoplastic composites. Compos. Part A 33,1095-1105.

Zhang,Y. ,et al. ,2013. Study on intra/inter-ply shear deformation of three dimensional woven performs for composite materials. Mater. Des. 49,151-159.

Zhu,B. ,Yu,T. ,Zhang,H. ,Tao,X. ,2011. Experimental investigation of formability of commingled woven composite preform in stamping operation. Compos. Part B Eng. 42 (2) ,289-295.

第 11 章　航空航天领域中的三维织物

A. Prichard
美国普里查德咨询有限公司

11.1　引言

纺织品一直是航空航天飞行器结构的重要组成部分，纺织技术的进步可以促进航空航天机器结构的进步。

第一个成功的航空航天飞行器——蒙戈菲热气球（Mackworth-Praed，1990a），是由棉布制成的，然后用纸密封，之后的大多数热气球也都是由织物制作而成的，通常是带涂层的丝绸织物。世界上第一个氢气球（由 Jacques Charles 设计）是用涂了树胶的丝绸制成（Mackworth-Praed，1990b）。一开始，气球制造商就意识到他们需要具有特殊性能的织物，具体来说，这种织物需要质量很轻，尽可能坚固，并且完全不漏气，能够经受住阳光的暴晒和长时间的磨损。

法国先将丝绸应用于工业，最早成功的气球织物是浸渍和（或）涂覆橡胶的丝绸。虽然这种织物以前就存在，但需要数百平方米的织物制造气球对这个行业来说是一个巨大的推动。

几乎同一时间，一位年轻的旅行箱制造商路易·威登（Louis Vuitton）开始利用气球这股热潮，用气球面料制作手袋和钱包（Wohl，1994）。虽然这种面料不太适合任何一种着装，但巴黎的时尚年轻女士都已为乘坐热气球做好了充分的准备。发觉这些包如此受欢迎，路易·威登不得不立即与仿制品和假冒伪劣产品生产商展开竞争。

然后，世纪之交前后，第一台"比空气重"的机器在法国及其周边地区诞生。所有这些早期的飞行器都是用木材和织物制造的，只有少量的金属用于机器支架（Mortimer，2009）。

从一开始，木材和金属等材料就用于复合材料的压缩、拉伸或剪切。如图 11-1（a）所示为一个三角形桁架结构的例子，木材在压缩，钢丝在拉伸，金属托架作为过渡件。如图 11-1（b）所示为三角桁架结构的例子，其中钢管在压缩，钢棒在拉伸。图 11-1（a）和（b）均由作者提供。

优质的爱尔兰亚麻和同样优质的埃及棉很快取代了丝绸，一部分是由于成本

（a）波音（1916年）　　　　　　（b）波音B-40

图 11-1　三角形桁架结构

原因，但主要是其更易获得，另外纤维素基的其他涂层取代了橡胶涂层，用于一些比空气重的飞行器，也就是后来人们开始称之为飞机的飞行器。人们发现飞机机翼必须是密封的，以保持上（低压）表面和下（高压）表面之间的压力差。

　　一开始，轻量性、密封性和使用可靠性的要求就对航空织物制造商提出了挑战（Kennett，1991）。织物需要轻薄、不漏气、结实，成本也是一个要求，但当时和现在一样，是次要的。这些特点一直延续到今天，只有纺织品和纤维发生了变化。

　　在访问巴黎期间，Katherine Wright 和她的弟弟 Wilbur 乘坐第一架女性驾驶的飞机，一起在空中盘旋。Katherine Wright 是一个端庄的年轻女性，她用一根绳子把她的长裙紧紧地绑在脚踝上，即刻引发了"窄底"裙时尚。自此，时尚和飞行不可分割地交织在一起。

　　与此同时，气球也在探索其他渠道，但非刚性动力气球、拦截气球和其他模型仍在使用橡胶丝或棉花，甚至用经过处理的动物肠子来做它们的外壳（Mowthorpe，1995）。刚性气球（尽管有许多类似的制造商仍以其著名创造者命名为齐柏林飞艇）通常使用纤维素密封涂覆棉。事实上，在著名的兴登堡号图片中燃烧的是纤维素，而不是氢气。

　　德国航空航天工业迅速推进了织物覆盖层的使用，生产出一种预先印上菱形迷彩以及进行密封预处理的棉布，然后将该棉布装配在飞机表面的辊子上。这不仅使大多数第一次世界大战时期的德国飞机都有这种标准的迷彩图案，还使飞机在不同的部件上有不同的迷彩，且用于修复的辊子与原始材料的颜色不同。

　　到了 20 世纪 30 年代，对于飞机的飞行速度的追求开始超过棉花和亚麻的强度；具体来说，布料从固定布料的缝线到下面的结构之间的形状膨胀起来。尽管Vickers在他们的温莎轰炸机（Gunston，1989）上率先使用了细金属纤维或钢丝加固，但整个航空航天工业逐渐屈从于金属表皮的半单层结构。

直到第二次世界大战后，飞机外壳一直由织物覆盖。一方面是为了减轻重量；另一方面，金属蒙皮技术取得了一定的进步，织物更平滑、更精确的表面使其更适合这些关键部位。

尽管金属蒙皮已经成为标准，并且在未来几十年里仍将如此，但在范堡罗的战时研究中，金属的未来替代品——碳纤维出现了。

早在第一次世界大战期间，航空航天工业的辅助部件就促进了纺织业的发展。例如安全带在战前并不常见，最初是由皮革制成的，但织带迅速成为标准。降落伞一发放，就需要大量的织带。所有这些织带的制造都需要专门的制造工艺和机器，特别是不同宽度的织带。

最后，商用飞机一问世，座椅坐垫（尽可能轻，通常是丝绸的）和安全带，以及机舱内的陈设都是必需的，且一般都是专门为航空需求而制造的。与此同时，为了支撑行李架、厨房和其他物品，引入了通常不让乘客看到的织带。军用飞机乘客座椅一直是主要由铝管支撑的织带组成。最新发明的拉链开始出现在许多飞机以织物为基础的外壳上，取代了之前使用的束带。

11.2　纺织复合材料在航空航天领域的应用

11.2.1　玻璃纤维

第二次世界大战开始时，英国飞机有时会安装通过无线电波束定位其他飞机的雷达。随着使用波长的缩短，天线变得更小，更复杂，需要保护它们不受各种因素尤其是狂风暴雨的影响。早期实验显示树脂玻璃或有机玻璃是适用的，但随着飞行速度加快，容易受到挤压和侵蚀（White，2007）。

同时，玻璃纤维织物被用于棺材，然后是船，最后用于航空航天部件。人们发现，当玻璃纤维与合适的树脂或塑料复合可以用于雷达天线罩，并根据空气动力学的需要做成更复杂的形状。随着第二次世界大战结束，冷战开启，玻璃纤维结构也随之进步。随着对更大机载无线电传感器需求的增加，对玻璃纤维整流罩的需求也越来越大，很快人们就用这些材料制造出了真正的适合作航天器的特殊材料。尽管空气动力学形状占优，重量却不占优势，大多数技术进步是由无线电透明驱动的。

实际上，所有这些进展都使用了玻璃纤维织物。最终，随着所需材料的形状越来越复杂，引进了具有更深的双曲率表面的针织玻璃纤维织物。经鉴定，针织物和机织物具有相对较差的增强特性，但由于所用树脂强度也仅为边缘强度，所以增强效果不佳，且这样的物品仍然过重。近年来，高模量玻璃（E-glass）和中空玻璃纤维相继问世，但并没有在航空航天工业中得到广泛应用。

虽然玻璃纤维是一种晶体结构，但它可以机织，甚至编织，在各种形式的面料上都可以覆盖相当复杂的形状，且不会因起皱而变形。尽管如此，人们发现在航空航天材料的结构中使用这些复合材料仍有一些规则，如必须注意纤维和树脂系统之间的黏合，因为树脂是将负载（或能量）从一根纤维转移到另一根纤维的唯一黏合剂。此外，材料饱和要求没有空隙，任何一处的密度都不小于树脂系统的整体密度。树脂体系在固化过程中产生气体使这一过程变得复杂。这些气体，除非主动采取办法从混合物中去除，否则会形成微小孔隙，而这些孔隙通常在即将破裂或失效时才会被发现。航空航天业很快意识到，他们不能使用用于棺材、轮船、汽车和火车运输业的廉价低压成型技术，而必须使用涉及高压灭菌器或专门工具的更昂贵的高压系统。在"固化"循环过程中，更高的压力保证了任何存在的气体都完全溶解在树脂系统中，不会形成孔隙。由此可见，和其他领域相比，航天航空领域对复合材料质量（和成本）的选择存在显著差异。

随着玻璃纤维在实际结构载荷应用方面的不断发展，甚至是在整流罩、空气动力罩、无线电和雷达罩中也只能承受局部载荷，人们很快发现纤维卷曲是一个问题。任何卷曲，无论多么小或脆弱，都会导致树脂体积含量增大，从而显著降低纤维的承载能力，特别是在压缩情况下。尤其是在重载元件使用上，卷曲可能成为故障的来源。现在复合材料开始使用非织造布，通常会浸渍合适的树脂体系，由专业机器沿着载荷线铺设到预先成型的模具上。由此，复合材料"铺设"科学开始，在机械设计、工具设计、控制软件设计甚至纤维设计方面的每一个新进展都可能在一夜之间改变现有的设备。

11.2.2　碳纤维

如今航空航天工业开始采用碳纤维，并用塑料树脂进行适当加固，航天器的大部分结构和几乎所有表面都采用碳纤维复合材料。这些结构通常用纤维束制造，基本上是用数千条平行碳纤维带一层一层铺设，每一层对应最终结构的一条载荷线。在这些"层合"材料的每一面覆盖上一层单层的缎纹碳纤维织物，起保护作用。因为这种缎纹织物在每条经纱和纬纱上都有卷曲，所以它永远不能吸收主体结构中纤维束在负载运动中产生的能量。在钻孔或其他紧固作业期间，织造材料只是简单的固定负载，但需要防止表层破裂的内层分层。即使这些表面要黏合在一起，仍然需要对织物表面进行处理，如果只是为了现场紧急修复，通常会钻孔或者用螺栓固定在加倍器或补片上。

由于传统碳纤维铺层中的载荷（事实上是任何类似的纤维铺层中）总是试图与纤维方向相匹配，因此每一部分及其铺层总是根据它承受的负载进行定制。这就产生了当载荷方向发生变化时，即在角载荷方向上发生转变的问题（图11-2）。

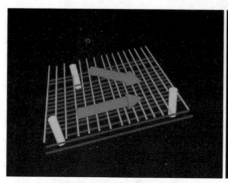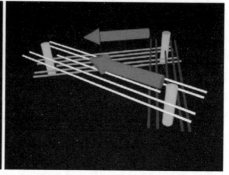

（a）垂直紧固件之间的载荷线（箭头）　　（b）沿纤维（拖）线垂直紧固件之间的载荷线（箭头）
低无效的对角线角度穿过纤维（束）

图11-2　角载荷方向上发生转变

在这种情况下，纤维可以沿着载荷方向铺设，但弯曲纤维就像卷曲纤维一样，不承担压缩载荷，并且在受到拉伸载荷时总是试图伸直。过去，纤维有时会被大量的离轴纤维支撑而无法拉直，但这种技术自身存在限制（图11-3）。由于织物的强度取决于连接纤维的树脂，这些弯曲或卷曲的纤维严重限制了任何包含它们的复合结构的总强度。

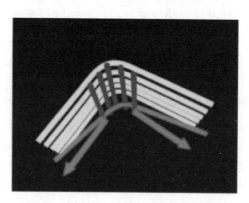

图11-3　纤维与负载的受力示意图

图11-3所示为横向纤维（深色）如何在负载（浅色箭头）下帮助稳定弯曲纤维（白色）的示意图。随着负载的增加（浅色箭头），负载的纤维倾向于变直（浅

色）。增加稳定纤维（深色）的数量或密度只会增加自重或无效的重量。

此外，与传统纺织品不同的是，将负载从一种纤维转移到另一种纤维的并非卷曲纤维，而是树脂体系。在这种情况下卷曲基本上不是一个可行的选择，就像弯曲纤维对移动位于角落的负载不是绝佳选择。

进入 21 世纪，航空航天复合材料的结构仍然存在一些局限性。尽管纤维增强复合材料在相当可控且一般为直线的载荷下表现优异，但它仍然不能像金属那样处理偏轴或多个角度的载荷。树脂易受阳光照射的影响，所以需要一定形式的保护。一般来说，尽管纤维可能是导电的，但树脂体系是不导电的，所以两者在 X、Y、Z 方向上的导电性有很大不同。通过增加树脂体系导电率以及采用不同的纤维模式等方法很有前景，但尚未达成共识。

研究人员一直在开发新的纤维材料，在 20 世纪 80 年代，包括 Kevlar 和 Nomex 在内的芳纶以及其他尼龙衍生物，曾短暂流行过一段时间。最终，它们的吸湿性和显著正的泊松比以及较差的表面化学改性，使它们不像碳纤维那样适用于航空航天领域。

也有人开发出纳米纤维、碳和其他材料，但还没有达到令人满意的性能，且缺乏理论支撑。

11.2.3　制造工艺

虽然人们也探索过吹制和其他方法，但玻璃纤维通常是喷丝板系统通过熔融玻璃制造的。碳纤维是通过加热前驱体碳材料和随后对合成的结晶纤维进行热处理而制造的。前驱体的性能以及后续操作的数量和特性影响着合成碳纤维的性能和特性。航空航天业在所有制造过程中都要求最好的质量、最高的精度和记录，组成纤维的成分也不例外。不光碳纤维，实际上任何用于航空航天产品的纤维，在原始材料、来源、运输和生产过程的相关记录文件都有严密的法律条文约束。

无论何种纤维，在铺设或编织之前需预先涂上树脂，用行业术语来说，这通常被称为"预浸料"。大多数情况下，这些纤维是在干燥状态下织造的，然后用树脂对织成的织物进行处理，织物本身就变成了预浸料。

树脂分为两大类：热塑性树脂和热固性树脂。当温度升高到一定限度，热塑性树脂就会熔化，这引起了人们对其在高温下性能的担忧，因为在制造过程中热塑性树脂可被多次熔化，那么在使用过程中它也可能被熔化。热固性塑料包括一系列只能熔化（或流动）一次的塑料树脂。通常情况下，它们由两部分（基料和加速剂或催化剂）组成，当混合和加热时，进行共混和流动，一旦定型，热固性树脂就不会再熔化，但如果加热过度，它们就会变软，然后碳化。因此，像热塑性塑料一样，它们对极端高温也很敏感。

偶尔也会将纤维或丝束作为预制件插入或铺放成一定形状，整个预制件在压力下接受树脂体系注射，如树脂传递模塑（RTM）、真空辅助树脂传递模塑（VARTM），甚至部分注射树脂，采用相同的合格树脂传递模塑（SQRTM）工艺。每种情况纤维都有可能在注入树脂的影响下移动，从而对成型后纤维的最终形态结构、位置或完整性产生相当大的影响。

显然，当下最常见的工艺之一是将碳纤维束预浸料叠放在模具或工具上（称为铺层），在模具上覆盖一层单层缎纹碳布防止泄露，然后在烘箱中加压烘烤，同时对模具内部施加真空以减少模具内部的气体含量。气体在基体固化过程中不可避免地产生，必须溶解或提取以消除孔洞。

然而后一种系统，虽然面内性能令人满意，但不能承受两个以上方向的载荷。尽管一些构件，尤其是桁条，已在生产中使用铺层技术制造，但它们在所有三维（或轴）中的承载能力仍有许多不足之处。研究发现是纤维在承载设计载荷时的重量超过了理论重量。在很多情况下，这种桁条的重量与金属材料相比微不足道，与纤维增强板组合使用时，这种组合比金属材料重量更轻，性能也更好。沿着预期的载荷线（剪裁）放置纤维也可在板材的刚度上进行调整，因此最终的结构，如机翼，在使用中对风荷载有准确的响应。

11.3 用于航空航天领域的三维织物的质量标准

质量是航空航天用纺织材料与所有其他应用的纺织材料之间最大的区别之一。

在航空航天领域，每种材料都必须可追溯，包括适当的文件说明，从矿山（矿物质、金属）、动物（蛋白质、脂质）或农田（农产品、用于碳纤维的大豆）到每个过程的每个阶段，直到它在飞机上的应用都得被记录下来。仅此一项就占了制造航空航天优质产品的高成本的一部分。

尽管有些面料的织造非常仔细（如定制男士西装），且非常缓慢，但即便如此，也不足以满足航空航天业的需要。每一根断裂纤维的位置（不是纤维束）以及每厘米这类断裂纤维的数量可能造成的严重影响，最终都可能会限制织物的应用。在所有这些过程结束时，能够保证并直观地证明每一根这样的纤维、纤维束或纱线的完整性是至关重要的。这可能是推动航天工业使用三维纤维形式和三维纤维结构的一个重要因素。目前，大多数这样的结构，无论是金属结构还是纤维结构，都由联邦认证的检查员进行个人目视检查。伪造甚至无意中遗漏可能导致过失的事件都属于犯罪，将受到严厉的惩罚。

航空航天所用所有部件和元件都需按照经过认证和验证的程序制造，包括对所有运输、温度限制和使用过程的描述（美国联邦航空管理局规划），必须严格遵守该程序，以获得有关当局为特定机身颁发的证书。按照这一程序造成的任何错误都将导致吊销证书、停止生产，通常还会导致检查整个团队是否有其他潜在的违规行为。大多数公司为了防止这种错误，在生产的每个阶段，对每个程序都进行多次检查。这种做法既昂贵又耗时，但必须这样做才能保证产品的质量。

由于重量是任何航天部件或项目的首要问题，在"以防万一"的情况下，任何可能的错误都会增加零件的额外重量。为了减少这种额外材料的自重，必须遵守最严格的质量要求。

11.4　用于航空航天领域的三维织物的发展

尽管在 20 世纪 30 年代之前，机织物几乎是所有航空航天结构的命脉，但从那以后，它的使用量急剧下降，取而代之的是金属板，现在已经被直纤维（丝束）铺层成承重部件所取代。目前，机织碳纤维织物应用于铺设面板外部的冲击或穿透保护系统，并且由于其卷曲的机织形式，无承载。这种织物有时含有金属线，以协助雷电传导和其他电屏蔽功能。

尽管多路径承载在航空航天结构中的应用比比皆是，但复合材料在这些应用中尚未有效地取代金属（由于重量或成本）。由于金属是各向同性的，它可以让同一内部元件同时在几个方向上承担载荷的能力，这种能力很难被击败，也同样难以分析。这种在使用前分析和预测任何一个零件载荷能力对航空航天结构认证过程至关重要。

认证要求对每个负载的所有实例进行破坏性测试，或者性能预测，并在使用过程中复制该性能。由于对每个零件进行破坏性测试是不切实际的，而且成本高昂，因此大多数复合材料零件都是通过分析进行认证的。这就要求每个部分的载荷要分别识别，或者组合识别。一旦以这种方式进行分析，就需要对示例部件或类似结构进行测试，以确保完全符合预测。这种分析和预测需要在零件的设计和制造过程中特别注意细节。每一根纤维都必须准确地放置在预测模型设计的位置，并在成型过程中保持不变。后一个因素非常重要，但考虑到树脂系统通常具有黏性，这一点非常困难。在树脂中成型后，使用 CAT 扫描可以找到并确认单个纤维的位置，但这既耗时又昂贵。

如今，在航空航天领域使用三维机织织物的例子有限，更多的仍是使用编织织物。在许多情况下，这些应用是专有的，例如，在很长一段时间里，车身框架由三维编织碳纤维制成。就像过去的螺旋桨叶片是用纤维增强塑料制造的一样，现在的燃气轮机风扇叶片通常是用纤维增强塑料制造的，采用的是编织工艺。直升机旋翼桨叶通常也采用纤维增强塑料制造，在这种情况下，单根纤维被从旋翼桨叶尖端绕着轮毂套管铺设并再次回到桨尖。最后，所有这些铺层都用机织布覆盖，以保持完整性，防止磨损、点蚀和其他损坏。

桁条是许多航天平板背后的加强构件，是三维机织或编织的候选材料。加强件的作用虽然在描述上简单，但在实践中并不简单，尤其是在连接方式上。截至本文撰写之时，目前的桁条制造，有时使用铺设丝束加三轴编织，虽然它们在生产中经常使用，但从成本或重量上考虑，尚未证明有效，这是如今形势症结所在。复合材料结构，特别是碳复合材料，有很多优点，最重要的一点是允许任何一个元件（比如机翼面板）的刚度和强度根据具体的个人要求进行定制。这可以使翼板以非常可控的方式弯曲或扭转，利用空气动力学显著降低阻力或结构重量。碳复合材料需要使用碳复合材料支撑结构，尽管这些支撑结构可能无法单独实现减重的目的。

正是在制造这些支撑元件、桁条、肋、桅杆、框架、梁等的过程中，三维织物工艺，包括三维机织和编织，可以应用于下一代航空航天制造结构的革命。正如纺织工艺和材料的进步在过去为航空航天业做出了惊人的贡献一样，这些行业合作共赢、互惠互利的时机已经成熟。

11.5　用于航空航天领域的三维织物的设计

结构工程师的任务是对载荷线或路径进行足够详细的描述，以便织造工程师对载荷线或路径进行分配。任何黏结剂或其他非承重丝束都需要足够的柔性，即使在所有元件放松的情况下，承重纱线中不能有任何卷曲。这就意味着这种黏结剂的工作模量或表观模量相对较低，并不一定是实际的低模量，而是低模量的作用，例如拉伸断丝。以下因素非常重要，必须考虑：

（1）承载纱线必须是"直杆"。对卷曲的纱线进行压缩可以使局部性能降低，-50%用于拉伸，-100%用于压缩，无论卷曲有多轻微。

（2）纱线由树脂排列，而不是织造。

（3）纱线必须在化学和机械上相互兼容，并与树脂体系兼容。

（4）承重纱线必须沿载荷线排列。

（5）纱线中的载荷通过树脂及其界面传递到丝束中，这种局部负载转移随两纱线之间距离的平方而变化。

由于卷曲纤维为纯树脂创造了空间，即"树脂富集区"，这是早期失败的根源，也是直线铺设纤维的另一个理由。缝合是纱线从一个表面传递到另一个表面，将所有承载纱线固定在一起的工艺，缝合会使三维织物产生严重的固有缺陷。当完整的纱线—树脂基体正在固化时，树脂会膨胀。由于基体在 X 和 Y 方向上填充了条形的纱线，因此树脂不会在这些方向展开。当然，地球上没有任何力能阻止

基体向 Z 方向膨胀。这意味着树脂会在厚度方向上膨胀，并在最大膨胀点与纤维黏结。当它收缩回到其标称尺寸时，在每一侧的缝合点周围会形成裂缝。这些裂缝，在宇航术语中称为"微裂纹"，代表初始应力上升，或裂纹起始点，就像挡风玻璃上的叮当声。微量的水可以通过这些裂纹进入基体，随着时间的推移，冻融循环会使裂纹扩展。这昭示了一种潜在风险，正是由于这种风险，缝合纱线不能从一个表面连续传递到另一个表面。

让载荷以一个变化的角度、离轴或从多个方向在纤维增强复合材料中良性移动仍然是一个大问题。迄今为止，航空航天结构的设计主要是为了避免这一问题，要么在需要这种特性的情况下使用金属部件，要么在纤维铺层或树脂体系本身能力所规定的范围之内设计元件的离轴载荷。虽然已经提出了许多新的织造形式和铺层技术，但尚未出现一个占主导地位的解决方案，偶尔强调降低这种结构的成本也会混淆结果。与之前的木材一样，纤维增强复合材料具有优异的压缩和拉伸特性，但不能抵抗离轴载荷或点载荷。事实上，大多数类型的结合是复合材料结构中的一个实质性问题。

现在，人们能够通过现代纤维铺层技术建造非常大的飞机结构集成部分，就有机会将连接点减少到最小。能够设计和建造现代飞机的大型集成部件，同时允许非常大的载荷绕着所涉及的各个角落移动，仍然是最大的挑战。显然，为了使纤维增强塑料树脂体系在航空航天工业中的应用向前发展，需要借助纺织业的帮助，以充分发挥纤维在这些系统中的潜力。因此，纺织业有必要回顾历史，看看他们如何在高负载和弯曲负载路径条件下最大限度地利用单根纤维发挥最大潜力，这些新技术很可能是航空航天材料结构的未来。

11.6 小结

纺织品及其取得的各项进步，特别是其在材料和工艺等方面的技术进步，一直对航空航天飞行器结构的进步发挥着重要作用。有时，纺织品及其涂层的进步可能使航空航天领域出现新的进展，例如不透气涂层的发展带来了军用气球使用寿命的一场革命。有时，现有材料的局限性限制了航空航天的发展，却推动了另一种材料的应用，例如从飞机的织物覆盖层转向金属承载外壳。

在金属蒙皮成为标准的时期，纺织业失去了与航空航天工业的紧密联系，而使用玻璃纤维开发的少量纺织品和纤维未能成为纺织业主流。人们认为其所涉及的织造过程非常简单，问题主要在化学物质。

目前，纤维增强复合材料，特别是碳纤维增强复合材料，已经在现代航空航天工业中证明了它们的价值，现在是纺织工业大展拳脚的时候了。不幸的是，航空航天飞行器结构已经不再使用纺织品覆盖的钢管和铝合金结构，甚至以金属为基础的半单层结构也不再是标准。载荷、腐蚀和维护问题以及精准装配已成为至关重要的问题，纺织业对航空航天的认识可以说已经过时。同样，纺织工业包含丰富技术，尤其是那些在今天基本已被遗忘的技术。纺织品在商业过程中扮演着重要角色，如帆、采矿带、机械带以及许多种类的过滤器，它们所使用的纤维和工艺决定了其盈亏。在纺织业中这些技术已被遗忘，而掌握这些知识的人还没有开始关注现代航空航天飞行器结构的问题。

这是一个开放的领域，曾经非常古老，因为机织和编织都是成熟的工艺，而现在又是一个非常新的领域，因为碳纤维开始在航空航天飞行器结构中展露头脚，这两个学科的结合可能带来下一次航空飞行器结构革命。

为了充分利用这一点，我们需要来自两个学科的团队合作来解决航空航天飞行器结构面临的实际问题，并利用最好的技术来领导这场革命。这是一场越快开始越好的革命。

参考文献

Bespoke Mens Suiting, NW Weavers Conference, Leeds, 2005. FAA Production Certificate Approval, Part 21, Subpart F and G, 2015, US Government Printing Office.

FAA Regulations for Composites in Aircraft. FAR Part 25 for Commercial Transport. FAR Part 25 Section 25. 853—Compartment Interiors. FAR Part 23 for Commuter Aircraft et al. ,2015, US Government Printing Office.

Gunston, B. , 1989. Jane's Fighting Aircraft of World War II (reprint of Jane's All the Worlds Aircraft 1945 ed.). Random House Publishing, New Jersey, NJ, p. 146.

Kennett, L. , 1991. The First Air War, 1914 – 1918. Macmillan Inc. , New York, NY, pp. 93 – 111. Library of Congress Photo, February 1909. Mackworth – Praed, B. , 1990a. Aviation, the Pioneer Years. Chartwell Books Inc. , Secaucus, NJ, p. 17.

Mackworth–Praed, B. , 1990b. Aviation, the Pioneer Years. Chartwell Books Inc. , Secaucus, NJ, p. 18.

Mortimer, G. , 2009. Chasing Icarus. Walker Publishing Co. , New York, NY. Mowthorpe, C. , 1995. Battlebags, British Airships of the First World War. Sutton Publishing Ltd. , Stroud, Gloucestershire, p. 9.

White, I. , 2007. The History of Air Intercept Radar, and the Night Fighter. Pen and Sword Books, Barnsley, Yorkshire, p. 124.

Wohl, R. , 1994. A Passion for Wings. Yale University Press, New Haven, CT, p. 97–125.

第 12 章　医用三维织物

S. Eriksson，L. Sandsjo
瑞典波拉岛大学

12.1　引言

　　自从人类历史上有了纺织品，其可能就被用于伤口包扎和骨折固定，因此，纺织品用于医学领域有着悠久的历史，也是纺织品应用的主要领域之一。本章介绍了三维织物在医学中的应用，并给出三维纺织品和医用纺织品的定义。本书在之前章节已经全面介绍了三维纺织品的概念，然而，三维纺织品作为医用纺织品的特性可能不那么明显。简单来说，纺织产品制造商的意图很重要，如果一件以纺织品为基础的产品用于医疗或保健，则应将其称为医用纺织品。

　　本章旨在介绍当前医用纺织品的应用，三维纺织品对医疗保健和医药的贡献，重点介绍三维医用纺织品的优势，提出基于不同三维纺织技术、制造特性及新型纺织材料关键领域的新举措及发展潜力。人们进一步认识到，为了更充分地发挥纺织品在医疗保健和医药领域的新兴应用，纺织业可能需要改变其现有的纺织产品研发方法。

12.2　医用纺织品

12.2.1　医用纺织品的定义

　　要定义医用纺织品，正确的方式是使用与定义医疗器械产品相同的方法。利用该方法，将医用纺织品定义为旨在用于诊断、预防、监测、治疗或缓解疾病、减轻损伤或残疾，研究、替换或修改生理学或解剖学过程，或避孕而生产制造的任何纺织产品。这一源自欧洲医疗器械指令［在美国，相当于由食品药品监督管理局（FDA）发布］的定义从监管角度制定，具体规定了医疗器械需要满足哪些标准才能确保其使用安全性，且当产品失效或出现不良副作用时，能够厘清责任。如前所述，决定纺织品是否为医用纺织品的是生产商制造产品时的预期用途，据此，以纺织品为基础生产的医用纺织品也会被视为医疗器械。

医用纺织品的定义涉及监管的问题，一方面是为了避免有关功能、属性和操作方面的细枝末节的争论；另一方面，这种从应用领域定义产品的方式意味着医疗器械涉及从普通手杖到维持生命的技术，当扩展到纺织领域并应用于医用纺织品，包括尿布、普通创可贴、用作细胞生长支架或心脏瓣膜移植手术的重建组织工程技术的纺织品。然而，如果产品的主要预期用途是通过化学作用或人体代谢来实现的，则该产品通常为药物。这并不排除纺织品在用于控制药物输送或释放时被视为医疗器械，因为这样的解决方案被美国食品及药物管理局（FDA）归类为基于医疗器械和药物的复合产品。

除基于应用的定义外，医疗器械或纺织品还可根据其应用是否具有侵入性或主动性，是否立即或暂时生效，是短期或长期使用以及是否存在风险来进一步分类。在将一种新的医疗器械引入市场前，从制造商处了解必须的程序和资料不在本章介绍范围。但很明显，考虑到需要大量测试和记录，长期/永久性使用的产品在描述的维度的关键端分类被归类为具有侵入性的产品隐藏着重大风险，将其从理念转化为上市产品会比较耗费时间和金钱。

为使少数患者群体也可享受新技术和医疗设备的潜在福利，特别是针对罕见病症，制造商的研发成本很容易超过预期的市场回报，美国食品及药物管理局发布了一项豁免政策，医疗器械可免于达到证明其有效的标准（这通常需要大量样本研究，在少数群体中很难得到证明）。

12.2.2　医用纺织品的应用

医疗器械种类繁多，从表 12-1 中可以看出医疗器械（及医用纺织品）的范围和深度。美国食品及药物管理局将医疗器械分为特殊器械分类组，如心血管设备和骨科设备，以及每个特殊器械组的通用设备分组，如诊断器械和治疗器械（FDA器械分类组，2014）。超过 1800 种不同类型设备已经被分类和记录，从表 12-1 第一列括号中的数字可以看出这些设备的分类，并可以了解医用纺织品和三维医用纺织品的主要应用。表 12-1 显示医用纺织品及三维医用纺织品在医学领域的可能应用（由作者评估）。"医用纺织品"栏中的分组突出了纺织品的不同应用，而"三维医用纺织品"栏则指出了三维医用纺织品在关键应用方面现有或潜在的用途。

表 12-1 FDA "分类组"和普通分组中的医疗器械数量概述（左列）、至少部分基于纺织品的医疗器械（中列）和基于三维纺织品的医疗器械（右列）

FDA 医疗器械分类组	医用纺织品	三维医用纺织品
麻醉设备（142） 诊断（35）、监测（21），治疗（77），其他（9）	少数纺织应用 治疗：带子和支架	个别三维纺织应用
心血管设备（141） 诊断（34），监测（36），修复（27），外科（31），治疗（13）	监测：心电图电极 电极义肢：血管移植、心脏瓣膜、缝合系统	血管移植，心脏瓣膜，缝合系统
临床化学和毒理学设备（231） 临床化学测试系统（155），临床实验室仪器（29），临床毒理学试验系统（47）	（无明显纺织应用）	（无明显三维纺织应用）
牙科设备（132） 诊断（15），义肢（66），外科（16），治疗（7），其他（28）	少数纺织应用 其他：牙线	（无明显三维纺织应用）
耳鼻喉设备（57） 诊断（13），义肢（21），外科（16），治疗（7）	少数纺织应用 义肢：鼓膜穿刺管	少数三维纺织应用、鼓膜穿刺管
胃肠和泌尿系统设备（62） 诊断（8），监测（1），义肢（3），外科（16），治疗（34）	外科：支架 治疗：防护服（失禁），疝气支撑器	支架、防护服、疝气支撑器
普通和整形外科设备（79） 诊断（1），义肢（15），外科（56），治疗（7）	义肢：外科 心脏修补网状织物：外科服饰，帷帘和配件，敷料，缝线	心脏修补网状织物、外科服饰、配件、敷料、缝线
普通医院和个人使用设备（107）监测（13），治疗（44），其他（50）	治疗：绷带、黏合剂、垫子、床垫、支撑物、防护器	绷带、黏合剂、垫子、床垫、支撑物、防护器
血液学和病理学设备（109） 生物染色剂（2），细胞和组织培养物（7），病理仪器和配件（8），标本制备试剂（3），手动、半自动和自动血液学设备（24），血液学试剂盒及包装（32），血液学试剂（10），用于制造组成血液、血液制品、人体细胞、组织以及细胞和组织制品的产品（23）	（无明显纺织应用）	（无明显三维纺织应用）

FDA 医疗器械分类组	医用纺织品	三维医用纺织品
免疫学和微生物学设备（183） 诊断（4），微生物学（24），血清学试剂（73），实验室设备和试剂（10），测试系统（67），肿瘤相关抗原免疫测试系统（5）	（无明显纺织应用）	（无明显三维纺织应用）
神经学设备（106） 诊断（38），外科（34），治疗（34）	诊断：皮肤电极	皮肤电极
妇产科设备（94） 诊断（18），监测（18）， 义肢（4），外科（14），治疗（26），辅助生殖装置（11）	义肢：支架 治疗：卫生巾和卫生棉条	支架 卫生巾和卫生棉条
眼科设备（126） 诊断（67），修复（10），外科（28），治疗（21）	少数纺织品应用 发带、眼罩	少数三维纺织应用
骨科设备（87） 诊断（5），义肢（67），外科（15）	义肢：聚合物假体	聚合物假体
物理医疗器械（81） 诊断（10），义肢（34），治疗（37）	义肢：矫形器/义肢 治疗：辅助、运动、减压装置	矫形器/义肢 辅助、运动、减压装置
放射设备（78） 诊断（64），治疗（13），其他（1）	其他：个人防护装置	个人防护装置

12.3 医用三维纺织品的生产工艺和制造技术

根据美国食品药品管理局记录的1800余种医疗器械类型介绍了三维医用纺织品在医疗和保健领域的预期用途。接下来，主要呈现不同三维纺织技术和设想（几何）结构的特定属性、制造技术和材料选择可能性，来说明当前和未来三维医用纺织品的应用。必须特别注意用于医药和保健产品的材料和生产技术是否需要具有非致敏性和生物相容性，是否需要无菌环境或消毒等。本节不进一步讨论这些方面，但应具体分析。

三维纺织品并不代表单一的制造技术，而是包含了几种不同的方法，这些方法都用于生产三维结构，常由两个或两个以上的纱线系统组成。这种独特三维纺织品由沿 X 向、Y 向及 Z 向排列的纱线组成，通过分层和多纱线系统产生厚度可观的织物。与普通平纹织物相比，采用三维技术生产的纺织品往往具有更好的机械性能、尺寸稳定性、热性能，以及更低的重量强度比（Mouritz et al，1999；Hearle，2008；Mansour，2008）。

三维纺织品结构，无论是通过机织、针织、编织，还是非织造布技术制造，在各种医疗应用中都呈现出良好的性能。三维结构通过选用适当的材料可以遵循人体结构，促进生理功能恢复。特别是，三维纺织品提供了生产定制设计三维结构的可能，这些三维结构可用作细胞生长的支架，从而替换静脉、韧带或肌腱等组织，或设计出恢复脱垂的网络结构。伤口护理是三维结构的另一个应用领域，为生产治愈伤口纺织系统创造了机会。

12.3.1　医用三维机织物

三维机织物可以具有多层、中空、节点或穹顶结构（Chen et al，2011），这些结构在医用纺织品应用中各有特点。

12.3.1.1　三维实心机织物

常见的三维机织物是整体实心机织结构，又称为多层织物，包括正交联锁和角联锁。多层织物纺织品的设计具有较高稳定性和抗冲击性，沿 Z 向排列的纱线使它们既能抵抗对角变形，又具有很高的抗剪切性。这些纺织品通常见于高承载部件中，如韧带、肌腱或骨骼（Kretlow et al，2008；Chung et al，2011）。

12.3.1.2　三维中空机织物

中空结构的织物以分层方式排列形成中空，这种纺织品可以吸收高能量，且体积大、重量轻（Chen，2009；Gloy et al，2011）。中空结构在医学上尚未得到广泛的应用，但高能量吸收特性使其在医学上的应用成为可能。这种中空结构也可能在隔热方面得到应用。

12.3.1.3　三维壳体机织物

三维壳体结构可用于生成穹顶形状。这是一种提花织造技术，在该技术中，每条经线的排列方式使其能够在 Y 向上单独工作，形成穹顶形状，提供无缝织造加固，以减轻重量和增加强度（Büsgen，2008）。通过模塑高剪切设计的机织物也可以形成穹顶结构。穹顶结构不同于一般三维纺织品要求的特征，但要求材料高度透明。穹顶结构使纤维和纱线高度灵活，且不会失去彼此的相互关系（Chen et al，2008），但这尚未投入医学应用。

12.3.1.4　三维节点机织物

三维节点机织纺织品的结构特点是管型，可以根据实际需要产生分支管。这种结构可以设计为 T 形分支或多分支（Taylor，2006；Smith et al，2009），在医学上用于制造血管移植物，其节段结构可承受高压。在血管应用中，接枝部分可以进一步热处理，形成卷曲形状，获得更高的回弹性（Ibrahim et al，1992；Anderson et al，2004）。

12.3.2 医用三维针织、编织和非织造技术

除了机织，三维织物还可以通过针织、编织和非织造技术生产。

12.3.2.1 针织技术

针织是生产三维织物结构的常用技术。间隔织物是采用经编或双层针织技术织造的具有特殊三维结构的针织物，其由两个表面层组成，中间由弹性间隔层连接，形成夹层结构。这种三维结构使织物具有多孔、透气、轻质和缓冲性能。间隔织物具有柔韧性和多功能性，可在经编针织机或双面针织机等织机上采用各种材料生产各种规格的织物。该技术允许不同层次的织物使用不同材料，并可由聚酯、聚酰胺、羊毛、棉或莱赛尔等纤维组成。间隔织物以其工业用途而闻名，可生产用于汽车、运动、工业和医疗应用的三维纺织品。在医学上，它们通常用于需要高水分蒸发特性的应用，例如用于预防褥疮，也可用作整个床垫或作为暴露身体部位的压力释放装置（Anand，2003）。基于其特性，这项技术最近应用于治疗腿部静脉溃疡的新型压缩绷带中（Anand，2008）。

12.3.2.2 编织技术

编织属于结的范畴（Ashley，1944），用于制造类似有芯管和无芯管等各种三维结构。编织技术在过去几十年中发展迅速，如今已成为制造高抗外部应力和高负载重量比纺织品的常用技术（Ko et al，2011）。用编织技术生产的织物具有很高的柔韧性，由于结构中纱线相互交错，在打结时表现出很高的柔韧性，并避免产生无用的结，这是用于外科缝线的关键性能之一（Pillai et al，2010）。加拿大英属哥伦比亚大学、德国亚琛工业大学纺织技术学院（RWTH-ITA）和国际设施管理协会（法国）合作开发的基于纱线锥之间六边形相互作用的新编织系统，使编织双分叉管或多分叉管以及多层同心管成为可能（Schreiber et al，2009 年）。

12.3.2.3 非织造技术

非织造技术通过针刺、空气层、熔喷或热黏合等工艺将长纤维黏合在一起（Gong et al，2003）。利用该工艺，所有的纺织纤维，无论是天然的还是人造的，都适用于非织造纺织品。这些纤维形成薄网，网中数层进一步黏合，形成织物。纤维网中的纤维排列对孔隙大小和毛细管尺寸有影响。非织造纺织品已被广泛应用于医疗和卫生保健领域，如棉絮、防护服（如手术帽和口罩）以及其他一次性物品。由于非织造纺织品具有高吸收性能，可以作为三维复合敷料，因此被广泛

用于纸尿裤或女性卫生用品，并且还表现出层状复合伤口愈合敷料所要求的优异性能（Gupta et al，2002）。

12.3.2.4 刺绣技术

本质上，通过置于层与层之间或其他织物之上，很多纺织技术都可以形成三维纺织结构。最常见的例子是刺绣，因为它是在现有结构上添加纱线。

刺绣是刺绣线与用作刺绣纱线载体的另一种纺织品相结合的技术，尽管刺绣被定义为一种二维纺织技术，但其可以作为应用二维技术创建三维医疗纺织品的例子。德国亚琛工业大学纺织技术学院使用"水壶"和"苔藓"刺绣创建三维电极，用于人体电生理测量。另一个例子是 Tissupor 织物，该织物是用三种不同材料制成的不同层次的产品，用于未愈合伤口的长期治疗。这些层包括：

（1）保护创面。

（2）形成中空结构，和棉纤维一起保护并吸收渗出物。

（3）刺绣技术生产的加速组织生长的血管极性层。

三维纺织中应用刺绣技术，可将刺绣层设计成各种尺寸的孔隙，形成促进伤口组织生长的凸面形状（Wintermantel et al，2004）。

12.3.3 三维纺织系统

除了先前总结的用于制造三维纺织品的不同纺织技术及其对医用纺织品的具体贡献之外，基于三维纺织品系统或仅是纺织系统的应用也用于医学领域中。三维纺织系统常见于伤口处理的多层多功能复合敷料，敷料的每层织物都对伤口愈合发挥特定的作用。

12.3.3.1 智能纺织品与纺织品集成水平

如果允许在纺织系统中包括非纺织部件，那么从纺织角度来看，最基本也是最微不足道的例子就是系统的纺织部件只是作为更高级功能的载体。这类在医学领域得到广泛应用的例子是用于携带医疗设备进行长期流动监测的平纹带或安全带，例如，使用 Holter 系统记录心脏活动。之所以举这个例子，是因为它可被视为一个持续发展过程的第一步，在这个过程中，纺织品系统中由纺织品提供的或由纺织品制造的功能部分正在逐渐增加。如果纺织品集成的第一个层次通常代表纺织品的承载、覆盖或捆绑功能，那么纺织品集成的第二个层次便是纺织品或纺织品成分对纺织品系统的整体功能的积极贡献。通过在纺织领域引入新的"智能"材料（即具有特定"智能"功能的材料），使纺织品功能的进一步整合成为可能。如果这些"智能"材料可以制成纤维，进而制成纱线和织物，那么这些不同材料的智能性能就可以传递到纺织品上。欧洲标准化委员会（European Committee for Standardization）对智能纺织品的定义是：智能纺织品是一种智能材料和系统，能够以可预测和有用的方式感知周围环境并作出反应（2011）。

从医用纺织品角度看，这意味着纺织品一体化"智能"材料通常用于监测或刺激生理过程或身体活动，以提供与用户健康相关的信息。到目前为止，智能纺织品在医疗应用中的主要焦点是将导电纺织纤维整合到服装中，以制造传感器（充当电极）来采集心脏的电活动（心电图，ECG），但也有关注肌肉的电活动（肌电图）和大脑的电活动（脑电图，EEG）演示的举措（Karlsson et al, 2008; Löfhede et al, 2012）。当智能功能（例如，从心脏采集电信号的 ECG 电极）可以集成到服装中时，患者自身可以完全自行管理心脏活动的记录，而不依赖于专业的临床医师。这可能产生一种全新的护理模式。在这种模式下，医疗效果更有效，患者可随时随地监测自身健康状况。也就是说，一天 24 小时全天候，即使是在自家也可以做到。

尽管临床价值很高，但迄今为止，通过纺织电极记录电生理信号的临床应用还很少，部分原因纯粹是技术原因，例如纺织电极与临床上使用的最先进的电极相比具有一些其他特性。这个问题的技术层面是双重的。一是，织物电极应保持"干燥"，即它本身没有电极凝胶来改善皮肤与电极的接触（促进电极接收来自身体的电流并将其传输到电子电路）。二是，集成在衣服中的纺织电极并不像普通电极那样有自黏性，可以直接附着在皮肤上。这意味着集成在衣服中的纺织电极可以在皮肤上移动，甚至接触不到皮肤。与"干燥"织物电极相关的困难可以通过润湿电极或刺激局部泌汗液来解决。电极移动带来的问题可以通过紧绷的衣服将其固定在适当位置来解决，或在心脏活动记录的情况下，多个电极与信号处理技术相结合，从身体的多个部位提取有价值的信息（Wiklund et al, 2007）。通过采用这些或与此类似的技术，大量针对运动或健康监测领域的纺织系统现在已经商业化，如与 ECG 和呼吸有关的纺织系统。

这些健康监测系统代表了纺织品集成的第二个层次，因此纺织品系统不仅是载体（衣服），而是关键的功能部件，如电极，有时还包括用纺织材料制成，并完全集成在纺织品系统中的电缆或电线。如今的健康监测系统通常使用一个装在衣服里的电子设备，常见的是将电子设备连接到移动设备（智能手机或平板电脑）上，把纺织电极从身体接收到的信号呈现给用户。然后，用电子设备或智能手机中的计算能力分析信息，并把信息反馈给用户（生物反馈），这样用户不仅可以了解自己当前的健康状况，还可以通过随时掌握此类信息做出更有益健康的选择。

纺织品集成的第三个层次是使纺织系统的所有功能在纺织中都发挥作用。虽然从字面意义看很吸引人，但这不太可能很快实现。尽管可能仅靠纺织品就能实现"智能"或"决策"，从而实现纺织品完全集成的第三个层次。但在可预见的未来，更先进的第三级纺织品系统将被现有的基于移动设备的第二级解决方案超越，因为第二级水平的纺织品集成通常功能性更强、经济效益更高。

12.3.3.2 智能三维纺织系统制造

将不同材料制成的不同结构（纺织和非纺织品）结合起来提供更复杂的功能对工业生产来说往往是困难、耗时和昂贵的。减少完成一个纺织系统所需的生产步骤，及增加所需黏合或层压不同系统部分的材料/化学品，会有很大的好处。某些技术也可能带来问题，因为它们可能会影响材料的智能特性，从而影响最终成品（如生产过程涉及高温的情况）。除这些方面外，还应考虑生产过程和成品的环境状况和可持续度。

图 12-1 为一个在织造过程中使用定制手动织机生产的三维纺织系统的示例。三维纺织系统由"间隔织物"型电极组成，根据临床要求，电极在织带的预定位置凸出。圆圈中所示的电极横截面展示了四个不同经纱系统的排列，并形成电极的四个特定层（从上往下）：导电电极表面、隔离和供湿层、中间突出/弹性层、保护层，保护层和织带在同一层。

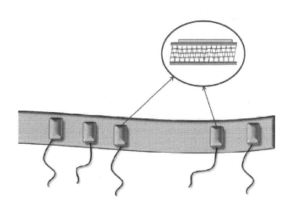

图 12-1 三维纺织系统

如果可行，解决这些问题最直接的方法是应用三维机织技术，将纺织材料结合在一起，在一个工序中生产出最终产品。该方法已在一项概念研究中得到验证，根据临床标准，电极是通过将导电和非导电材料沿带状物在预定位置进行集成而制成的（图 12-1；Eriksson et al, 2012）。通过将三维纺织结构不同层的不同材料和固有的三维机织技术结合，可以将与电极（在该研究中指的是 EEG 电极）相关的不同性能和要求集成在一个单一的制造工艺中，而无须烦琐的层压或黏合过程。

12.4 三维织物在医学领域的应用

本节重点介绍三维纺织结构在医疗领域的主要应用，即用于伤口处理的绷带和复合敷料以及用于组织工程和人体植入的支架结构。

12.4.1 用于伤口愈合的绷带和敷料

皮肤是人体最大的器官,具有保护身体免受细菌或病毒侵害,控制体温,防止体液流失等多种功能。皮肤也是重要的感觉器官,可以感知冷、热、压力、触摸和疼痛,有助于保护人体免受外来伤害(Wysocki,1999)。

伤口是指皮肤保护功能受到破坏,并伴有或不伴有底层结缔组织(如肌肉、骨骼或神经)的丧失(Iocono et al,1998)。皮肤或皮下组织的损伤可能是由于手术造成的,也可能是由于超过皮肤保护功能切口、化学物质、温度(热或冷)或压力导致的。皮肤承受不同压力的能力会因疾病(如受到局部缺血相关疾病的影响)而降低(Robson et al,2001)。

伤口可分为三类:急性伤口、慢性伤口、开放性或闭合性伤口(Lazurus et al,1994;Attinger et al,2006)。急性伤口愈合较快,几乎不需愈合过程(Li et al,2007)。慢性伤口是指未能在预期时间内正常有序愈合的伤口(Degreef,1998;Vanwijck,2001)。静脉腿溃疡、压力性溃疡或糖尿病足溃疡是通常会发展为慢性疾病的溃疡类型(Atiyeh et al,2002;Ruttermann et al,2013)。第三类分为开放性伤口和闭合性伤口,开放性伤口是指手术或创伤、戳破、擦伤以及穿刺形成的切口等伤口,闭合性伤口是血肿、挤压伤或因击打或冲击造成皮下血管破裂的瘀伤(Iocono et al,1998;Broughton et al,2006)。

12.4.1.1 伤口愈合过程

伤口愈合包括止血和受损组织修复,过程很复杂,快慢因人而异,主要操作通常是封闭伤口边缘,可通过外科缝线或黏合钉来完成,这样可以快速闭合伤口,尽最大可能减少组织缺损和疤痕。在其他情况下,如果伤口很深且边缘受损,可能需要保持伤口开放,以便在闭合之前形成上皮并收缩。伤口愈合并不是一个线性的过程,其过程可能在炎症期、增殖期、浸润期或重建阶段反复(Clark et al,1988;Martin,1997;Clark,2001)。第一个炎症期在伤口出现后立即开始,并作为身体对伤口的自然反应持续3~5天,在这个阶段,身体开始止血,导致血管扩张,伤口区域的抗体、白细胞、酶和营养物质不断增加。这一过程反过来导致分泌物和浸渍物的增加,出现典型的炎症症状,即发热、水肿、疼痛(Hart,2002;Gosain et al,2004;2012b)。

第二个阶段,即增殖期,开始于伤口清洁和炎症阶段几乎完成的时候,这个阶段的目的是用新的肉芽组织重建伤口。肉芽组织由胶原蛋白、巨噬细胞和细胞外基质组成,例如,新的血管网络需要新组织提供氧合和必需营养(Broughton,2006)。组织的颜色通常是愈合进程的指标,新形成的组织最初是粉红色,带有光泽,但随着组织生长,毛细血管变得更紧密,就会变成红色、成块状或颗粒状。在增殖期的最后阶段,上皮细胞覆盖伤口,通常称为上皮再生阶段(Beanes et al,

2003；Attinger et al，2006；Campos et al，2008）。

浸润期或重建期是愈合过程的最后一个阶段，从上皮细胞覆盖伤口开始，可以持续一年或更长时间。在这个过程中，到目前为止，无组织的纤维正在经历重建，变得更加密集和有序（Cutting et al，2002；Mosser et al，2008）。疤痕组织尽可能模仿原始组织的物理特性，但通常仅能达到原始组织强度的80%。

有许多局部（细菌感染、缺血等）或全身因素（年龄、营养、糖尿病、心脏、血液或肾脏疾病、癌症等）会影响伤口愈合过程，其中一个或数个因素结合就可能阻碍伤口愈合，因此了解这些因素很重要（Hunt et al，2000）。

伤口愈合管理必须考虑上面这些因素，以提供具有成本效益的伤口管理，使患者尽可能少受痛苦（Franks et al，1994；Posnett，2009）。

12.4.1.2 伤口管理

伤口管理指的是止血和保护伤口免受外部影响，以防止感染和进一步伤害。典型的伤口护理方案是用敷料来吸收渗出物，然后更换敷料，使伤口保持干燥（Sibbald et al，2003）。人们发现伤口中的湿润微环境为皮肤愈合创造了更好的条件，并且通过湿润伤口愈合管理可以大幅缩短愈合时间（Winter，1962；Flanagan，2013）。

现代伤口护理敷料包括由患者自行管理的膏药、普通织物制造的绷带和敷布以及用于治疗严重伤口的复杂工程复合敷料，使用复合敷料需要专业知识，甚至需要手术和住院治疗。用于制造各种敷料的纺织技术包括机织、针织、编织和非织造，这些技术可单独或组合使用。除了这些传统方法外，还引入了新的方法，如薄膜、凝胶、泡沫和在多层复合敷料基础上与探索的，新材料的组合，如壳聚糖和海藻酸钠。基底材料如棉花、人造丝、丝绸、聚氨酯、聚偏氟乙烯（PVDF）或聚四氟乙烯（PTFE）等。（Thomas et al，2000；Schultz et al，2003；Boateng et al，2008；Pillai et al，2009；Gupta et al，2011；Guan et al，2014）。

12.4.1.3 绷带

下肢溃疡是一种特殊的慢性伤口，可能引起巨大的痛苦。下肢溃疡是指膝盖以下部位（包括脚），在过去六周都没愈合的伤口（Robson et al，2001；Simon et al，2004）。

静脉功能不全是下肢溃疡最常见的原因之一。静脉功能不全通常由下肢浅静脉血栓或瓣膜系统无力引起，也可能是由如动脉循环障碍、血管炎或糖尿病等其他原因引起。静脉功能不全的第一个症状是下肢肿胀，还有由静脉停滞引起的踝关节周围湿疹，都是其早期的标志（Mayrovitz et al，1997）。主要的治疗方法是消除水肿，可以通过让下肢保持处于抬高的位置或对下肢应用压缩绷带来实现（Reichenberg et al，2005；Rajendran et al，2007）。

12.4.1.4 压缩绷带

压缩绷带是治疗下肢静脉溃疡和皮下静脉功能不全的主要方法，主要功能是借助弹性绷带对腿部施加压力。

在使用弹性绷带时，一个重要的参数是对腿部分配适当的压力，根据拉普拉斯定律，绷带产生的压力与绷带在敷贴过程中的张力和敷贴层数成正比，但与肢体半径成反比（Ramelet，2002）。研究表明，外部压力高达 5.33kPa（40mmHg）的压缩袜产生的效果最好（Cullum，2002；O′Meara et al，2012）。

理想的压缩绷带应提供适当压力，遵循组织轮廓，从脚踝到小腿上部呈梯度分布压力。随着时间的推移，压缩绷带应保持压力不变，并使压力从脚趾完全延伸至胫骨结节。压缩绷带的最简单形式是"压缩袜套件"（下肢溃疡袜套件，2014），其中袜子的形状是形式简单的三维纺织结构（Hearle，2011）。这种类型的压缩绷带是由两种不同的长筒袜组成的，可分层放置在腿上，第一种长筒袜施加轻微压力，而治疗的压力主要是由外层长筒袜提供的。

伤口更严重时，可能需要更先进的多达四层压缩层的压缩系统。一层以上的压缩绷带通常包括由纤维棉或矫形羊毛制成的填充层，该填充层位于皮肤一侧（Todd，2011）。四层压缩绷带在对患者进行治疗时结合了各种材料，通常包括：紧贴皮肤的棉包，某种分配压力的填充绷带（矫形羊毛），提供压力的弹性绷带和有黏性的覆盖绷带。

12.4.1.5 三维间隔织物压缩绷带

博尔顿大学的 Anand 和 Rajendran 研究出了一种带有间隔织物的新型三维压缩绷带，利用该项技术，可获得一种既能达到预期的填充效果又能达到压力效果的压缩绷带。压缩绷带采用三维结构设计，厚度仅为 1.6~2.9mm，其压力分布从脚踝的 4.40~9.06kPa（33~68mmHg）开始，逐渐降低到膝关节水平的 1.47~3.87kPa（11~29mmHg）（Anand et al，2006）。

基于间隔织物的三维压缩绷带是由上下两层外层和一个稍具弹性的内部结构组成的复合夹层结构。两层外层可以用涤纶、锦纶、丙纶、棉、黏胶、莱赛尔、羊毛等纤维采用不同密度的针织结构制成。中间层通常由一根聚酯单丝组成，在外层之间以环状排列（Anand et al，2006，2011）。间隔中的弹性可以通过单向、双向或多向弹性来控制和产生，其中压缩绷带中单向弹性是最理想的。与普通压缩绷带相比，它的优点是柔软透气，能够控制热量，可带走皮肤表面水分，并在一个单一结构中产生弹性缓冲（Anand，2003）。

12.4.1.6 复合敷料

三维医用纺织品的主要应用领域是用于伤口处理的多层复合敷料，多层结构适于多功能敷料，其中每层设计都是伤口愈合必不可少的一部分。

如前所述，理想的敷料应既可止血又可保护伤口，还能防止二次感染，为隔离微生物、灰尘及异物（Watson et al，2005）提供屏障。有效的伤口处理要求伤口处于潮湿的微环境中，同时吸收渗出物，防止伤口被浸泡（Winter，1962；Sibbald et al，2003）。敷料还应防止皮肤水分蒸发甚至脱水，以免伤口表面结痂。理想的敷料还应提供热隔离，并在温度变化时保持稳定，促进伤口愈合。这些要求很有挑战，因为敷料需要透氧，允许气体交换，以促进产生新组织，并使其成熟（Bolton et al，1992；Kalliainen et al，2003）。最后，敷料要求无毒、不易过敏，且无黏附性，易于去除，不影响愈合（Gallenkemper et al，1998；Da Silva Macedo et al，2008）。另外，理想的伤口敷料必须是方便消毒，易于使用，耐用，有效且经济的（Thomas et al，2000）。

　　传统的伤口敷料由吸收性的填充物组成，如棉布、人造丝纱布、泡沫或其他纤维材料，放置在离伤口表面最近的地方。根据伤口愈合管理的目标和使用的纤维划分，伤口敷料一般分为吸收性和非吸收性两类，在吸收性伤口敷料中，伤口的液体会扩散到敷料的纤维和纤维间隙中，使敷料黏附在伤口上，起保护层的作用。然而，这种类型敷料吸收液体能力很强，会使伤口变干，但在移除时会有撕裂愈合过程形成的新组织的风险（Sibbald et al，2003；Falabella et al，2006）。

　　复合敷料可以通过将三层及以上性能不同的材料成分组合成一个单一的结构来显著减少这些缺陷（图 12-2）。

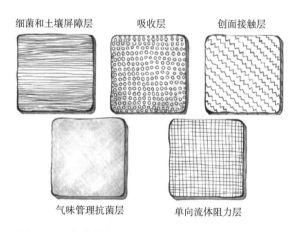

细菌和土壤屏障层　　　吸收层　　　创面接触层

气味管理抗菌层　　　单向流体阻力层

图 12-2　复合敷料中可组合的不同材料性能示意图

　　从伤口表面开始，复合结构成分有靠近伤口表面的半黏附或非黏附层，吸收（中间）层和作为保护层和细菌屏障的外层（图 12-3；London et al，1995；Kirker et al，2002；Mayet et al，2014）。

　　（1）伤口接触层——半黏附或非黏附层。在离创面最近的地方，有一层半黏附或非黏附的创面保护层，该网状层可渗透液体（如渗出液和血液），其目的是让液体轻松地到达下一个吸收层。这一层的主要目的是防止敷料粘在伤口表面，更换敷料时损伤愈合。为此，该结构需要具有较多的孔，可以制成编织网、针织网、

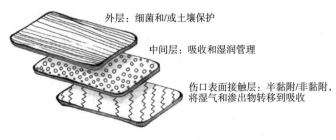

外层：细菌和/或土壤保护

中间层：吸收和湿润管理

伤口表面接触层：半黏附/非黏附，将湿气和渗出物转移到吸收

图12-3 三层复合敷料示意图

非织造布或涂层穿孔膜。适用于该层特性的纺织材料有涤纶、丙纶、锦纶、人造丝或各种棉花衍生物。然而，天然纤维通常须经软石蜡浸渍，且须经常更换敷料以避免黏附伤口表面（Rajendran et al, 2002; Griffiths et al, 2004, 2010）。

（2）中间层——吸收层。吸收层位于第二层（中间层），主要是为吸收和带走伤口表面的液体和渗出物，防止浸泡和阻止伤口中的细菌生长，同时提供仍足够潮湿的环境，促进愈合过程，并防止结痂（Sai et al, 2000）。该层可由一个或多个纱布或针刺型非织造布组成吸收层，材料有棉、人造丝、莱赛尔、空气海绵。吸收层还可渗透超强吸收聚合物，例如成粉末状或颗粒状的聚丙烯酸钠或羧甲基纤维素。海藻酸纤维也成功应用于吸收层，这种棕色海藻纤维采用湿法纺丝工艺制成纺织薄片（Lawrence et al, 1997; Boateng et al, 2008; Lee et al, 2012）。研究表明，莱赛尔纤维具有显著的吸收特性，在治疗慢性伤口时，可替代海藻酸钠敷料（1997）。

吸收层每克能够吸收 $2 \sim 20 \ cm^3$ 的液体，且具有弹性和柔软性，以便使整个敷料与伤口表面的不同尺寸和深度相匹配（Cummings et al, 1999）。此外，吸收层能透氧，允许气体交换，以促进组织成熟和新组织的重塑。将吸收层与诸如抗菌药、止痛剂或酶等药物融合设计可促进愈合，壳聚糖制备的吸收层就是这样一个例子，壳聚糖本身具有止血和抑菌作用，有助于刺激伤口愈合，因其还具有止痛和抗菌作用，大量含有壳聚糖的伤口敷料用于军用领域。（Stone et al, 2000 年）。此类承载层可以通过针织、机织或非织造技术来制造。

（3）外层——细菌屏障。最外层，包括一层密度低、不透明、透气、防水的膜，通常由薄至 $0.5 \sim 1.5mm$ 的氨纶、丙纶或聚乙烯膜制成。主要目的是完全覆盖敷料，充当一个不可穿透的屏障，使细菌不能到达伤口表面，且同时具有透气性，对压力不敏感。该层的外缘也应起到黏合剂的作用，密封覆盖物，阻止伤口液体泄漏及防止湿气蒸发，并保持包扎牢固（Thomas et al, 2000; Bhende et al, 2002）。

12.4.1.7 吸味复合敷料

伤口处理中的恶臭问题主要与长期或慢性伤口有关，此类伤口会散发一种难闻的气味，患者受这些气味困扰，往往会不愿意出入公共场合（Hack，2003）。产生臭味的原因可能是组织坏死或继发性细菌感染，治疗涉及三个步骤，包括坏死组织移除、抗生素治疗和应用特殊设计的敷料来吸收臭味（Gethin，2011）。

吸味复合敷料将各层不同气味吸收材料组合在一起，添加到前文所述的三维复合伤口敷料中。通常，气味复合敷料由五层组成，每层都有其特定的用途，即吸收、覆盖、输送水分、保持水分，通常还有一层碳层，充当抗菌防味层（图 12-4）。各种气味吸收材料，如棉花、黏胶和人造丝以及特殊材料，如聚氨酯薄膜、海藻酸钠纤维或羧甲基纤维素，都可用于吸收含有臭味的液体。此外，防臭层可以用抗菌树脂、碳或银制备的非织造布薄片生产（Thomas et al，1998b；Gethin et al，2014）。

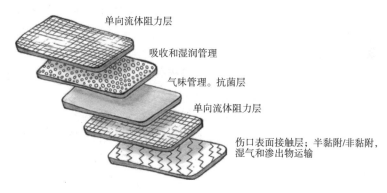

图 12-4　五层吸味复合敷料示意图

CarboFlex 敷料™ 是一种吸味复合敷料，该敷料由五层组成，第一层是非黏附吸收层，与常规的三层复合敷料具有相同的功能。第二层是延长向碳层传输时间的地方，从而延长敷料吸收功能的使用寿命，该层由单向防水膜的乙烯—丙烯酸甲酯制成。第三层是活性炭制备的非织造布层，可以吸收伤口渗出物的气味。第四层是一个柔软的非织造布吸收垫，可以吸收碳层的渗出物，并为患者提供额外柔软的敷料。第四层将黑色隐藏起来，使敷料更美观。最后一层与第二层（乙烯—丙烯酸甲酯）相同，其作用是延迟渗出物的输送，使敷料更加柔软（Thomas et al，1998a；Ballard，1999；Scanlon et al，2001；Atiyehetal，2007）。与常见的复合敷料不同，这些敷料通常没有固定的自粘表面。

12.4.1.8　结合电刺激的伤口敷料

尽管电刺激能促进伤口愈合已经被知道了几十年，但相对来说这仍然是一个未开发的领域（Kloth，2002，2013）。研究（Hampton et al，2006）已证明电刺激疗法是一种治疗慢性溃疡的技术，可以缩短愈合时间、减小伤口面积、减轻伤口深度。电刺激可增加流向新组织的血液流量，维持最佳氧气水平，提供最佳的酶和生化反应，进而增强免疫系统。电刺激可以加速巨噬细胞、白细胞和成纤维细胞等细胞的迁移，这些细胞对伤口愈合都很重要（Kloth，2002）。将伤口温度升高至37℃可促进和加速愈合过程（Kloth，2013）。电刺激敷料装置的例子包括"预热®主动伤口疗法"（Augustine Medical，Inc.，Eden Prairie，MN）和最近上市的"伤口EL®概念"（2012a）。

最后，还有更先进的伤口愈合管理，即用大量的化学基质挤压成薄膜或凝胶，如开发水活性胶体和硅树脂敷料以促进水分管理。这些敷料的设计不会损伤伤口周围新形成的组织，然而此类伤口敷料不属于三维织物，因此不属于本章内容。

12.4.2　人体植入物

很明显，使用三维人造纺织结构作为基底制备人体植入物，替换受损或患病的身体组织（如皮肤、血管、软骨、韧带、肌腱或骨骼），以恢复和维持生理功能，还要克服许多巨大的挑战。

一个关键的问题是生物相容性，人体植入物要被周围组织接受，所用材料必须无毒、不过敏。除了生物相容性外，所用材料应是可生物降解或可吸收的，这取决于植入物的长期目标。可生物降解的材料会随着时间的推移而降解，但不会完全消除；然而，这些纤维可以通过新陈代谢分解成人体可以接受的小分子，且不会损害新组织或整个人体。另外，生物吸收的纤维可被溶解、代谢、由体液带走，从体内排出。

人体植入物使用多种纤维，从生物相容性聚合物，如聚乙烯、对苯二甲酸酯或聚酯（即PET，可能是医学上最常见的生物相容性纤维之一），到可生物降解的脂肪族聚酯，如聚碳酸酯和聚乳酸，以聚丙烯和聚乙烯为代表的聚烯烃，这两种材料是选择纺织网植入物治疗疝气、脱垂及外科缝线的最佳选择。聚四氟乙烯具有优良的不粘性能和低摩擦，因此经常出现在外科缝线、动脉或支架移植物中（Gomes et al，2004；Cameron et al，2008；Kretlow et al，2008）。

然而，医用植入物不仅要考虑材料的选择。此外，从力学和承重的角度来看，纺织结构的构造不仅决定其机械性能和植入物的成功概率，也决定了充当替代组织完成人体正常生理功能的耐用性和长期性能。

12.4.2.1　支架

不同类型的"支架"是人体植入物的常见例子，支架是一种机织、针织或编织的圆柱形网状结构，由不锈钢、硝基或铬钴合金制成，嵌入患者收缩的动脉或静脉中，通过保持血管通畅来恢复血液自由流动。支架外可包裹物质，来获得特定性能或用于连续释放物质（药物洗脱支架）以抑制可能反复导致闭塞的细胞生长。

嵌入血管的支架通常会永久存在。几周后就不可能取出了，因为通过细胞生长，支架已成为整体血管的一部分。针对临时使用支架的情况，支架可以由可吸收材料制成。另一个解决方案是针织支架的松散端保持在管状结构的末端，这样可以轻易解开支架，当从外侧拉出一端时，支架就会反转到制造支架的那条线上，并可在无局部麻醉的情况下移除支架（GraftCraft AB，2014）。按照制造商的说法，这种"可拆卸支架"在泌尿、胃肠和呼吸道等领域提供了新的治疗可能性。

新技术为医学设计并应用三维结构开辟了全新的可能性。Schreiber 等（2009）开发的六角形编织技术能产生各种形状，如分叉状或"支架中的支架"。这种多层编织结构在外部和内部形成机械的分离层，有助于组建功能性呼吸上皮细胞，并使其能够在肺癌治疗中维持支架区域的黏膜纤毛功能（PulmoStent，2014）。

12.4.2.2　血管移植

通过外科手术替换因破裂或血栓等原因受损的血管已经使用了几十年，通常被称为血管移植。在缺乏天然植入物的情况下，外科医生、研究人员和工业界合作开发了基于纺织品的人工植入物——人工血管，作为受损血管的替代品。

血管移植需要满足人体植入物的一些特性，如生物相容性、非免疫原性和非炎症性，且要满足强度、抗蠕变性、形状渗透性、尺寸稳定性和理想的刚度等力学要求。然而，植入物还必须具有非致血栓性，也就是说，植入物的材料和几何特性的设计必须使其与（流动的）血液接触时产生血栓或凝块的风险最小化。另一个特性是要促进植入物上内皮细胞的生长，内皮细胞可以为植入物提供光滑的内表面，有利于血管内血液的流动。这种内皮细胞的生长是通过在植入物内外形成大小不同的孔来实现的，在外部，大孔的设计可以充当新细胞的锚点，刺激新组织的生长。在植入物内部，孔更小，利于内皮细胞生长，使管内壁表面光滑，降低渗漏和血栓形成的风险（Yang et al，2001；Leong et al，2003；Salgado et al，2004）。

血管植入物可设计为单管或多段管，以符合被代替血管的解剖结构（图 12-5）。血管移植最基本的形式是导管，通过使用机织、针织或编织技术，可以生产出各种尺寸的管子，用作人工血管（How et al，1992）。

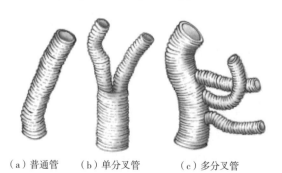

（a）普通管　　（b）单分叉管　　　（c）多分叉管

图 12-5　替换体内受损血管的植入物示意图

纬编技术是众所周知的生产血管外科单管植入物最重要的纺织技术之一，与其他技术相比，用纬编技术制作的植入物有优越的缝合性能，在缝合阶段不易脱落。

针织设计还提供了适合多种应用的高横向顺应性接枝，这些单叉的植入物一般通过精细的双针杆和联锁针圆形针织机生产。然而，纬编技术的主要缺点是不太能减小孔径，因为使用该技术需要一定的空间来连接进料环。此外，该技术的局限性是使植入物只能用于周围组织压力较低且出血风险小的情况。

以上问题在某些程度上可通过引入天然蛋白质（如胶原蛋白）解决，但这种处理方案可能会导致毛孔堵塞，进而阻碍细胞生长及人体接纳植入物的能力（Pourdeyhimi et al，1986；Salacinski et al，2001）。

机织是生产血管植入物的第二种常用技术。与血管移植相关的机织结构具有较好的机械稳定性，这意味着生产的血管无论内外压力多高，以及织物设计小孔多小的情况下都可保持原始形状（Guidoin et al，1987；Anderson et al，2004）。然而，机织植入物的主要缺陷是在缝合阶段切口边缘容易松散（Pourdeyhimi et al，1986；How et al，1992）。解决这个问题的方法是将纱线像纱罗组织那样按一定的距离排列，形成 S 形锁的设计（Ibrahim et al，1992）。另一缺陷是该结构的机械稳定性较好，这通常被认为是好的性能，但在某些应用中则过于死板（Pourdeyhimi et al，1986）。

12.4.2.3 （多）分叉植入物

根据被替换的原始血管形状，人工植入物有时需要分成几个分支。三维分叉节点结构可以看作是两个或多个经管相连，这种三维分叉节点结构的设计很复杂。Taylor（2006）描述了其复杂程度，即每个进入管都需要设计成理想性能的独立扁平管，并进一步设计成包含多管的结构，形成一个分叉结构。

在分叉结构中，分叉点至关重要，因为该设计会影响植入物的功能和稳定性。文献（How et al，1992；Nunez et al，1998）中描述了不同的解决方案，一种是将主管中所有的经纱织造到所需位置后，将经纱平均地分成两个或多个经管，这种设计的缺点是主管和支管之间的经纱密度不同，可能造成支管对血流脉压的阻力降低，进而可能导致植入物回流或渗漏。在 Nunez 和 Schmitt（1998）的基础上，Gupta（2013）阐述了解决多分叉植入物设计问题的方法，即在分叉的支管中保持与主管中相同的经纱密度，方法是将主管生产到所需的长度，与支管配合，使线条沿着主管内部浮动，在分叉处发挥作用。这种设计可让整个结构具有相同的经纱密度，有助于血流顺畅通过，支持整个植入物承受相同的压力。

机织或针织单管或分叉管在生产过程中呈扁平和折叠结构，即需要经过进一步加工后成形，并且必须起皱以抵抗弯曲、扭曲和拉伸，防止扭结或变形。通常是把管子滑到一根金属棒上，把材料弄皱成预定的形状，然后加热固定。这类植入物通常是由聚对苯二甲酸乙二醇酯或聚四氟乙烯制成，可以很好地热固定。

12.4.2.4　锥形植入物

锥形植入物通常靠近心脏部位最宽，离心脏越远就越窄，因此植入物不仅要能分叉，而且在某些情况下还要逐渐变细。这种三维锥形结构可以通过多种方式制备：

（1）通过改变织物的经纬密度和纱线密度。

（2）通过使用收缩纱可使结构中空部位收缩。

（3）通过使用有提花装置的有梭织机可使经纱在预定区域上空浮动，刺激经纱做不定活动，从而形成锥形或其他形状的管（图12-6；Pourdeyhimi et al，1986；Nunez et al，1998）。

（a）锥形　　（b）瓶形

图 12-6　两种基本锥形植入物的示意图

12.4.2.5　促进植入物细胞生长

针织和机织中不同大小的孔隙对促进细胞生长至关重要，通过在结构的某些位置设计"丝绒纱线"可以进一步控制。变形纱的线圈按线条数量的百分比排列。此外，"丝绒纱线"设计使其在外部的线条排列上有更长的悬浮，在某些部位会改变位置，以作用于结构的内部，但内部的线圈要短得多。这种设计在整个结构中重复，并在外部为新组织生长创建锚定表面，而不会产生阻碍植入物内部血液流动的平面。

12.4.2.6　小直径植入物

三维纺织品尚不适用于直径小于 6mm 的植入物，这是因为细血管是血压生理调节的积极组成部分，且会对等外部应激源（寒冷）作出反应，这对细血管适应不同条件的能力提出了很高的要求，如防止形成血栓、动脉瘤或内皮损坏等生理紊乱。最新研究表明，通过掌握植入物直径、孔径、承压能力、纱线线密度、纱线特性、凹陷顺序、纬纱密度和编织模式之间的相关性，可以织造出小于 6mm 且具有理想性能的植入物（Moghe et al，2008；Yang et al，2014）。研究还发现，用丝纤维蛋白或与聚酯纤维混合的丝纤维蛋白混纺采用机织技术生产持续性久的小直径植入物具有更大的潜力，该方法取代了更常见的涤纶和聚四氟乙烯纤维（Enomoto et al，2010；Yang et al，2014）。尽管已有成功的研究报告，但目前能抵抗长期使用压力的小直径血管植入物还没有得到应用，因此还需要进行更多相关研究。

12.4.2.7 膨体聚四氟乙烯法

膨体聚四氟乙烯是一种在三维形状中挤压聚四氟乙烯纤维的方法，将由润滑液组成的未烧结聚四氟乙烯混合物挤压成管状，适合制造血管，且该方法特别适用于小血管（<6mm）的制造，被挤压管可以更好地在第二个过程中膨胀到所需尺寸。第二过程要求将材料加热到327℃以上，同时防止管子变形。制备膨体聚四氟乙烯时，让结构中较厚的材料暴露在不同温度下，可以获得有明显区别的孔径尺寸。然而研究表明，随时间的推移，这些植入物的性能会变得不稳定，所以寿命很短，该技术需要进一步研发，以满足小型植入物的高要求（Enomoto et al，2010）。

12.4.3 组织工程

血管移植中以织物为基础的血管替代物可以被视为新细胞生长的支架，当被一层薄薄的内皮细胞覆盖时，新细胞就能完全发挥一样的功能，其他几何形状和类型的组织也可以用类似的方法替代。组织工程领域利用上述可能性来模拟身体特定结构，促进体内新细胞生长。如今，设计用于细胞生长的支架不仅可以用于血管移植、治疗疝气和脱垂，还可以用于恢复肌腱、韧带和软骨等负重结构。组织工程的主要目的是通过将生物相容性或可生物降解的材料与各种纺织结构相结合，为体内和体外（生产植入物，随后将植入物植入体内）的新细胞生长创造条件。

研究表明，三维纺织结构适用于人体组织工程，且表现出优异的性能（Cooper et al，2005；Moutos et al，2007）。新组织在体内放置位置不同，对支架的需求也不同，最普遍的要求是适当的孔隙率，以确保细胞能够穿透支架，在结构空腔中生长。此外，支架设计必须保持高机械强度，以承受身体的运动，同时能够形成所需几何形状。对于高承载应用的支架来说，其需要达到的最关键的机械性能是强度、耐磨性、（弯曲）刚度和柔韧性，才能尽可能接近人体中将被替代结构的功能特性。除了耐久性方面，人工植入物还需要消毒，以避免在手术植入时产生问题。

组织工程包括两个主要步骤：第一步是设计和构建一个纺织结构，作为锚定骨架，使种子细胞可以在体外生长。第二步是将人工支架植入体内预先确定的位置，进行实际重建阶段，人工植入物在体内将再生并融合到身体的正常组织中，如果一切顺利，身体便可恢复正常功能。

需要考虑的最重要参数之一是设计孔隙的大小。如果气孔过小，会阻碍细胞穿透内腔，导致通道阻塞，阻碍细胞和非血管生长，并阻止电磁兼容性产生。反之，如果孔隙太大，细胞无法识别支架中预定的微气候环境，这会对组织工程形成阻碍。到目前为止，还没有精确的孔隙尺寸模型，但研究表明，不同类型的组织需要不同大小的孔隙来刺激细胞生长，其范围从 $5\mu m$（利于新生血管形成）到 $200\sim400\mu m$（促进活性骨形成）（Yang et al，2001；Salgado et al，2004）。

12.4.3.1　组织工程支架

用于替换身体承重部位（如韧带、软骨或骨骼等）的支架对结构的力学性能提出了很高要求。这一领域研究应用广泛，提供了治疗各种骨科疾病，如骨折、软骨和韧带损伤的解决方案。组织工程支架的目的是通过应用生物、化学和技术规则来替换或修复受损组织，各种三维纺织制造技术创造了多孔基质，帮助营养物质运输，为新细胞生长创造了舞台，使细胞在植入体内前能够在体外培养。

组织工程中理想的高承重三维支架应具有生物相容性、生物可降解性和高机械强度，能够促进新细胞生长，以及为细胞渗透创造条件，结构方面影响细胞渗透的主要因素有孔隙的大小、孔隙的分布和再现性。通常认为支架可以显示一种或多种性质，如三维多孔结构、理想的机械性能、可降解特性、渗透性、酸碱环境和理想的表面化学性能（Hutmacher，2000）。此外，人工植入物在体内使用时，需要保持尺寸容量，以长期抵抗结构变化，同时具有高耐磨性，允许弯曲和旋转，并便于通过弹性恢复经历多次循环（Shin，2007；Kretlow et al，2008）。

12.4.3.2　高承重植入物支架

适合生产高承重人工植入物结构的纺织制造技术主要是三维机织和编织，这些技术可以获得具有理想机械性能的植入物，且可以根据强度、耐磨性、弯曲性能以及预期目的所需的孔径尺寸和孔径分布来调整和定制。三维纺织制造技术展示了创建包含必要空腔的表面结构的可能性，这些空腔夹在或交织在双轴纱线之间，这对促进新细胞的生长至关重要（Cooper et al，2005；Moutos et al，2007；Barber et al，2013）。采用机织多层技术制作的三维支架，具有较好的柔韧和刚性，适合用于替代骨、髋臼杯或软骨等组织。

尽管组织工程成功理解了三维支架为新细胞生长提供营养所需要满足的主要微观结构条件，但该结构的设计在文献中鲜有报道。Moutos 等（2007）的研究表明，一种多层三维机织支架设计成功用于软骨组织工程，这是为数不多的关于该结构设计的研究之一，该研究的目的是开发一种人工支架系统来承载软骨，定制的几何解剖形状在体外仍保持形态稳定，减小等待植入体内时外形变化风险，同时细胞仍能生长。采用正交交织纱线体系，结合三维机织的打浆作用，可以有效控制支架孔隙尺寸，改变支架的孔隙率。

在该研究中，三维机织结构由 $156\mu m$ PCL 复合长丝组成，用特制微型织机设计和制造。在这种正交多轴结构中，纱线以 X、Y、Z 三个方向排列，形成一种 11 层的结构，并与 Z 向纱交织结合。Mutos 等研究显示，织物的总厚度为 $900\mu m$，孔隙尺寸为 $850\mu m×1100\mu m×100\mu m$，孔隙率为 70%。正交多层组织具有特殊的剪切和机械强度性能，能够在不起皱、不扭结的情况下，折叠成理想形状。该设计使细胞生长能够以最大渗透率渗透到织物孔隙中，有助于支架锁定纤维，防止在处理支架时发生剪切或其他变形。

编织技术是第二种可取的制造技术，用于生产相对坚固且尺寸稳定的支架。在编织技术中，孔隙率性可以通过控制交织纱线角度来控制。Cooper 等（2005）通过比较圆形和矩形编织物，展示了编织角与支架结构的总表面积、孔径和孔隙率之间的关系。定制的三维圆形编织机装有以 26° 和 31° 的角度排列的 52 旦纤维（乳酸—羟基乙酸共聚物，PLGA）。Cooper 等在体外制备了用于细胞生长的编织支架，矩形编织孔径为 $167\sim260\mu m$，圆形编织孔径为 $175\sim233\mu m$。人工支架的机械拉伸强度约为 900N，高于拉伸强度在 $670\sim700N$ 之间的天然韧带组织。该研究表明，较大的编织角、较低的孔隙率和较大的总孔隙表面能提高填充材料数量和整体的强度。

新技术为改善植入体性能提供了新的可能性。通过将纳米技术引入肌腱和韧带组织工程的编织技术中，采用以聚乳酸（PLLA）为基体的静电纺丝纳米纤维，将其挤出成为纳米纤维束。纳米编织结构显示出优于微纤维支架的生物力学性能，其性能模拟了天然肌腱和韧带的三相力学行为（Barber et al, 2013）。

12.5　医用三维织物的发展趋势

由于晚年患多种疾病的老年人越来越多，且因为现在老年人比前几代人对医疗保健的质量有更高期望，因此未来对医疗保健的需求将增加。医学的不断发展使几乎每天都有新的治疗方法产生，这增加了医疗保健的数量，也增加了在财政上支持未来医疗保健的困难。采用新技术和新程序更有效地提供保健，同时更加注重分散式保健，让患者对自己的健康承担更多责任，这是解决高需求和维持收支平衡的两个关键。

就三维医用纺织品的未来趋势而言，谁也猜不透上述情况意味着什么。然而，医疗保健量的增加无疑将导致医疗保健在使用纺织产品的需求上在急速增加。本章介绍了医用纺织品凭借自身优势在伤口处理、血管移植和组织工程支架等医学领域的广泛应用，随着该领域新材料和研究成果的不断涌现，三维纺织品将会进一步发展。我们已经看到一些基于智能设备或传感器的伤口处理措施（Whelan，

2002；Liu et al，2005），这些设备将温度、酸碱度或高渗出引起的湿气敏感与敷料结合，用敷料作为医学或抗菌物质的载体已成为可能。这一趋势很可能会进一步发展，未来敷料可能会检测和区分特定的细菌，并配备只有在病原体存在时才有效的制剂。除了这些进一步改进现有医用纺织品系列的举措外，其应用还会进一步扩大和多样化，例如，如何将治疗性电刺激伤口的方法纳入复合敷料中。所有这些新举措的共同点是，所提出的解决方案需要被简化以具有成本效益，才能大规模开发。

随着新方法和新材料的出现，人体植入物在血管移植和组织工程等方面的应用可能具有更大的潜力。三维打印和纳米技术的快速发展可能会导致这样一个事实，尽管人体植入物的应用数量和体积正在大规模增加，但基于三维医用纺织品的人体植入物解决方案的占比可能会变得不那么明显，可能会比今天还少。最后，比较"纺织品"在总增长中所占份额成为一个问题，即新兴的三维打印和纳米技术在多大程度上被视为"纺织品"解决方案。

在经历相当缓慢起步之后，基于智能纺织产品和系统的健康相关产品开始作为商业产品出现，健康监测系统的第一个研究对象是体育市场和个人兴趣（如跑步或锻炼身体时监测心脏和呼吸活动），当只需穿上一件结合当今智能手机上的计算能力及演示方式的"传感器衬衫"，就可以进行先进的医疗监测，一个健康相关应用的系统或平台就唾手可得。感兴趣的个体采纳和频繁使用此类健康监测设备，会为医疗保健的应用铺路，患者记录的相关数据不仅可以供自己了解药物、食物、睡眠、活动等方面的日常选择如何影响他们的健康，也可以向医疗保健机构提供这些信息，供其跟进。这种电子保健或互联保健模式，即利用信息和通信技术支持保健，通常被视为解决由人口老龄化及患终身疾病（如糖尿病）的患者带来的医疗保健高需求的方法。

尽管智能材料和科技发展为设计新的纺织产品和系统提供了前所未有的规模，但是纺织产业和医疗保健领域似乎都未准备好充分利用这一新形势。为了充分挖掘潜力，必须开发新方法、新概念和新产品。在开发过程早期让用户参与的重要性已经被普遍接受，该方法可获得满足实际需求的产品，从而增加产品成功引入市场的机会。为了促进这种创新，有必要搭建一个创造性的平台，让有不同专长和不同组织背景的专家组成多学科小组，互相学习，集思广益，共同创造新产品。在这样的过程中，纺织样品展示了智能纺织品和三维纺织品在不同领域的关键应用，例如，医学可以发挥关键作用，催化新想法，进而开发新的纺织产品（Eriksson，2014）。

12.6　小结

纺织业的起源可以追溯到手工艺工业，虽然在纺织工业化初期，纺织业在生产技术上曾取得多项创新和突破，纺织工业的发展却主要集中在如何更有效地生产纺织品上。随着智能纺织系统和三维纺织品的出现，纺织行业正面临新的挑战，需要开发新的工艺、新的工作模式以及新的角色。如今的纺织业可能还不习惯多学科合作，通过发挥更积极的作用，让终端用户和健康专业人员参与开发过程，未来的纺织业将更有组织地积极寻找开发应用于医学的三维纺织品。

更多来源

生物医学结构/ETE 医学 http：//www. bmsri. com/

博尔顿大学 http：//www. bolton. ac. uk/IMRI/ResearchGroups/MedicalDevices. aspx

欧洲医疗器械指令 http：//ec. europa. eu/health/medicaldevices/index en. htm

FDA-美国食品药品监督管理局 http：//www. fda. gov/Medi calDevices/default. htm

香港理工大学 http：//www. itc. polyu. edu. hk/en/research/index. html

曼彻斯特大学材料学院的纺织研究 http：//www. materials. manchester. ac. uk/our-research/research-groupings/textile-technology/

Mölnlycke 医疗保健 http：//www. molnlycke. co. uk/solutions/；

北卡罗来纳州立大学纺织学院 http：//www. tx. ncsu. edu/research/faculty-research-areas/；

瑞典"智能纺织品"倡议 http：//smarttextiles. se/en/；

致谢

感谢约翰娜·埃里克森（johannaeriksson@ telia. com）为本章提供原始插图。

参考文献

Anand,S. C. ,2003. Spacers-at the technical frontier. Knit. Int. 110,38-41.

Anand,S. C. , 2008. Three-dimensional knitted structures for technical textiles applications. In:First World Conference on 3D Fabrics and Their Applications. Texeng Ltd. , Manchester.

Anand,S. C. ,Rajendran,S. ,2006. Effect offibre type and structure in designing orthopaedic wadding for the treatment of venous leg ulcers. In:Anand,S. C. ,Kennedy,J. F. , Miraftab,M. ,Rajendran,S. (Eds.),Medical Textiles and Biomaterials for Healthcare. Woodhead Publishing,Cambridge.

Anand,S. C. , Rajendran,S. , 2011. Development of 3D structures for venous leg ulcer management. In: Ltd, T. (Ed.), Third World Conference on 3D Fabrics and Their Applications, Wuhan, China.

Anderson, K., Seyam, A., 2004. Developing seamless shaped woven medical products. J. Med. Eng. Technol. 28, 110-116.

Ashley, C. W., 1944. The Ashley Book of Knots. Faber and Faber, London.

Atiyeh, B. S., Ioannovich, J., Al-Amm, C. A., El-Musa, K. A., 2002. Management of acute and chronic open wounds: the importance of moist environment in optimal wound healing. Curr. Pharm. Biotechnol. 3, 179-195.

Atiyeh, B. S., Costagliola, M., Hayek, S. N., Dibo, S. A., 2007. Effect of silver on burn wound infection control and healing: review of the literature. Burns 33, 139-148.

Attinger, C. E., Janis, J. E., Steinberg, J., Schwartz, J., Al-Attar, A., Couch, K., 2006. Clinical approach to wounds: debridement and wound bed preparation including the use of dressings and wound-healing adjuvants. Plast. Reconstr. Surg. 117, 72-109.

Ballard, K., 1999. Prospective Non-Comparative Evaluation of Carbo for the Treatment of Malodorous Wounds. European Tissue Repair Society, Bordeaux.

Barber, J. G., Handorf, A. M., Allee, T. J., Li, W. -J., 2013. Braided nanofibrous scaffold for tendon and ligament tissue engineering. Tissue Eng. A 19, 1265-1274.

Beanes, S. R., Dang, C., Soo, C., Ting, K., 2003. Skin repair and scar formation: the central role of TGF-[beta]. Expert Rev. Mol. Med. 5, 1-22.

Bhende, S., Rothenburger, S., Spangler, D. J., Dito, M., 2002. In vitro assessment of microbial barrier properties of Dermabond® topical skin adhesive. Surg. Infect. 3, 251-257.

Boateng, J. S., Matthews, K. H., Stevens, H. N. E., Eccleston, G. M., 2008. Wound healing dressings and drug delivery systems: a review. J. Pharm. Sci. 97, 2892-2923.

Bolton, L. L., Johnson, C. L., Rijswijk, L. V., 1992. Occlusive dressings: therapeutic agents and effects on drug delivery. Clin Dermatol 9, 573-583.

Broughton, G., Janis, J. E., Attinger, C. E., 2006. The basic science of wound healing. Plast. Reconstr. Surg. 117, 12-34.

Büsgen, A., 2008. Simulation and realisation of 3D woven fabrics for automotive applications. In: 1st World Conference on 3D Fabrics and their Application. Texeng Ltd, Manchester, UK.

Cameron, R. E., Kamvari-Moghaddam, A., 2008. Synthetic bioresorbable polymers. Degradation Rate of Bioresorbable Materials. Woodhead Pubishing Limited, Cambridge England, pp. 43-66.

Campos, A. C. , Groth, A. K. , Branco, A. B. , 2008. Assessment and nutritional aspects of wound healing. Curr. Opin. Clin. Nutr. Metab. Care 11, 281–288.

Chen, X. , 2009. Structure CAD and applications of 3D hollow woven fabrics. In: Second World Conference on 3D Fabrics and Their Application. Texeng Ltd. , Greenville, USA.

Chen, X. , Sun, Y. , Gong, X. , 2008. Design, manufacture, and experimental analysis of 3D honeycomb textile composites: part I: design and manufacture. Text. Res. J. 78, 771–781. Chen, X. , Taylor, L. W. , Tsai, L. − J. , 2011. An overview on fabrication of three−dimensional woven textile preforms for composites. Text. Res. J. 81, 932–944.

Chung, S. , King, M. W. , 2011. Design concepts and strategies for tissue engineering scaffolds. Biotechnol. Appl. Biochem. 58, 423–438.

Clark, R. A. F. , 2001. Fibrin and wound healing. Ann. N. Y. Acad. Sci. 936, 355–367.

Clark, R. A. F. , Henson, P. M. , Clark, R. F. , 1988. Overview and general considerations of wound repair. The Molecular and Cellular Biology of Wound Repair. Springer, USA.

Cooper, J. A. , Lu, H. H. , Ko, F. K. , Freeman, J. W. , Laurencin, C. T. , 2005. Fiber−based tissue−engineered scaffold for ligament replacement: design considerations and in vitro evaluation. Biomaterials 26, 1523–1532.

Cullum, N. , 2002. Compression for Venous Leg Ulcers. Oxford The Cochrane Library.

Cummings, G. W. , Cummings, R. , 1999. Composite wound dressing with separable components, US patent 5, 910, 125.

Cutting, K. F. , White, R. J. , 2002. Maceration of the skin and wound bed. Part 1: its nature and causes. J. Wound Care 11, 275–278.

Da Silva Macedo, C. J. , Jose Dos Campos, S. B. , 2008. Adhesive bandage. United States patent application.

Degreef, H. J. , 1998. How to heal a wound fast. Dermatol. Clin. 16, 365–375.

Enomoto, S. , Sumi, M. , Kajimoto, K. , Nakazawa, Y. , Takahashi, R. , Takabayashi, C. , Asakura, T. , Sata, M. , 2010. Long−term patency of small−diameter vascular graft made from fibroin, a silk−based biodegradable material. J. Vasc. Surg. 51, 155–164.

Eriksson, S. , 2014. The mediating role of product representations. A study with three dimensional textiles in early phases of innovation (Licentiate). Chalmers University of Technology.

Eriksson, S. , Sandsjö, L. , Guo, L. , Löfhede, J. , Lindholm, H. , Thordstein, M. , 2012. 3D weaving technique applied in long term monitoring of brain activity. In: 4th World Conference on 3D Fabrics and Their Applications. Texeng Ltd, Aachen, Germany.

European Committee for Standardization(CEN),2011. Textiles and textile products—smart textiles—definitions,categorisations,applications and standardizaitions needs. In:E. C. F. (Ed.),Standardizations,Brussel.

Falabella,A. F.,2006. Debridement and wound bed preparation. Dermatol. Ther. 19,317—325. FDA Device Classification Panels,2014.

FDA Device Classification Panels, 2014. FDA Device Classification Panels [Online]. Available:http://www. fda. gov/MedicalDevices/DeviceRegulationandGuidance/Overview/ClassifyYourDevice/ucm051530. htm(accessed 14. 12. 14).

Flanagan,M.,2013. Wound Healing and Skin Integrity:Principles and Practice. John Wiley & Sons,Somerset,NJ,USA.

Franks,P. J.,Moffatt,C. J.,Bosanquet,N.,Oldroyd,M.,Greenhalgh,R. M.,McCollum, C. N.,Connolly,M.,1994. Community leg ulcer clinics:effect on quality of life. Phlebology 9,83—86.

Gallenkemper,G.,Rabe,E.,Bauer,R.,1998. Contact sensitization in chronic venous insufficiency:modern wound dressings. Contact Dermatitis 38,274—278.

Gethin,G.,2011. Management of malodour in palliative wound care. Br. J. Comm. Nursing 16,S28—S36.

Gethin,G.,Grocott,P.,Probst,S.,Clarke,E.,2014. Current practice in the management of wound odour:an international survey. Int. J. Nurs. Stud. 51,865—874.

Gloy,Y. —S.,Neumann,F.,Wendland,B.,Stypa,O.,Gries,T.,2011. Overview of developments in technology and machinery for the manufacture of 3D—woven fabrics. In: Third World Conference on 3D Fabrics and Their Applications. Texeng Ltd.,Wuhan, China.

Gomes,M. E.,Reis,R. L.,2004. Biodegradable polymers and composites in biomedical applications:from catgut to tissue engineering. Part 1. Available systems and their properties. Int. Mater. Rev. 49,261—273.

Gong,R.,Dong,Z.,Porat,I.,2003. Novel technology for 3D nonwovens. Text. Res. J. 73, 120—123.

Gosain,A.,Dipietro,L. A.,2004. Aging and wound healing. World J. Surg. 28,321—326.

GraftCraft AB,2014. GraftCraft AB [Online]. Available:http://graftcraft. com/(accessed 14. 12. 14).

Griffiths,B.,Pritchard,D. C.,Jacques,E.,Bishop,S. M.,Lydon,M. J.,2004. Multi—layered wound dressing,US patent 6,793,645.

Griffiths,B.,Pritchard,D. C.,Jacques,E.,Bishop,S. M.,Lydon,M. J.,2010. Multi—layered wound dressing,US patent 7,803,980.

Guan,G. ,Wang,L. ,Li,M. ,Bai,L. ,2014. In vivo biodegradation of porous silk fibroin films implanted beneath the skin and muscle of the rat. Biomed. Mater. Eng. 24,789–797.

Guidoin,R. ,King,M. ,Marceau,D. ,Cardou,A. ,De La Faye,D. ,Legendre,J. –M. ,Blais,P. ,1987. Textile arterial prostheses:is water permeability equivalent to porosity? J. Biomed. Mater. Res. 21,65–87.

Gupta,B. S. ,2013. Shaped biotextiles for medical implants. In:Guidoin,R. ,King,M. W. ,Gupta, B. S. (Eds.), Biotextiles as Medical Implants. GB:Elsevier. Gupta, B. S. ,Smith,D. K. ,2002. Nonwovens in absorbent materials. In:Gupta,C. A. (Ed.), Absorbent Technology. Elsevier,Amsterdam.

Gupta,B. S. ,Saxena,S. ,Arora,A. ,Mohammad,S. ,2011. Chitosan–polyethylene glycol coated cotton membranes for wound dressings. Ind. J. Fibre Text. Res. 36,272–280.

Hack, A. , 2003. Malodorous wounds – taking the patient's perspective into account. J. Wound Care 12,319–321. Hampton,S. ,Collins,F. ,2006. Treating a pressure ulcer with bio–electric stimulation therapy. Br. J. Nurs. 15,S14–S18.

Hart,J. ,2002. Inflammation 1:its role in the healing of acute wounds. J. Wound Care 11,205–209.

Hearle,J. W. S. ,2008. Innovation for 3D Fabrics. TexEng Software Ltd.

Hearle,J. W. S. ,2011. A review of 3D fabrics:past,present and future. In:World Conference on 3D Fabrics and Their Applications,2011 Wuhan,China.

How,T. V. ,Guidoin,R. ,Young,S. K. ,1992. Engineering design of vascular prostheses. Proc. Inst. Mech. Eng. Part H 206,61–71.

Hunt,T. K. ,Hopf,H. ,Hussain,Z. ,2000. Physiology of wound healing. Adv. Skin Wound Care 13,6.

Hutmacher,D. W. ,2000. Scaffolds in tissue engineering bone and cartilage. Biomaterials 21,2529–2543.

Ibrahim,I. M. ,Kapadia,I. ,1992. Woven vascular graft.

Iocono,J. A. ,Ehrlich,H. P. ,Gottrup,F. ,1998. The biology of healing. In:Leaper,D. L. ,Harding,K. G. ,et al. (Eds.),Wounds:Biology and Management. Oxford University Press,Oxford,England.

Kalliainen,L. K. ,Gordillo,G. M. ,Schlanger,R. ,Sen,C. K. ,2003. Topical oxygen as an adjunct to wound healing:a clinical case series. Pathophysiology 9,81–87.

Karlsson,J. S. ,Wiklund,U. ,Berglin,L. ,östlund,N. ,Karlsson,M. ,Bäcklund,T. ,Lindecrantz,K. ,Sandsjö,L. ,2008. Wireless monitoring of heart rate and electromyographic signals using a smart t–shirt. In:Health 2008,International workshop on wearable micro and nanosystems for peronalised health. May 21-23,2008,Valencia,Spain.

Kirker,K. R. , Luo, Y. , Nielson, J. H. , Shelby, J. , Prestwich, G. D. , 2002. Glycosaminoglycan hydrogel films as bio-interactive dressings for wound healing. Biomaterials 23,3661-3671.

Kloth,L. C. ,2002. How to use electrical stimulation for wound healing. Nursing 32,17.

Kloth,L. C. ,2013. Electrical stimulation technologies for wound healing. Adv. Wound Care 3,81-90.

Ko,F. ,Theelen,K. ,Amalric,E. ,Schreiber,F. ,2011. 3D braiding technology:a historical prospective. In:Third World Conference on 3D Fabrics and Their Applications. Texeng Ltd. ,Wuhan,China.

Kretlow,J. D. ,Mikos,A. G. ,2008. From material to tissue:biomaterial development,scaffold fabrication,and tissue engineering. AIChE J. 54,3048-3067.

Lawrence,I. G. ,Lear,J. T. ,Burden,A. C. ,1997. Alginate dressings and the diabetic foot ulcer. Pract. Diabet. Int. 14,61-62.

Lazurus,G. S. ,Cooper,D. M. ,Knighton,D. R. ,etal. ,1994. Definitions and guidelines for assessment of wounds and evaluation of healing. Arch. Dermatol. 130,489-493.

Lee,K. Y. , Mooney, D. J. , 2012. Alginate:properties and biomedical applications. Prog. Polym. Sci. 37,106-126. Leg Ulcer Hosiery Kit,2014.

Leg Ulcer Hosiery Kit [Online] . Active Health Care Ltd. , UK. Available:http:// www. activahealthcare. co. uk/leg-ulcer-hosiery-kit/(accessed 18. 08. 14).

Leong,K. F. ,Cheah,C. M. ,Chua,C. K. ,2003. Solid freeform fabrication of three-dimensional scaffolds for engineering replacement tissues and organs. Biomaterials 24, 2363-2378.

Li,J. ,Chen,J. ,Kirsner,R. ,2007. Pathophysiology of acute wound healing. Clin. Dermatol. 25,9-18.

Liu,B. ,Hu,J. ,2005. The application of temperature-sensitive hydrogels to textiles:a review of Chinese and Japanese investigations. Fibres Text. Eastern Europe 13,54.

Löfhede,J. ,Seoane,F. ,Thordstein,M. ,2012. Textile electrodes for EEG recording-a pilot study. Sensors 12,16907-16919.

London, A. P. , Tonelli, A. E. , Hudson, S. M. , Gupta, B. S. , Wylie, K. B. , Spodnick, G. J. ,Sheldon,B. W. ,1995. Textile composite wound dressing. In:Biomedical Engineering Conference,Proceedings of the 1995 Fourteenth Southern,7-9 April 1995, pp. 5-8.

Mansour,H. M. ,2008. Recent advances in 3D weaving. In:Ltd,T. (Ed.),World Conference on 3D Fabrics and Their Applications,Manchester.

Martin, P. , 1997. Wound healing – aiming for perfect skin regeneration. Science 276, 75 – 81. Mayet, N. , Choonara, Y. E. , Kumar, P. , Tomar, L. K. , Tyagi, C. , Du Toit, L. C. , Pillay, V. , 2014. A comprehensive review of advanced biopolymeric wound healing systems. J. Pharm. Sci. 103, 2211 – 2230.

Mayrovitz, H. N. , Larsen, P. B. , 1997. Effects of compression bandaging on leg pulsatile blood flow. Clin. Physiol. 17, 105 – 117.

Moghe, A. K. , Gupta, B. S. , 2008. Small – diameter blood vessels by weaving: prototyping and modelling. J. Text. Inst. 99, 467 – 477.

Mölnlycke Health Care AB, 2012a. Electrical stimulation wound therapy [Online]. Mölnlycke Healthcare AB. Available: http://www. molnlycke. com/advanced – wound – care – systems/electrical – stimulation/.

Mölnlycke Health Care AB, 2012b. Produktkatalog Sårbehandling; Skonsam och Effektiv Sårbehandling, Göteborg, Sweden, Mölnlycke Health Care AB.

Mosser, D. M. , Edwards, J. P. , 2008. Exploring the full spectrum of macrophage activation. Nat. Rev. Immunol. 8, 958 – 969.

Mouritz, A. P. , Bannister, M. K. , Falzon, P. J. , Leong, K. H. , 1999. Review of applications for advanced three – dimensional fibre textile composites. Compos. A: Appl. Sci. Manuf. 30, 1445 – 1461.

Moutos, F. T. , Freed, L. E. , Guilak, F. , 2007. A biomimetic three – dimensional woven composite scaffold for functional tissue engineering of cartilage. Nat. Mater. 6, 162 – 167.

Nunez, J. F. , Schmitt, P. J. , 1998. Shaped woven tubular soft – tissue prostheses and methods of manufacturing. Google Patents.

O' Meara, S. , Cullum, N. , Nelson, E. A. , Dumville, J. C. , 2012. Compression for venous leg ulcers. Cochrane Database Syst. Rev. 11.

Pillai, C. K. S. , Sharma, C. P. , 2010. Review paper: absorbable polymeric surgical sutures: chemistry, production, properties, biodegradability, and performance. J. Biomater. Appl. 25, 291 – 366.

Pillai, C. K. S. , Paul, W. , Sharma, C. P. , 2009. Chitin andchitosan polymers: chemistry, solubility and fiber formation. Prog. Polym. Sci. 34, 641 – 678.

Posnett, 2009. The resource impact of wounds on health – care providers in Europe. J. Wound Care, 18.

Pourdeyhimi, B. , Wagner, D. , 1986. On the correlation between the failure of vascular grafts and their structural and material properties: a critical analysis. J. Biomed. Mater. Res. 20, 375 – 409.

PulmoStent, 2014. PulmoStent ［Online］. Available: http://www. pulmostent - project. com/(accessed 15. 12. 14).

Rajendran, S. , Anand, S. C. , 2002. Insight into the development of non-adherent, absorbent dressings. J. Wound Care 11.

Rajendran, S. , Rigby, A. J. , Anand, S. C. , 2007. Venous leg ulcer treatment and practice-part 1: the causes and diagnosis of venous leg ulcers. J. Wound Care 16.

Ramelet, A. A. , 2002. Compression therapy. Dermatol. Surg. 28, 6 - 10. Reichenberg, J. , Davis, M. , 2005. Venous ulcers. Semin. Cutan. Med. Surg. 24, 216-226.

Robson, M. C. , Steed, D. L. , Franz, M. G. , 2001. Wound healing: biologic features and approaches to maximize healing trajectories. Curr. Probl. Surg. 38, A1-A140.

Ruttermann, M. , Maier-Hasselmann, A. , Nink-Grebe, B. , Burckhardt, M. , 2013. Local treatment of chronic wounds: in patients with peripheral vascular disease, chronic venous insufficiency, and diabetes. Dtsch. Arztebl. Int. 110, 25-31.

Sai, K. P. , Babu, M. , 2000. Collagen based dressings-a review. Burns 26, 54-62.

Salacinski, H. J. , Goldner, S. , Giudiceandrea, A. , Hamilton, G. , Seifalian, A. M. , Edwards, A. , Carson, R. J. , 2001. The mechanical behavior of vascular grafts: a review. J. Biomater. Appl. 15, 241-278.

Salgado, A. J. , Coutinho, O. P. , Reis, R. L. , 2004. Bone tissue engineering: state of the art and future trends. Macromol. Biosci. 4, 743-765.

Scanlon, L. , Dowsett, C. , 2001. Clinical governance in the control of wound infection and odour. Br. J. Commun. Nursing 6, 12-18.

Schreiber, F. , Ko, F. K. , Yang, H. J. , Amalric, E. , Gries, T. , 2009. Novel three-dimensional braiding approach and its products. In: 17th International Conference on Composite Materials, Edinburgh, UK.

Schultz, S. S. , Sibbald, R. G. , Falanga, V. , Ayello, E. A. , Dowsett, C. , Harding, K. , Romanelli, M. , Stacey, M. C. , Teot, L. , Vanscheidt, W. , 2003. Wound bed preparation: a systematic approach to wound management. Wound Rep. 11, 1-28.

Shin, H. , 2007. Fabrication methods of an engineered microenvironment for analysis of cell-biomaterial interactions. Biomaterials 28, 126-133.

Sibbald, R. G. , Armstrong, D. G. , Orsted, H. L. , 2003. Pain in diabetic foot ulcers. Ostomy Wound Manage. 49, 24-29.

Simon, D. A. , Dix, F. P. , McCollum, C. N. , 2004. Management of venous leg ulcers. Br. Med. J. 328, 1358-1362.

Smith, M. A. , Chen, X. , 2009. CAD of 3D woven nodal textile structures. J. Comput. Inf. Sci. Eng. 4, 191-204.

Stone, C. A. , Wright, H. , Devaraj, V. S. , Clarke, T. , Powell, R. , 2000. Healing at skin graft donor sites dressed with chitosan. Br. J. Plast. Surg. 53,601–606.

Taylor, L. W. , 2006. Design and manufacture of 3D nodal structures for advanced textile composites. U225896, The University of Manchester, UK.

Thomas, S. , Fisher, B. , Fram, P. , Waring, M. , 1998a. Odour absorbing dressings: a comparative laboratory study. J. Wound Care 7,246–250.

Thomas, S. , Fisher, B. , Fram, P. J. , Waring, M. J. , 1998b. Odour–absorbing dressings. J. Wound Care 7,246–250.

Thomas, A. , Harding, K. G. , Moore, K. , 2000. Alginates from wound dressings activate human macrophages to secrete tumor necrosis factor–a. Biomaterials 21,1797–1802.

Todd, M. , 2011. Venous leg ulcers and the impact of compression bandaging. Br. J. Nurs. 20,1360–1364.

Vanwijck, R. , 2001. Surgical biology of wound healing. Bull. Mem. Acad. R. Med. Belg. 156,175–184, (discussion 185).

Watson, N. F. S. , Hodgkin, W. , 2005. Wound dressings. Surgery 23,52–55.

Whelan, J. , 2002. Smart bandages diagnose wound infection. Drug Discov. Today 7,9–10.

Wiklund, U. , Karlsson, M. , Östlund, N. , Berglin, L. , Lindecrantz, K. , Karlsson, S. , Sandsjö, L. , 2007. Adaptive spatio–temporal filtering of disturbed ECGs: a multi–channel approach to heartbeat detection in smart clothing. Med. Bio. Eng. Comput. 45,515–523.

Winter, G. , 1962. Formation of the scab and the rate of epithelisation of superficial wounds in the skin of the young domestic pig. Nat. Mater. 193,293–294.

Wintermantel, E. , Mayer, J. , Karamuk, E. , Seidl, R. , Wagner, B. , Bischoff, B. , Billia, M. , 2004. Medicinal product with a textile component, US patent 6,737,149.

Wysocki, A. , 1999. Skin anatomy, physiology, and pathophysiology. Nurs. Clin. N. Am. 34, 777–799.

Yang, S. F. , Leong, K. F. , Du, Z. H. , Chua, C. K. , 2001. The design of scaffolds for use in tissue engineering. Part 1. Traditional factors. Tissue Eng. 7,679–689.

Yang, X. , Wang, L. , Guan, G. , King, M. W. , Li, Y. , Peng, L. , Guan, Y. , Hu, X. , 2014. Preparation and evaluation of bicomponent and homogeneous polyester silk small diameter arterial prostheses. J. Biomater. Appl. 28,676–687.

第 13 章　防护用三维织物

D. Sun[1], X. Chen[2]
[1]　英国赫瑞瓦特大学
[2]　英国曼彻斯特大学

13.1　引言

防暴警察和一线士兵所用的个人防护装备（PPE）主要指防弹衣和头盔。在很长一段时间用于个人防护装备的纺织材料都是二维的，且很薄，最终产品通常由多层织物叠加而成。这些织物需要裁剪缝制以满足特定形状的需要，例如头盔和女性防弹衣。当然，前线士兵的个人防护装备通常比防暴警察需要更好的防护效果，士兵的个人防护装备是为了抵御高速炮弹冲击而设计，而防暴警察的个人防护装备则是为了抵御弹道冲击（防弹衣）、低速创伤冲击及刺伤和砍伤。防弹衣和头盔的设计是为防御不同程度的弹道攻击。一般来说，个人防护装备需要做到重量轻、穿着舒适、成本低，能抗弹道冲击（Cunniff，1992）。

13.1.1　防护服的种类

13.1.1.1　柔性防弹衣

高性能纤维的创新一直是防弹衣技术发展的动力。高强度和吸收能量的纤维制成的织物广泛应用于柔性防弹衣，来提高防护性能，减轻防弹衣重量，改良产品设计。除使用高性能防弹纤维，如芳纶和超高分子量聚乙烯（UHMWPE），纤维在织物中的结构和织物层的组合也会影响防护性能。

防弹衣的失效主要表现为子弹穿透防护材料，由于弹道冲击造成防护服损伤过多，使子弹进入人体。子弹穿透防护服有以下原因：纤维断裂、织物中的纱线滑移和纱线脱落。另外，选择合适的纤维和织物结构能有效消耗能量，并抵抗外部冲击。采用高模量、高失效应力和高失效应变纤维制造织物，或加大冲击过程中织物结构的变形程度，可获得织物的高动能吸收能力（Gu，2004）。合格的防弹衣要求子弹在弹道冲击下遇防弹衣应该停止运动，且防弹衣后面的肉体凹陷深度不能超过 44mm（Briscoe，1992）。

13.1.1.2　头盔

头盔是保护头部免受伤害的装备，自行车手、赛车手、警察和军人有多种不同类型的头盔可供选择。军人和警察的头盔是不同的，军用头盔为防弹而设计，而警用头盔主要是为防止冲击损伤。供士兵和警察使用的头盔款式很多，最新款式是由纺织增强复合材料制成的（Roedel et al, 2007）。

13.1.1.3 肢体防护装备

肢体防护装备由特殊的 PPE 材料制成，防暴警察在暴乱情况下用来保护肢体免遭投掷物伤害，这种装备基本上是由轻质和吸能材料制成的板材，其典型材料是硬质塑料外壳和聚氨酯泡沫的叠层组合。做好肢体防护装备的要求包括能量吸收和反射，重量轻、穿着舒适，并且不能妨碍佩戴者活动。为此，已经有人试图用三维纺织品取代泡沫材料（Chen et al, 2008）。

13.1.2 影响弹道性能的因素

在 20 世纪 70 年代之前，许多不同的材料被用作防弹衣材料，如棉花、丝绸和尼龙。过去的 30 年，高性能材料如凯夫拉（Kevlar）和迪尼玛（Dyneema）被引入防弹衣行业。除纤维、纱线性能（纱线支数、密度）外，织物结构参数（织物组织、织物宽度）也对防弹衣整体性能有显著影响。此外，织物（纱线）表面处理被认为是最佳弹道应用条件的附加参数。

13.1.2.1 纤维材料

弹道冲击过程中，防护材料板上形成的冲击波传播速度与织物层的能量吸收能力有关，从弹道角度来看，这是很重要的。织物纤维和纱线的拉伸模量决定了织物纤维层的能量吸收和传播能力。纱线的拉伸模量和抗拉强度是影响弹道性能的主要参数。目前成功的轻质纤维增强防弹衣的研发始于 20 世纪 70 年代初芳纶发明之后。

芳纶，如凯夫拉和特沃纶（Twaron）等，目前被用于许多不同弹道防护设备，包括防弹衣系列和武装车辆。芳纶或纱线在被拉伸作用下一直表现出相当线性的弹性行为，直至失效（Cepuš, 2003）。芳纶具有高的拉伸模量（高达 120GPa），在各种条件下（紫外线暴露除外）都具有高熔点（550℃）和良好的化学稳定性。

除芳纶外，高延伸性的超高分子量聚乙烯纤维也被用于各种装甲系列。目前有三家公司使用相似的加工技术来生产这种聚合物，Allied-Signal 公司（现在的 Honeywell 公司）首先在美国销售 Spectra 光纤，而荷兰的 DSM 公司则在欧洲市场引入了迪尼玛纤维，日本的三井石化公司为亚洲市场生产了泰克米隆（Tekmilon）纤维。迪尼玛纤维的强度重量比高出芳纶约 40%，其密度仅为 0.97g/cm³，而芳纶为 1.44g/cm³。它的熔点在 144~152℃ 之间，这个特点被视为不适合用作防弹材料，此外，迪尼玛纤维的表面摩擦很小，会影响防弹衣的弹道能量吸收。

其他类型的纤维也适合用于防弹，如 PBO（Zylon）纤维，其机械性能极好，但在一定极端温度和湿度条件下拉伸强度容易下降。据称，M5 纤维比芳纶和超高分子聚乙烯纤维以及目前个人铠甲系统中大多数铠甲材料更加坚固轻便，但与 PBO 纤维存在类似的问题。

13.1.2.2　织物结构和防弹衣装配

尽管构成织物的纱线（纤维）的机械性能对防弹性能很重要，但其结构也会对防弹性能产生重大影响。带有或不带有树脂基质的各种类型的非织造布和机织织物结构都已用于防弹，典型的非织造布是"毛毡"，它是通过将纤维以网状形式随机定向和机械互锁而构造的。而机织织物则是通过将经纱和纬纱交织而形成的。

经纬纱以 90° 交叉形成的二维机织物是防弹应用中最常用的结构这一。平纹和方平组织由于交织点繁多，主要用于制造防弹织物，与其他机织结构相比，它们吸收和消散冲击能量的能力较强。三维织物是通过将纱线以网络的方式交织，同时将纤维引入厚度方向来构造，三维结构的主要优点是其厚度方向上的增强作用，因此三维结构的尺寸稳定性优于二维结构。

有一种新组合结构可提升对弹道冲击性能的防护，Steeghs 等（2006）发明了包含多层柔性机织物和多层柔性单向层的弹道背心，其中两种弹道纤维用于织物。

除纱线性能和织物结构外，织物中的纱线支数和纱线密度也是影响防弹衣防弹性能的因素。研究发现，由细纱织造的织物的性能优于由粗纱织造的织物（Bhatnagar，2006），该结果表明，为了提高抗子弹穿透能力，可通过增加纱线数量来克服纱线弯曲带来的不利影响。基本上，纤维在弹道冲击下断裂的数量是动能吸收的平均来源，而细纱基织物系统比粗纱基系统的纤维断裂数量大。

Foster 和 Cork（2007）发现，在织物面积密度相同的情况下，具有相同经纬纱线密度和经纬密的方形织物比其他织物具有更好的抗弹道冲击性能。他们还研究了织物幅宽与弹道冲击性能之间的关系，将两块窄幅织物（一个带有围边，另一个不带有围边）与相同结构全幅织物进行了比较，结果表明，带有围边的窄幅织物比其他两种织物具有更高的弹道性能，这与其他研究结果相一致（Greenwood et al，1990；Dischler，1995），也就是说在织物上包边可进一步提高防弹性能。Sun 和 Chen 的进一步研究得出的结论是，这种性能的提高归因于织物能够将纱线夹持在其结构中（Sun et al，2010）。

13.1.2.3　弹道材料表面处理

织物表面处理也会影响弹道性能，由于用于防弹的高性能纤维都具有很高的分子结晶度，因此所制造的织物表面摩擦系数一般较低。人们研究了各种改善织物表面性能、提高织物与子弹摩擦系数的方法。Hogenboom 和 Bruinink（1991）发表的美国专利将具有高抗拉强度和高模量但摩擦系数低的纱线和具有高摩擦系数的纱线混合加捻，该纱线用于制造防弹织物。Sun 和 Chen（2012）研究表明，用 N_2 和 $(CH_3)_2Cl_2Si$ 等离子体处理过的凯夫拉纤维表面较粗糙，纱线抽拔试验结果表明，两种等离子体处理织物的性能分别比未处理织物的抽拔率提高18%和300%。进一步的有限元模拟研究表明，表面摩擦系数高的凯夫拉纤维织物具有较好的弹道能量吸收性能。

13.2　三维机织物的结构特点和制造工艺

织物组织结构是指纱线通过织造而产生各种美学设计的类型，材料的选择、设计和织造方法对织物的力学性能和几何形状都起着重要作用。

13.2.1　二维机织物的缺点

三种基本的二维机织结构为平纹，斜纹和缎纹，图13-1显示了三种基本的织物结构，其中平纹在经纱和纬纱之间的交织点最多，其次是斜纹和缎纹。因此，当使用相同的纱线和密度织造织物时，平纹的尺寸稳定性最好。当前用于防弹衣的防弹材料主要由多层二维织物构成，每层均包含平纹织物或单向高性能纤维（如芳纶）。图13-2显示了单向织物的横截面结构，包括四层0°和90°的高性能长丝交替放置，和五层聚合物薄膜。对于这种传统的防弹衣，织物的层数决定了防护程度，但是该结构在厚度方向上缺乏增强。

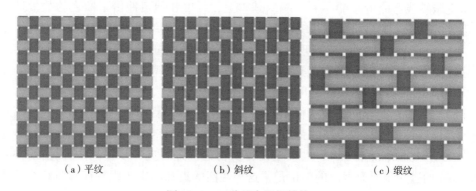

（a）平纹　　　　　　　　（b）斜纹　　　　　　　　（c）缎纹

图13-1　三种基本机织结构

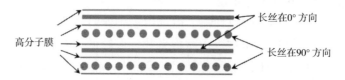

图13-2　层合单向织物结构的横截面

Sun和Chen（2010）研究表明，单向迪尼玛纤维层的能量吸收性能较差，多层单向迪尼玛纤维组成的片材显示出良好的抗创伤能力。与二维织物相比，三维织物为纤维定向和纤维成网提供更多可能。因此，近年来三维织物已在如关键结构、汽车、飞机和防护服等领域广受关注。

13.2.2　三维机织物的种类

与二维织物相比，三维织物可以改进织物厚度性能，具有更强的抗分层性能。特别是在量产时，三维织物生产过程耗时较少。三维结构有多种不同的分类方法。

Solden 和 Hill（1998）提出三维织物是由经纱黏结剂、经纱交联、平纹、交织纱和填充经纱组成的整体结构。Khokar（Khokar，2001）认为梭口形成是衡量二维和三维织物的关键标准，他将多层三维织物描述为通过三组正交纱线（经纱、纬纱、厚度方向的 Z 向纱）交织形成的三维正交结构。Chen 等（Chen，2007；Chen et al，2011a）基于对三维机织物结构和几何形状的研究，将其分为四个不同的类别：实心、中空、壳形和节点。表 13-1 列出了三维织物的结构、机织结构和形状。多层三维机织、角联锁和正交的机织结构已运用到防弹衣的防护性能中。

表 13-1　三维机织物的结构（Chen，2007；Chen et al，2011a）

结构	机织结构	形状
固体结构	多层 正交的 角联锁	具有规则或锥形几何 形状的复合结构
中空结构	多层	平坦的表面和不同方向、不同水平的中空结构
壳形结构	单层、 多层	球形壳和开箱壳
节点结构	多层 正交 角联锁	管状结和实状结

13.2.2.1　三维角联锁结构

三维角联锁结构中纬纱笔直不弯曲，经纱以一定深度斜穿过织物厚度方向（Chen et al，1999）。为获得较高的拉伸模量和强度，也可以在经纱方向添加衬经纱线，这种结构可在双曲面上贴合而不形成褶皱，已应用于女性防弹衣的研究。图 13-3 展示了三种具有五层纬纱的角联锁织物的截面结构：上下捆绑、中间层捆绑和衬经织物。

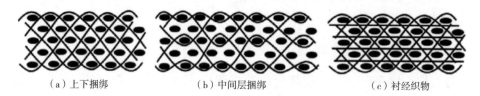

（a）上下捆绑　　　　　（b）中间层捆绑　　　　　（c）衬经织物

图 13-3　五层纬纱角联锁织物的横截面结构

Chen 等（1992）研究表明，角联锁织物剪切刚度较小，成型性较好（Chen et al，2002）。实验结果表明，对于某种纱线类型，角联锁织物的成型性与织物的密度和纬纱层数密切相关，随着纬纱层数的增加，织物的成型性也随之提高。

13.2.2.2　三向正交结构

在三向正交结构中，增强纱线在 X、Y、Z 方向上彼此垂直排列（Hu，2008），与具有弯曲纱线的织物相比，三向正交结构织物的承载能力更强。与三维角联锁结构相比，三向正交结构三个方向的纱线都是直的，平面内强度和模量也较高，这种结构可以让冲击能量分散的区域更大。在三向正交织物中，三组正交的纱线具有高度的定向性，因此，它们具有较高的抗拉、抗压强度和刚度，厚度方向上的纱线能抑制分层以改善损伤容限。Chen 等（Chen et al，2011a）研究表明，最常见的三向正交结构是厚度方向上纱线贯穿整个织物。三向正交结构的类型如图 13-4 所示。

（a）规则　　　　　　　（b）锥形　　　　　　　（c）提花

图 13-4　三向正交编织

13.2.2.3　三维多层结构

图 13-5 展示了不同类型的三维多层机织结构，这种类型的结构已经做了大量研究，由这种结构的预成型件制成的复合材料也已被应用，如用于 T 形加固（Soden et al，1999）。特别在轻量化工程中，当增强复合材料需要具有高的机械性能与重量比时，蜂巢结构一直是很有潜力的材料。织物结构和织造过程中施加在纤维上的应力对最终复合材料的机械性能有较大的影响（Mountasir et al，2011）。

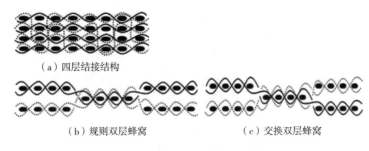

（a）四层结接结构

（b）规则双层蜂窝　　　　　　　（c）交换双层蜂窝

图 13-5　三维多层机织结构的横截面

13.2.3　三维织物制造技术

有两种不同的方法开发三维纺织结构：一种是用生产二维织物的常规织造技术，目前已成功制造不同类型的三维织物（Sun et al，2013；Chen et al，2008）。常规织机主要用于生产家用二维织物，尽管常规织机已用于制造各种类型结构的三维织物，但当三维织物需要变厚时，传统织机就无计可施。另外，传统织机仅允许纬纱沿一个方向插入，这就限制了三维结构织物的创造空间（Chen et al，2011a；图 13-6）。另一种方法是使用专门设计的织机来制造三维机织物。King（1976）根据替换法开发了一种专用设备，如图 13-7 所示，Z 向纱线垂直放置在设备上，并形成三维织物所需的横截面。在织造过程中，将来自 X 和 Y 方向的纱线交替插入与 Z 向纱线一起织造，形成三维实心结构，最终达到三维织物轮廓的预设高度。

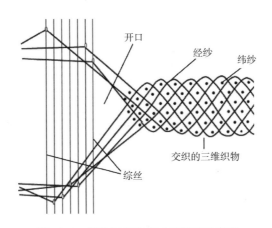

图 13-6　传统织机生产三维织物示意图

为了制造多轴正交三维织物，该项发明希望可提供一种根据所需既定横截面形状织造变截面三维织物的方法。

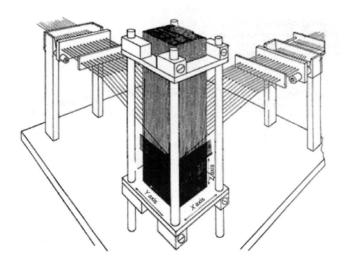

图 13-7 King 生产三维织物的替代方法

King 的设备只能生产单轴矩形横截面形状的三维织物，在生产其他截面形状的三维织物方面受限。Mohamed 和 Zhang（1992）发明了一种织机，可根据所需既定横截面形状织造多种三维织物，如图 13-8 所示。经纱分为五层，将不同的纬纱从经纱层的至少一侧插入，以便在织造过程中将纬纱选择性地插入经纱层所决定的织物横截面轮廓的不同部分。当从经纱层两侧插入时，纬纱可从经纱层每一侧同时或交替地插入。包边经纱因梭口将组织结构绑在一起，根据梭口不同，三维织物可以是正交、角联锁、经纱交联或三种的组合（Chen et al，2011a）。

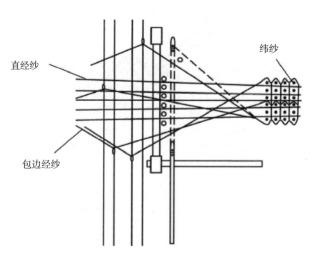

图 13-8 编织过程侧面示意图

King、Mohamed 和 Zhang 设计的织机只能用于制造非交错的三向正交织物。最近 Khokar（2001）开发了一种织机，可用于制造交织三维织物。在其设计中引入了双向开口操作系统，这样的开口操作需要使多层经纱（Z）能够在两个方向发生位移，即在织物的厚度和宽度方向上分别形成多个行和列的开口，如图 13-9（a）～（d）所示，经纱处于初始位置，形成多个并列的梭口，将垂直纬纱插入其中，所有梭口均关闭，经纱和垂直纬纱分别交织在一起。

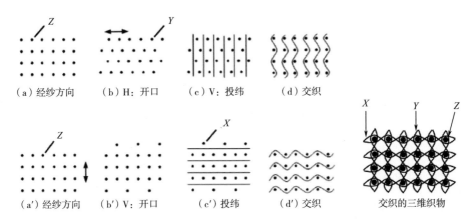

图 13-9　双向梭口 X 向水平纬纱的原理图；Y 向垂直纬纱；Z 向多层经纱；X 向垂直纬纱；Y 向水平纬纱；Z 向多层经纱（Khokar，2001）

13.3　防护服用三维织物

使用高性能纤维，如芳纶和超高分子量聚乙烯制造的防护服已引起广泛关注，且已发现纤维在织物中的结构对防护性能有影响。人们还意识到，像防弹衣这样的防护服需要具备耐弹道冲击、重量轻、穿着舒适和成本低的特点。目前各种类型的三维织物已被开发用于防弹衣、头盔和肢体保护装备。

13.3.1　用于改进弹道性能的三维织物

Sun 等开发了用于防弹衣材料的三维角度和三维蜂窝织物，弹道性能有所改进，见表 13-2。图 13-10 显示了阔面规则双层织物（B2Lre）[图 13-10（a）]和阔面互换双层织物（B2Lin）[图 13-10（b）]（Sun et al, 2013）和四层三维蜂窝织物[图 13-10（c）]（Sun et al, 2010）的组织结构。四层三维蜂窝织物如图 13-11 所示。

表 13-2　弹道防弹衣用各种二维和三维织物的规格

织物	纤维类型	纱线密度		纱线细度		编织结构
		经纱（根数/cm）	纬纱（根数/cm）	经纱（tex）	纬纱（tex）	
平纹	Kevlar® 49	7.5	7.5	158	158	单层二维宽幅平纹织物
4LRe						四层三维规则蜂窝状，连接区由 8 条纬纱覆盖
2Re		7.2	7.2			两层三维立体规则蜂窝状，每 8 根纬纱由 8 根纬纱连接成两层
2LIn		6.4	6.4			双层三维交换蜂窝
4LAI12×26		12	26			四层三维角联锁经纱 12 根/cm，纬纱 26 根/cm
4LAI12×28		12	28			四层三维角联锁
4LAI12×30		12	30			四层三维角联锁

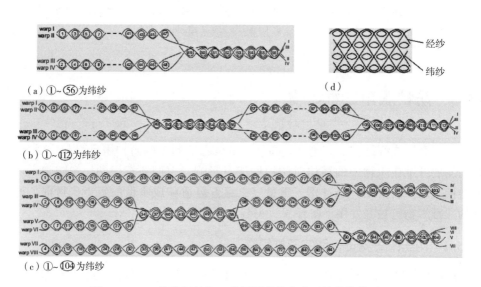

（a）①~㊌为纬纱

（b）①~⑫为纬纱

（c）①~⑩为纬纱

（d）

图 13-10　三维机织结构（带圆圈的数字表示纬纱的排列）

　　根据所设计和制造织物的不同，人们对其吸收冲击能量的能力进行比较。织物的弹道穿孔测试是在一定射击范围内进行，其中子弹在冲击织物目标之前先穿过第一对红外探测器，然后穿孔后穿过第二对红外探测器。子弹的能量损失或目

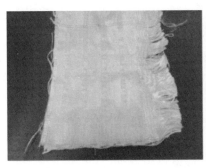

图 13-11　四层蜂窝织物的表面和侧视图

标织物的能量吸收可通过以下公式获得：

$$\Delta E = \frac{1}{2}m\left[\left(\frac{s_1}{t_1}\right)^2 - \left(\frac{s_2}{t_2}\right)^2\right] \tag{13-1}$$

式中：s_1，s_2 为前后两个探测器之间的距离；t_1，t_2 为子弹分别通过前后传感器所需的时间。

图 13-12 展示了 6 种三维 Kevlar® 织物与二维平纹织物的能量吸收对比情况，后者广泛用于警察和军人的身体防护品。研究发现：

（1）三维蜂窝织物和相同层的二维平纹织物的差别：两层和四层三维蜂窝织物的性能要好于具有相同层和经纬密度的二维平纹织物。经纬密度较低的两层织物的性能不及经纬密度较高的两层织物。

（2）与三种三维角联锁织物相比，所有二维机织物吸收子弹冲击能量的能力都更强。

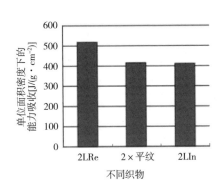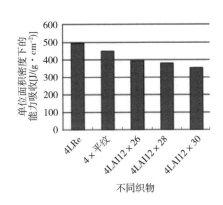

图 13-12　单位面密度下各种设计织物的能量吸收

如图 13-13 所示，在以单位冲击能量为基础对织物吸收的能量进行比较时，得出了相同的结论，即三维蜂窝织物的性能优于二维平纹组织，而二维平纹组织的性能优于三维角联锁织物。

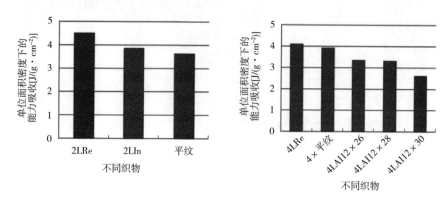

图 13-13　按单位面密度及单位冲击能量基础进行标准化处理后的各种设计织物的能量吸收

　　三维蜂窝织物的防弹性能的提高，可归因于相邻层之间的连接区域增加了纱线在连接区域的摩擦和织物整体的尺寸稳定性。与二维平面机织物相比，其连接区域中纱线摩擦限制了纱线从织物中拉出。此外，连接区域的经纱和纬纱都能得到更好的控制，该区域的纱线密度越大，产生的摩擦力越大。三维角联锁的防弹性能下降可能是交织点数量不同所致，与三维角联锁机织物相比，二维机织物中的纱线交织点更多，在这种情况下，纱线交织点有助于将能量传递到相邻的纱线上。应力波在二维机织物中传播的面积更大，因此二维织物比三维织物吸收更多的子弹冲击能。

　　三维蜂窝织物也被开发用于改善防弹衣的透气性（Hearle et al，1969），他们研究的三维蜂窝织物结构是在传统的织布机上由三组经纱和一组纬纱组成的，每组经纱与纬纱交织，形成平纹织物层。

13.3.2　用于提高热舒适性的三维蜂窝机织结构

　　Kunz 和 Chen（2005）成功制备了三维蜂窝机织物，如图 13-14 所示，用于改善防弹衣透气性的柔性预制体的制造正在进一步研究中。

　　警察和军人穿着的防弹衣是由高性能纤维制成的层压制品，弹道式防弹衣比较笨重，会给穿着者带来不舒适。人们认为，防弹衣的舒适与否在于其排汗性能。普通大众日常穿着的单层或多层服装的舒适性是基于将水分通过服装厚度方向从皮肤输送出去的原理。但由于防弹衣中的防弹板，这一原理并不适用。改善防弹衣下的通风是提升防弹衣舒适性的途径之一，在防弹衣和皮肤之间插入三维中空装置（图 13-14）可实现这一目的。这样可以在穿衣者的衣物和皮肤之间形成一个空间，便于微气候条件下的通风，从而排出汗液。这种装备是中空结构的，不仅提供了一定的舒适度，也不会增加设备的重量。有人建议，如果三维蜂窝机织物能够牢固地连接到防弹衣上，就不会起皱，这将进一步提升防弹衣的功能性。

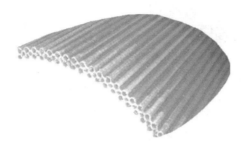

图 13-14　四层蜂窝织物制成的防护服通风装置

13.3.3　三维角联锁织物的灵活使用

　　尽管如前所述，三维角联锁织物显示出较差的弹道性能，但其独特的组织结构在特殊应用中具有很大优势。使用传统平纹织物制作的女性防弹衣存在的问题之一是在前衣片形成圆拱形状时，剪裁和缝制带来的舒适性不足。由于三维角联锁结构的性质，由这种结构制成的织物本身弯曲性和剪切刚度较低。Hearle 等发现，织物的剪切性能是织物重要的美学特征之一，主要是通过经纱和纬纱之间的剪切角度来实现（Boussu et al，2008）。因此，由三维角联锁结构织物可用于对弯曲和剪切弹性要求较高的场合。锁紧角是指角联锁织物在最大剪切应变下的剪切角，是决定角联锁织物成型性的重要参数，受织物中的纱线密度，纬纱锁紧技术及织物层数影响。研究者还发现三维角联锁织物的层间滑动和旋转有利于纱线在高弯曲曲线下的成型性能和纱线的均匀分布（Chen et al，2010）。

　　Yang（2011）开发了三个模型来模拟女性防弹衣的前衣片，图 13-15 显示了基于观察人体模型的两个圆顶形状所制的最简单但接近真实的模型。圆顶形区域分为七个部分，包括一个三棱柱，四分之一的圆柱体，两个八分之一的球体，两个四分之一的锥面和平坦区域。可以看到，圆拱形状的形成主要是由于角联锁织物在经纱和纬纱的贡献。角联锁织物结构由几层直的纬纱层和一组经纱层组成，织物中的交叉仅限于经纱与纬纱的顶层和底层间，导致织物剪切摩擦较低，这在织物定型性中起重要作用。此外，角联锁织物中有限的交错密度会产生更多空间，因此，与其他三维机织结构相比，角联锁织物可以更大程度地剪切。

　　图 13-16 展示了角联锁织物如何形成圆拱形状，曲线如何缩回成女性防弹衣前片图案的正常形状。它还显示了圆拱形状和隆起部分的良好一致性。

　　据称，传统的女性防弹衣采用裁剪缝合或织物折叠的方法来形成适合胸部区域的圆拱状，导致其抗弹道冲击性能较差，并使穿着者感到不适。这种角联锁织

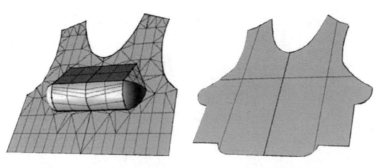

图 13-15　女性防弹衣前面板模型：三维模型形状及压后形状

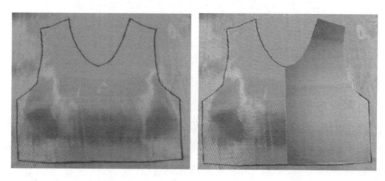

图 13-16　女性防弹衣前衣片模型实践效果：三维形状，对比和验证（Zahid et al，2012）

物克服了传统平纹织物的缺点，制造方便，无须裁剪、缝纫和折叠，因此被提议作为女性防弹衣材料。

　　通过使用具有高剪切和弯曲特性的三维角联锁结构来形成弯曲形状的理论被用于制造加固的防暴头盔壳（Potluri et al，2000），图 13-17 展示了通过真空包装制成的头盔外壳，它由单片三维角联锁织物制成。通过这种方法构造的头盔可确保纱线连续性，与裁缝型头盔相比，它具有更好的防冲击能力。先进的技术将使头盔制造过程变得更加高效。

图 13-17　利用三维角联锁织物研制的一体式头盔壳和一体式防暴头盔壳成品外观

13.4　小结

本章主要讨论了各种以纺织为基础的产品的弹道性能的影响因素，目前用于防弹应用的机织结构及其缺点，三维机织结构和机织技术以及三维织物在防护服中的应用。

三维机织物在防护服中的应用是非常重要的，根据最终用途的不同，可采用不同的方式制造。与二维机织物相比，其先进性能可以归纳为以下几个方面：

（1）三维蜂巢结构机织物的冲击能量发散更快、传播面积更大，这是由于相邻层的连接区域导致经纱和纬纱的交点加倍，从而使该区域经纬纱交织更紧密。

（2）三维机织物不仅可以提供更好的防弹性能，而且采用三维蜂窝织法也可制成一种用于防弹衣通风和蒸发汗水的装置，从而提升防弹衣的舒适度。

（3）三维角联锁机织物具有独特剪切柔韧性，这种织物可以制成警用头盔和防弹衣的前衣片，无须裁剪和缝合。

当前，大多数三维机织物都是由传统织机制成的，通过对专用三维织机的研究，制造出更复杂的三维预制件及其复合材料成为可能。通过使用高性能和低体积密度的长丝，可以开发出高性能且重量轻的复合材料，这种材料适用于汽车和航空航天工业，甚至也可能会带来供应链的变化。

参考文献

Bhatnagar, A. , 2006. Lightweight Ballistic Composites−Military and Law−Enforcement Applications. Woodhead Publishing Limited, Cambridge, p. 213.

Boussu, F. , Legrand, X. , Nauman, S. , Binetruy, C. , 2008. Mouldability of angle interlock fabrics. In: Ninth International Conference on Flow Processes in Composite Materials, Montreal, Canada.

Briscoe, M. F. , 1992. The ballistic impact characteristics of aramid fabrics: the influenceofinterface friction. Wear 158, 229−247.

Cepuš, E. , 2003. An experimental investigation of the early dynamic impact behaviour of textile armour systems: decoupling material from system response. Ph. D. thesis. The University of British Columbia, Vancouver.

Chen, X. , 2007. Technical aspect: 3D woven architectures. In: Proceedings of the NWTcx-Net 2007 Conference, Blackburn, UK.

Chen, X. , Potiyaraj, P. , 1999. CAD/CAM of the orthogonal and angle−interlock woven structures for industrial applications. Text. Res. J. 69,648–655.

Chen,X. ,Yang,D. ,2010. Use of 3D angle–interlock woven fabric for seamless female body armor:part 1:ballistic evaluation. Text. Res. J. 80(15),1581–1588.

Chen,X. ,Knox,T. R. ,McKenna,F. D. ,Mather,R. R. ,1992. Relationship between layer linkage and mechanical properties of 3D woven textile structures. In:Proceedings of the International Symposium on Textile and Composite Materials for High Functions, Tampere,Finland.

Chen,X. ,Lo,W. Y. ,Taylar,A. E. ,2002. Mouldability of angle–interlock woven fabrics for technical applications. Text. Res. J. 72 (3),195–200.

Chen,X. ,Sun,Y. ,Gong,X. ,2008. Design,manufacture,and experimental analysis of 3D honeycomb textile composites, part I: design and manufacture. Text. Res. J. 78, 771–781.

Chen,X. ,Taylor,L. W. ,Tsai,L. ,2011. An overview on fabrication of three–dimensional woven textile preforms for composites. Text. Res. J. 81(9),932–944.

Chen,X. ,Hearle,J. ,McCarthy,B. ,2012. 3D fabrics for composite bridges. In:2012 FRP Bridges,London,13 September 2012.

Cunniff, P. M. , 1992. Analysis of the system effects in woven fabrics under ballistic impact. Text. Res. J. 62,495.

Dischler,L. ,1995. Method for improving the energy absorption of a high tenacity fabric during a ballistic event. U. S. Patent 5466503,14 November 1995.

Foster,P. W. ,Cork,C. R. ,2007. The ballistic performance of narrow fabrics. Int. J. Impact Eng. 34,495–508.

Greenwood,K. ,Cork,R. C. ,1990. Ballistic penetration of textile fabrics–phase V,Final Report to the United Kingdom Ministry of Defence,Salisbury.

Gu,B. ,2004. Ballistic penetration of conically cylindrical steel projectile into plain–woven fabric target–a finite element simulation. J. Compos. Mater. 38,2049–2074.

Hearle,J. W. S. ,Grosbery,P. ,Backer,S. ,1969. Structural Mechanics of Fibers, Yarns and Fabrics. Wiley–Interscience,New York.

Hogenboom,P. ,Bruinink,E. H. M. ,1991. Combinations of polymer filaments or yarns having a low coefficient of friction and filaments or yarns having a high coefficient of friction,and use thereof. U. S. Patent 5035111,30 July 1991.

Hu,J. ,2008. 3–D Fibrous Assemblies:Properties,Applications and Modelling of Three–Dimensional Textile, first ed. Woodhead Publishing Limited, Padstow, Cornwall. Khokar,N. ,2001. 3D–weaving:theory and practice. J. Text. Inst. 92,193–207.

King,R. W. ,1976. Apparatus for fabricating three–dimensional fabric material. U. S. Patent

3955602A.

Kunz,E. ,Chen,X. ,2005. Analysis of 3D woven structure as a device for improving thermal comfort of ballistic vests. Int. J. Cloth. Sci. Technol. 17(3/4) ,215–224.

Mohamed,M. H. ,Zhang,Z. H. ,1992. Method of forming variable cross–sectional shaped three–dimensional fabrics. U. S. Patent 5085252A.

Mountasir, A. , Hoffmann, G. , Cherif, C. , Kunadt, A. , Fischer, W. J. , 2011. Mechanical characterization of hybrid yarn thermoplastic composites from multi–layer woven fabrics with function integration. J. Thermoplast. Compos. Mater. 25 (6) ,729–746.

Potluri,P. ,Porat,I. ,Sharma,S. ,2000. Three–dimensional weaving and moulding of textile composites. Text. Mag. 4,14–17.

Roedel,C. ,Chen,X. ,2007. Innovation and analysis of police riot helmets with continuous textile reinforcement for improved protection. J. Inf. Comput. Sci. 2 (2) ,127–136.

Soden,J. ,Weissenbach,G. ,Hill,B. ,1999. The design and fabrication of 3D multi–layer woven T–section reinforcements. Compos. Part A 30,213–220.

Solden,B. J. ,Hill,J. A. ,1998. Conventional weaving of shaped preforms for engineering composites. Compos. Part A 29,757–762.

Steeghs,P. H. W. ,Blaaum,M. ,Pessers,W. A. R. M. ,Lindemulder,J. L. ,2006. Ballistic vest. U. S. Patent 7114186,3 October 2006.

Sun,D. ,Chen,X ,2010. Development of improved body armour:report 6,the British Ministry of Defence,Salisbury.

Sun,D. ,Chen,X. ,2012. Plasma modification of Kevlar fabrics for ballistic applications. Text. Res. J. 82(18) ,1928–1934.

Sun,D. , Chen,X. , Mrango, M. M. , 2013. Investigating ballistic impact on fabric targets with gripping yarns. Fibres Polym. 14 (7) ,1184–1189.

Yang,D. ,2011. Design,performance and fit of fabrics for female body armour. Thesis. University of Manchester.

Zahid,B. , Chen, X. , 2012. Manufacturing of single–piece textile reinforced riot helmet shell from vacuum bagging. J. Compos. Mater. 47(19) ,2343–2351. 3

第14章 运动和休闲服装用三维织物

Y. S. Gloy, I. Kurcak, T. Islam, D. Buecher, A. McGonagle, T. Gries
德国亚琛工业大学

14.1 引言

间隔织物是运动和休闲服装中最常用的三维织物之一，间隔织物生产出来之后，需要进行切割、转换、裁剪、固定和卷取等进一步加工。例如，间隔织物可以作为鞋子或手套的衬垫提供缓冲。间隔织物既能大规模生产，也可以生产个别定制件，不同结构、厚度、强度和颜色可根据应用的需求在机器中设置。

此外，还介绍了三维纺织品的要求和性能。三维纺织品必须兼具时尚性、功能性和防护性。用于服装制造加工的三维纺织品必须透气、隔热、坚固和安全，还必须确保足够的舒适性。

为了说明上述内容，本文给出了单个产品的示例。如鞋、内衣、潜水服这类产品部分由三维纺织品组成，这些纺织品大多使用经编间隔织物。除经编间隔织物外，还加工了针织间隔织物。个性设计让制造商可以结合个人对产品的需求有更广泛的应用。

14.2 运动和休闲服装用三维织物的生产加工

面向运动和休闲服装市场的产品可以部分或全部由三维纺织品制成，根据机器类型和生产方式，厚度、密度、长度、宽度、深度、表面结构等参数可独立调整，可为运动休闲服装领域生产和加工各种三维纺织品。

14.2.1 设备和工艺

三维织物的机械生产历史始于20世纪90年代初，并一直稳步发展。

Cetex纺织和加工机械研究所非营利性股份有限公司总部位于德国开姆尼茨，自1997年以来一直在为双梳栉拉舍尔机器上的三维轮廓经编工艺开发新的应用领域，实现了将直接定向的纱线系统并入基布（填充线，纬线）的目的（Anon，

1997b）。

　　用这种方法可生产开格结构和闭格结构，该技术为进一步发展三维纺织品的生产提供了重要基础。生产的纺织品半成品可通过例如涂层和切割进行进一步加工，此外，它们也适用于纺织化合物的生产。总之，这项技术可用于运动和休闲产品生产领域（Anon，1997a）。

　　大多数经编间隔织物是在双梳栉拉舍尔机器上生产的，4～7把梳栉为产品工程提供了高度的灵活性，因此可生产各种结构，包括提花图案。图14-1展示了该技术可生产出的表面结构（Karl Mayer Textilmaschinenfabrik GmbH，2013a，b；Choi，2005；Bruer et al，2005）。

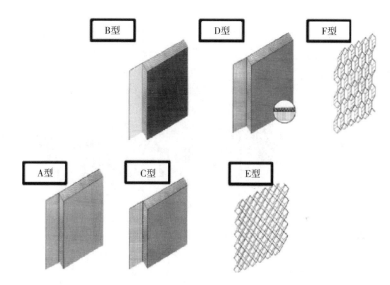

图14-1　可实现的表面结构（Karl Mayer Textilmaschinenfabrik GmbH，2013）

　　A 型：密封无图案，单面或两面可与 B 型或 C 型组合。

　　B 型：密封有图案，单面或两面均可与 A 型或 C 型组合。

　　C 型：小型网架结构，单面或两面可与 A 型或 B 型组合。

　　D 型：一侧为有丝绒表面的紧密结构。对侧封闭或为小型网架结构。

　　E 型：织物两侧为菱形格结构。

　　F 型：织物两侧为蜂窝格结构。

　　具有不同压缩受力变形区域的经编间隔织物已获得专利，该专利最初是为生产坐垫、床垫和地垫而设计的（Müller et al，2007）。

　　间隔织物"D^3"是美国纽约的 Gehring 纺织有限公司和 Militex 有限公司开发的产品（Anon，2002c，2003a），该产品可以在结构、厚度、功能和外观上有许多变化，其最初用于骨科技术，但也适用于体育运动中的其他应用领域，例如潜水

（请参阅 14.4 节；Anon，2002c，2003b）。

有篇文章（Anon，2002b）报道了在拉舍尔（Raschel）机器上采用经编间隔织物生产布鞋的可能性。如果机器装有提花图案，可实现产品的预制和各种功能区的应用。提花是一种装订技术，每根经纱都是单独控制的，最大限度扩大了可生产的范围。随后的工艺，如层压，就很容易实现。

在德国格雷兹乌林根-沃格兰德纺织研究所发布的一份研究报告中，提出了一种具有绝缘性能的经编间隔织物，这种织物是在双梳栉拉舍尔机上织制而成的（图 14-2）。此外，他们还建立了三维经编织物的载荷和弯曲模型（Heide et al，2004；Helbig，2006）。

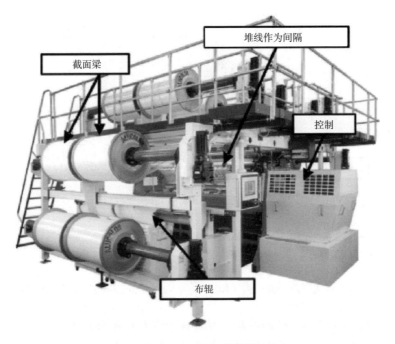

图 14-2　HDR 6 EL 型双梳栉拉舍尔机

夹克的三维衬里是在拉舍尔机器上生产的，该机器带有两个 RD 6 N 类型的梳栉，其机械规格为 E22，但引入的定型板有两种不同的间距。基于最新研究进展（Anon，1997a），现在可以生产一面开放、一面封闭的间隔织物（Schubert et al，2004）。

一项专利介绍了一种经编间隔织物及其生产方法，可以从该专利中找到进一步的信息（Müller，2009）。

借助"戈尔技术"，可以生产三维矢量定向针织面料。在"戈尔技术"中，针在针床的预定区域中不活动，并且在预定的旋转次数后被重新激活（Anon，

1997b）。三维矢量定向针织的基础是"双针床"结构。在这个基本结构中，增强纱按需要加强方向插入。还可创建填充纱和纬纱作增强材料的三维双轴针织物，它们是在由德国罗伊特林根的 H. Stoll 股份有限公司生产的电脑横机 CMS 330TC 上生产的。德国登肯多夫纺织技术研究所已开发出新型斜向导纱器，该导纱器可用于生产三维矢量定向针织面料。这种新的对角导纱器称为直立导纱器（图 14-3）。

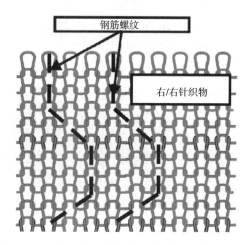

图 14-3　右/右交叉针织物（其中包含支撑纤维）

该针织工艺有以下优点（Hai Dang et al，2004）：通过在横机上直接开发，可以实现简单的工艺；每行针织后均可调整倾斜角度，以适应成品；对角导纱可控，无须额外的工作；方式灵活，因此适用于所有横机。

使用植绒技术可以在两个纺织品表面间建立三维结构，在该技术中，短切纤维（植绒纤维）带静电，并利用电场将其固定在涂有黏合剂的基材上。植绒技术已有 100 多年的历史，应用于医疗和纺织等行业。所谓的滤绒法是一种改善间隔织物特性的方法。用短绒制成的罗纹织物，由于其呈管状结构，可以将更多的热量和水分从身体传导出去（cf. Section 14.3；Krel et al，2005；Machova et al，2006）。

经编间隔织物也可作为纺织基质用于进一步加工，发泡剂中含有可膨胀的聚苯乙烯，其商标名 Styropor© 更广为人知，可用于生产减震系统。在生产带有泡沫芯的子基体时，用实验室刮刀将颗粒状球团插入间隔织物内部，颗粒球团直径为 0.9~1.3mm，在随后接触到水蒸气后，颗粒会膨胀，进而固定在堆层中。通过 105℃预起泡，体积可以增加 40~80 倍（Anon，2007b）。

原则上，膨胀体积是可以调整的，因此，改变系统的性质，如热容量，是可能的（Anon，2007b）。

一项介绍厚度方向具有透气性能的鞋的发明专利（Bier et al, 2008）中，透气层采用的就是间隔织物。图 14-4 所示为间隔结构的各种实例。

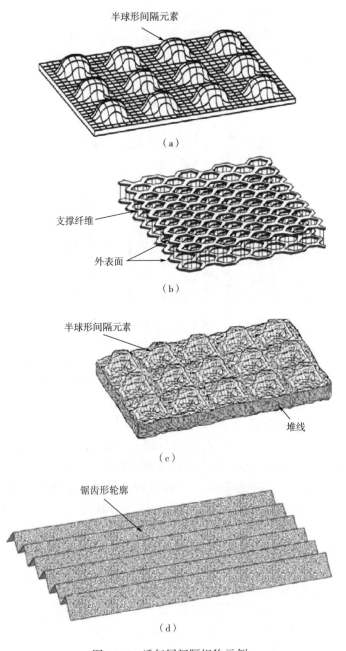

（a）

（b）

（c）

（d）

图 14-4　透气层间隔织物示例

图 14-4（a）所示实例由向下的接触面和向上的半球组成，这些自由端构成接触点（Bier et al，2008）。

图 14-4（b）所示的间隔结构实例包括与透气性支撑纤维连接的上支撑面和下支撑面（Bier et al，2008）。

图 14-4（a）相似，图 14-4（c）是具有半球形间隔的间隔结构。然而，经编织物是由经编线或经编长丝组成，它们通过热处理或用合成树脂浸渍固化成这种形状（Bier et al，2008）。

图 14-4（d）展示了具有锯齿形或齿形轮廓的间隔结构的实例。波尖形成了接触面（Bier et al，2008）。

文胸的侧翼在双梳栉拉舍尔机器上生产的，所生产的经编间隔织物非常柔软，轻便且透气，易于模压成型，并在高温和压力作用下无缝成型为各种尺寸的罩杯，所得织物质地轻薄，不会卷边，并且织物两面有网头，它可以在服饰中固定在合适位置，不需做额外处理，作为功能元件，如钩圈、杯托和胸带的两端都能紧紧固定在高密织物上。通过使用特定材料，功能区可以与这种生产技术无缝连接，并且可以产生隔边，超强外边和具有高透气性的透明中间区域。使用 RDPJ 6/2 双杆提花机，文胸侧面还可以装饰图案，功能区域也可以加入更高比例的氨纶，功能元件附着能力也可增强（Mayer，2006）。

图 14-5 为具有良好透气性和阻尼性能的经编间隔织物的示例。

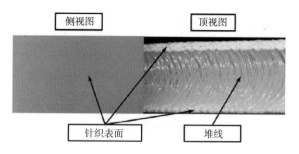

图 14-5　经编间隔织物样品

山地自行车、极限滑雪和单板滑雪等极限运动的防护服由透气的经编间隔织物制成，这些织物的尺寸稳定性较好（Anon，2007a）。

可以在经编间隔织物中加入纺织品加热元件，图 14-6 展示了加热元件的理论位置，导电纱线以规定的纱线张力结合在一起。可以加工金属涂层的聚合物材料，碳纤维纱和具有纺织特性的金属复丝材料。可通过极—地导杆（只在图案滚筒旋转时通过振荡运动运行）来防止纱线的穿插。此时，纱线分别被送入织造过程（Schwabe et al，2008）。

有专利（Heide et al，2006）发明了一种使用天然纤维（如棉或合成纤维）制

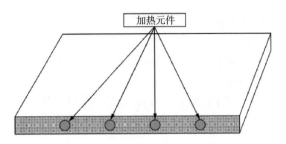

图 14-6　加热元件在堆层中的理论位置

成的三维经编间隔织物。

图 14-7 显示了纤维如何与 L2 和 L5 成圈型铺设导轨相关联。间隔线 L3 和 L4 作为纬纱直接作用于上述铺设轨 L2 和 L5 中。编号 1 和 6 是与导纱杆 L1 和 L6 相关联的高纤度和高弹性模量的氨纶纱。它们就像纬线一样背向黏合,确保了弹性,同时形成空调层。

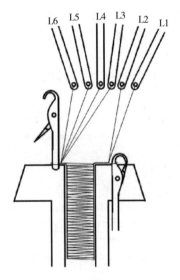

图 14-7　三维经编针织间隔面料生产

最初该发明应用于医药领域,例如用于绷带的制备。然而,在运动休闲领域,尤其是贴身纺织品,必须预见到持续自然的出汗情况。生产运动休闲服装的透气面料可通过专利中的发明来实现（Heide et al,2006）。因此,该项发明为这些产品的生产提供了可行的替代方案（Heide et al,2006）。

HighDistance®由德国 Obertshausen 的 Karl Mayer Textilmaschinenfabrik 股份有限公司制造,该公司是一家工艺一体化生产企业。没有间隔的区域可沿工作方向横向排列,或与整个区域交替组合成织物中的棋盘图案。因此可以使生产链上的工作量最小化。运动服装就可实现无缝合线净尺寸生产。

14.2.2　后续处理

生产完成后需要进一步加工。产品可根据运动休闲服装的特殊应用要求进行调整，根据应用的不同，以适合批量生产标准产品的卷筒形式提供，或作为单独生产特殊产品（如定制鞋）单独生产。此外，还可以进行清洗、涂层、黏合、切割、固定和缠绕。且可通过无缝处理为诸如鞋或手套等产品提供良好的穿着特性（Heide et al，2005a，b；Pietsch et al，2012a，b）。

涂层过程（Pietschet al，2012a，b）要求必须采取特殊步骤才能在涂层横截面中获得无孔的微观结构，出于生态考虑，涂层由水分散体组成。在制造过程中，经涂层的经纬编织间隔织物还具有良好的焊接性，为了实现可靠且恒定的功能性（如动力传输），必须具有牢固的内聚力。本产品就需要重叠接缝。

14.3　运动和休闲服装用三维织物的特点和要求

运动和休闲服装对消费者来说必须具有功能性和时尚性，对于制造商而言还必须加上经济性。运动和休闲服装用织物的基本要求可分为以下几点（Heide et al，2005a，b；Pietsch et al，2012a，b；Karl Mayer Textilmaschinenfabrik GmbH，2013a，b；Hai Dang et al，2004；Machova et al，2006，2007a，2007b；Kadole et al，2010；Bruer et al，2005；Xiao et al，2011）：贴近皮肤的良好透气性、稳定性和防护性好、多样性、独特的结构、外观美观、舒适的触感、耐疲劳性好、高经济效益和再现性。

透气性、外观、触觉和疲劳强度是对舒适性要求的总称。第二个子类别是稳定性和防护要求，包括疲劳强度和绝缘性，多样性、再现性和经济效益也是生产要求的一部分。为了满足这些要求，产品必须通过各种测试。如今，使用三维织物可以很好地满足以上要点。特别值得注意的是经编间隔织物，由于其不同的结构和不同的纤维用途，几乎可以在所有纺织品中加工（Heide，2001）。为更好理解，本章讨论一些专利和研究项目的具体示例。如今，可以通过软件来实现三维间隔织物的仿真和设计，例如，来自德国亚琛 TEXION 有限责任公司的 ProCad warpknit 三维软件，通过此软件，可以在开发阶段显示和评估三维纹理。

14.3.1　运动和休闲服装的舒适性要求

纺织品的舒适性要求针对身体不同部位。例如，在关节处需要更多运动自由度，在后侧或侧区则需要高稳定性（Hai Dang et al，2004）。对顾客来说，服装是否具有良好穿着性能很重要，此外，它必须手感好又好看（Machova et al，2006）。热生理舒适度是由热湿传递能力决定的，因此，保持皮肤干燥和防止体温过低的透气织物是必需的。透气性，即耐水蒸气渗透性，是一种材料迅速释放汗液到环境中的能力，但透气性仅描述单位面积和时间内空气的容积率。RET 值（对蒸发热传递的抵抗力）用于测量透气性或水蒸气渗透阻力，RET 值低于 6 的纺织品透气性极强，而 RET 值超过 20 的纺织品则不透气。随着身体活动的增加，需要通过对流将更多热量与水分从体内传递到环境中。德国波恩尼希海姆的 Hohensteiner 研究所使用"Charlie"和"Charlene"以及"汗脚"温度调节模型测量运动服的舒适度（Pause，2002；Schmidt，2010）。

有专利（Sigert et al，1995）描述了一种双面水分输送的经编间隔织物，织物具有弹性，可确保上下两面之间间距稳定，极好的水分传输特性使透气效果良好。图 14-8 所示为双面水分输送经编间隔织物，显示的是顶、底表面和连接两个表面并保持距离的堆纱（Sigert et al，1995）。

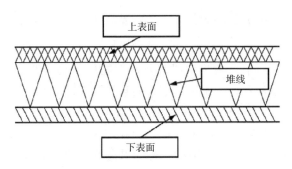

图 14-8 经编间隔织物的水分输送原理

14.3.2 运动和休闲服装的测试方法

为达到产品的基本要求，制造商有必要了解材料的性能。研究机构通常受委托对材料的性能进行科学研究，这些机构通常会使用适当的测量系统进行准确分析。

经编间隔织物可在中间层提供非常好的空气流通，这取决于两个经编表面之间的距离（Müller et al，2007）。一项实验（Machova et al，2007a）考察了纬纱对热湿传递的影响：一个装满水的模拟人偶被加热到预定的表面温度，利用表面热电偶测量水平和垂直的热流，实验中，人偶一开始穿一件干 T 恤，然后穿一件由 CoolMax® 制成的带有既定湿度的湿 T 恤来模拟内衣。带有罗纹结构并加入纬纱的经编间隔织物的开口面放置在内衣的顶部，因为纬纱与经纱成直角，所以纬线会形成流动阻力，由此产生的流动阻力对输送热量总量有很大的影响，所使用的纬纱材料为亲水性黏胶和疏水性聚丙烯。研究结果表明，合成纤维和天然纤维以及纯合成聚合物的组合具有不同的性能，可以有更好的热传递功能性（Machova et al，2007a）。

热湿传递通常可使用精密测量技术确定。热传递以材料的热容为特征，耐水汽渗透率是描述湿传递的表征因素。基于瞬态测量原理（Heide，2001）的测量方式，过程仅需几分钟，在定义明确的测试条件下可得出非常准确的结果。与其他耗时数小时的方法相比，其用时短是一项重要优势。为测定热传递，将样品暴露于热脉冲中，热物理参数可从加热期间的温度曲线及样品厚度和密度中得到。在选择各种用途间隔织物时，必须考虑到热生理参数的显著差异，尤其可通过选择经编针织物结构来改变这些参数（Pause，2002；Heide，2001）。

另一项研究证明衣物内部的罗纹结构可极大地改善通风，从而降低衣物内部温度。流体动力学的相似定律已用于预测不同测量方法下的热力学参数。通过适当调整制造工艺，可获得良好的隔热性能（Machova et al，2006）。

除了热生理参数测试方法外，还有一些可测量经编间隔织物机械性能的方法。经编间隔织物的屈曲性能和刚度决定使用者的运动自由度，因此尤其令人关注。特别是在肘部和膝盖区域，低弯曲力有利于运动自由度。其他衣物（如文胸）是通过 Novel 公司 Pliance 系统的柔性电容性箔传感器进行测试（Machova et al，2007b；Yip et al，2008；Xiao et al，2011；Liu et al，2012）。表 14-1 列出了相应标准，需根据这些标准测试织物的压力弹性。

表 14-1　确定纺织品压力弹性特性的标准

标准	测试属性	准则
DIN EN ISO 3388-1	压缩应力—应变特性的测定	
DIN EN ISO 2439	硬度测定	
DIN EN ISO 1856	压缩变形试验方法	
DIN EN ISO 5084	纺织品及纺织产品厚度的测定	

先进三维纺织品

14.3.3 运动和休闲服装的稳定性和防护要求

三维纺织技术不断受到新兴极限运动的挑战，需要开发更稳定、更坚固的防护纺织品。间隔织物具有很好的阻尼特性，因此是生产防护装备的关键技术。经编间隔织物既可以用作阻燃剂和隔热保护织物。常规运动和极限运动都使用此类纺织品（Heide，2001；Anon，2007a；Liu et al，2012）。

14.4 三维织物在运动和休闲服装中的应用

多种间隔织物应用范围广泛，三维纺织品用于制作鞋子、内衣、夹克衬里、裤子和极限运动的保护层（Kadole et al，2010；Bruer et al，2005）。虽然运动和休闲服装有一个经典的分类，但这些只是对营销部门非常重要。鞋子是运动休闲服装中最主要的一类，经编间隔织物是其中加工最多的三维纺织品。由于采用了新的制造方法，针织间隔织物成为运动休闲服装间隔织物的一种合适的替代选择（Bruer et al，2005）。

14.4.1 鞋

如前所述，大多数鞋子都使用经编间隔织物。从经典的跑鞋到更专业的裸足鞋，稳定性是其最重要的属性，经编间隔织物可以很好地集合时尚性与功能性。位于俄勒冈州比弗顿的体育用品制造商率先用部分经编间隔织物成功制造出鞋子并于2002年推向市场。

慕尼黑 VIBRAM Five-Fingers® 的"the Speed Style"裸足鞋是一款设计奇特的鞋，鞋面采用3mm大针迹经编间隔织物。设计灵感是让慢跑者拥有一种自然的跑步感觉，不会有割伤等健康风险，行走时鞋子通风良好。另外鞋子中使用的经编间隔织物可以速干，非常容易清洁。除了 VIBRAM Five-Fingers® 外，英国伦敦的金刚狼欧洲零售有限公司（Merrell）、英国的 Salomon SAS、法国的 Annecy Cedex 9 和荷兰的鹿特丹 KEEN Europe Outdoor BV 等公司也都专注于"自然跑步"（Anon，2010，2011，2012）的研究。

来自巴西的 Nao 品牌主要生产由经编间隔织物制成的休闲鞋，这些鞋非常轻巧，表面采用透气的经编间隔织物，穿着舒适度较好。图14-9为 Brand Nao 的模型，图14-10为鞋中使用的经编间隔织物的放大图。

14.4.2 潜水运动服

经编间隔织物在潜水衣制造上具有很大潜力，许多制造商已经着手这一开发。

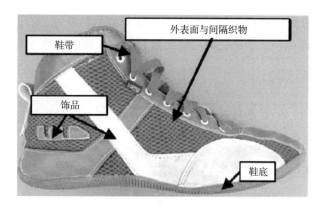

图 14-9　Nao 生产的由经编间隔织物制成的鞋

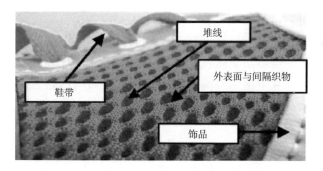

图 14-10　由经编间隔织物制成的鞋的表面细节

1998 年的一篇文章（Anon，1998）介绍了一种由经编间隔织物制成的潜水衣的内衣。与经典材料氯丁橡胶相比，经编间隔织物面料的温度调节更稳定，运动自由度更好，皮肤触感更干爽。

　　纽约的 Gehring 纺织品公司和 Militex 公司生产了一种称为"D³"的间隔织物，用于制作潜水衣，作为氯丁橡胶的替代品。此外，他们还探索在纱线和结构方面的可能发展，除了提高纱线的美观性能外，还改善了其技术性能，包括强度、延展性、密度和弹性，以适应潜水衣的要求（Anon，2002a，c，2003a，b；Gehring Textiles，2013）。

14.4.3　内衣

　　用经编间隔织物制造时尚的内衣，要求尺寸稳定，同时舒适透气。"神奇纤维"莱卡®可以很好地加工成经编间隔织物。著名品牌莱卡是一种弹性纤维，由复合长丝聚酯型氨基甲酸酯组成。德国奥伯斯豪森卡尔迈耶纺织公司与 Optotexform 公司在持续合作开发文胸产品（Anon，2002a）。

　　用可保持隔距的针织单丝加工出两个聚酯薄层，经编间隔织物的磨损特性与泡沫类似，但具有弹性和透气性。材料成分为88%的锦纶/尼龙和12%的氨纶。间隔织物通常用于制备杯垫和杯托衬里以及敏感皮肤区域的软垫（Anon，2002a）。

14.4.4 其他应用领域

经编间隔织物的其他应用领域包括背包及软垫、登山安全带和滑雪手套。除衣物外，运动垫也由经编间隔织物制成。

隔热材料也可采用间隔技术制成，以确保空气进入。阻燃保护作用不仅可以提高舒适度，而且在极端情况下还可以挽救消防员的生命。根据美国国家消防协会的统计，超过一半的消防员的致命事故是高温造成的。与现有的衬里材料（例如泡沫）相比，经编间隔织物由于其良好的隔热性能可防止这种情况发生（Heide，2001）。

经编间隔织物还可制作用于高尔夫球场的人造草皮，与天然草坪相比，它最大优点是耐久性强，不需要任何灌溉、密集性施肥或杀虫剂处理（Anon，1997a）。此外，经编间隔织物也可用于极限运动防护服（Anon，2007a）。

事实证明，在夹克中使用经编间隔织物而不是经典的起绒作为衬里材料已被证明有利于人体活动（Schimanz et al，2004）。

参考文献

Anon ．, 1997a. Golftraining mit kettengewirkten Strukturen Kettenwirk – Praxis, H. 2, S. 41-S. 42.

Anon. ,1997b. Weiterentwickeltes Konturenwirkverfahren Kettenwirk-Praxis, H. 4,S. 38.

Anon. ,1998. Abstandsgewirke für Tauchanzüge Kettenwirk-Praxis, H. 4,S. 57-S. 58.

Anon. ,2002a. Der Designer im Wunderland Kettenwirk-Praxis,H. 3,S. 9.

Anon. ,2002b. Ein Stoff mit Auffälligkeiten Kettenwirk-Praxis,H. 3,S. 51.

Anon. ,2002c. Maschenverpackte Luft macht das Alltagsleben leichter Kettenwirk-Praxis, H. 3,S. 20-S. 22.

Anon. ,2003a. Neue Abstandsgewirke für medizinische Textilien Melliand Textilberichte, H. 6,S. 520.

Anon. ,2003b. Spaß am Wintersport und innovative Gewirke-Zwei,die zusammen gehören Kettenwirk-Praxis,H. 1,S. 4-S. 5.

Anon. ,2007a. Eine Rüstung für die Helden von Heute Kettenwirk-Praxis, H. 2, S. 26-S. 27.

Anon. ,2007b. EPS Lässt Die Ideen Der Textilentwickler Hochschäumen Kettenwirk-Praxis,H. 1,S. 25.

Anon. ,2010. Leichte Stoffe für schwere Aufgaben Kettenwirk-Praxis,H. 3,S. 2-S. 7.

Anon. ,2011. Ein Schuh nach dem sich Ihre Füße ausstrecken Kettenwirk-Praxis,H. 1, S. 37.

Anon. ,2012. Geländegängig und alltagstauglich-so fassen Outdoor-Schuhe heute Tritt Kettenwirk-Praxis,H. 3,S. 11-S. 15.

Bier,C. ,Peikert,M. ,Bauer,A. ,2008. Schuh mit Belüftung im unteren Schaftbereich und dafür verwendbares luftdurchlässiges Abstandsgebilde DE 10 2008 027 856 A1. Veröffentlichungsdatum 24. 12. 2009.

Bruer,S. M. ,Gary,S. ,2005. Three-dimensionally knit spacer fabrics:a review of production techniques and applications,J. Text. App. Technol. Manag. H. 4,S. 1-S. 31.

Choi,W. ,2005. Three dimensional seamless garment knitting on V-bed flat knitting machines,J. Text. App. Technol. Manag. H. 4,S. 1-S. 33.

Gehring Textiles,2013. http://www. gehringtextiles. com(Zugriff am 20. 07. 13).

Gloy,Y. -S. ,Neumann,F. ,Wendland,B. ,Stypa,O. ,Gries,T. ,2011. Overview of developments in technology and machinery for the manufacture of 3D-woven fabrics,In:

Chen,X. ,Hearle,J. ,Xu,W. (Eds.),Proceedings of the 3rd World Conference on 3D Fabrics and Their Applications,Wuhan,China,April 20-21,2011. World Academic Union,Liverpool,S. 57-S. 62.

Hai Dang, N. , Rieder, O. , Plank, H. , 2004. Neue 3D-vektororientierte Gestricke für Medizinund Sporttextilien Melliand Textilberichte,H. 6,S. 450-S. 451.

Heide,M. ,2001. Abstandsgewirke:Tendenzen Kettenwirk-Praxis,H. 1,S. 45-S. 48.

Heide,M. , Möhring, U. , 2004. Abstandsgewirke mit isolierenden Eigenschaften Melliand Textilberichte,H. 3,S. 166.

Heide,M. , Möhring, U. , Klobes, U. , Piehler, E. , Rotsch, Ch. , 2005a. Druckverhältnisse auf dem Prüfstand,Kettenwirk-Praxis,H. 1,21-22.

Heide,M. ,Schwabe,D. ,Möhring,U. ,2005b. Wiederverwendbare 3D-gewirkte elastische Kurzzugbinden,Melliand Textilberichte,H. 11-12,829-830.

Heide,M. ,Siegert,D. ,Schott,P. ,Hoffeins,P. ,2006. Dreidimensionales Abstandsgewirke DE 198 21 687 B4. Veröffentlichungsdatum 30. 03. 2006.

Helbig,F. U. ,2006. Gestaltungsmerkmale und mechanische Eigenschaften druckelastischer Abstandsgewirke(Dissertation). Chemnitz Technische Universität,2006.

Kadole, P. V. , Aparaj, S. S. , Burji, M. C. , 2010. Applications of 3D fabrics, Asian Text. J. H. 3,33-36.

Karl Mayer Textilmaschinenfabrik GmbH,2013a. Karl Mayer Textilmaschinenfabrik GmbH:Abstandsgewirke-eine der funktionellsten Verpackungen für Luft. Band. Aufl. Obertshausen.

Karl Mayer Textilmaschinenfabrik GmbH,2013b. http://www. karlmayer. com/internet/de/ text ilmaschinen/600. jsp(Zugriff am 20. 07. 13).

Krel,V. , Hoffmann, G. , Offermann, P. , Machova, K. , 2005. Abstandsgewirke für Sport-bekleidung mit verbessertem Komfort Melliand Textilberichte,H. 5,S. 336-338.

Liu,Y. ,Hu, H. , Long, H. ,Zhao, L. ,2012. Impact compressive behavior of warp-warp knitted spacer fabrics for protective applications,Text. Res. J. H. 8,S. 773-S. 788.

Machova,K. ,Hoffmann,G. ,Safarik,P. , Hes, L. ,Cherif,Ch. ,2006. Luftströmung in Ab-standstextilien zur Unterstützung des Tragekomforts für Sport und Outdoor-Beklei-dung Textil Zukunft unserer Lebenssphären,Dresdner Textiltagung 8 Dresden.

Machova, K. , Hoffmann, G. , Cherif, C. , 2007a. 3D-Gewirke mit einem Schuss mehr Tragekomfort,Kettenwirk-Praxis,H. 1,32-34.

Machova, K. , Klug, P. , Waldmann, M. , Hoffmann, G. , Torun, A. R. , Cherif, Ch. , 2007b. Prüfmethode zur Bestimmung des Knickverhaltens von Abstandsgewirken, Melliand Textilberichte,H. 1-2,37-39.

Mayer,K. , 2006. Abstandsgewirke für neues BH-Design Melliand Textilberichte, H. 6, S. 440.

Müller,J. ,2009. Abstandsgestrick sowie Verfahren und Strickmaschine zu seiner Herstel-lung EP2134892B1. Veröffentlichungsdatum 25. 01. 2009.

Müller, F. , Müller, S. , 2007. Textiles Abstandsgewirke mit Zonen unterschiedlicher Strauchhärte DE102005049466A1. Veröffentlichungsdatum 19. 04. 2007.

Pause, B. , 2002. Thermophysiologischer Komfort von Abstandsgewirken Melliand Textil-berichte,H. 3,S. 134-S. 136.

Pietsch,K. , Rödel, H. , Modes, A. , Möhring, U. , 2012a. Abstandsgewirke mit Leitungs-funktion Kettenwirk-Praxis,H. 4,S. 31-S. 34.

Pietsch,K. ,Rödel,H. ,Modes,A. ,Möhring,U. ,2012b. Herstellung und Verarbeitung flu-iddichter Abstandsgewirke,Technische Textilien,H. 4,162-165.

Schmidt,A. ,2010. Dem Komfort auf der Spur Sport und Mode,H. 10,S. 12-S. 14.

Schimanz,B. , Mehnert, L. ,2004. Einsatz von neuartigen Abstandsvliesstoffen in Schutz-kleidung Textile Zukunft unserer Lebenssphären,Dresdner Textiltagung,7 Dresden.

Schubert,M. ,Umbach,K. -H. ,Bartels,V. T. ,2004. Außen puristisch,innen hochfunktio-nell—Ein Kleidungssystem mit inneren Werten,Kettenwirk-Praxis,H. 4,4-5.

Schwabe, D. , Möhring, U. , 2008. Beheizbare Abstandsgewirke, Melliand Textilberichte, H. 3-4,84-85.

Sigert,D. , Heide, M. , Bohn, M. , Wild, S. , 1995. Zweiflächiges feuchtetransportierendes Abstandsgewirke DE 43 36 303 A1. Veröffentlichungsdatum 27. 04. 1995.

Xiao, H. M. , Zhi, G. Q. , 2011. Research on mechanical properties of warp knitted spacer fabric, Compos. Adv. Mater. Res. H. 332-334, S. 1760-S. 1763.

Yip, J. , Ng, S. -P. , 2008. Study of three-dimensional spacer fabrics: physical and mechanical properties, J. Mater. Process. Technol. H. 1-3, S. 359-S. 364.